纺织高等教育教材

羊毛衫生产实际操作

李 华 张伍连 编著

中国纺织出版社

内 容 提 要

本书介绍了普通横机的基本结构、编织原理，横机操作时的基本工具与使用方法，常用织物及花色织物组织结构的表示方法、具体编织与操作步骤，羊毛衫成形途径与具体编织方法，羊毛衫编织工艺单的表示方法与具体操作等。

本书可作为高等院校相关专业的教材，也可作为毛针织企业的培训教材，同时可供毛针织企业的专业技术人员、科研人员、管理人员和营销人员参考。

图书在版编目(CIP)数据

羊毛衫生产实际操作 / 李华，张五连编著 .—北京：中国纺织出版社，2010.7（2022.6 重印）
纺织高等教育教材
ISBN 978-7-5064-6466-6

Ⅰ.①羊… Ⅱ.①李… ②张… Ⅲ.横机—羊毛衫—生产工艺 Ⅳ.①TS184.5

中国版本图书馆 CIP 数据核字(2010)第 089293 号

策划编辑：孔会云　责任编辑：王军锋　责任校对：余静雯
责任设计：李　然　责任印制：何　建

中国纺织出版社出版发行
地址：北京市朝阳区百子湾东里 A407 号楼　邮政编码：100124
销售电话：010—67004422　传真：010—87155801
http://www.c-textilep.com
E-mail:faxing@c-textilep.com
中国纺织出版社天猫旗舰店
官方微博 http://weibo.com/2119887771
三河市宏盛印务有限公司印刷　各地新华书店经销
2010 年 7 月第 1 版　2022 年 6 月第 7 次印刷
开本：787×1092　1/16　印张：17.75
字数：226 千字　定价：36.00 元

前　言

毛针织是针织与服装的一门交叉学科，也是一门实践性较强的学科，但目前有关毛针织实践方面的书籍并不多见。为此，笔者对12年毛针织本科实训教学进行了总结，编写了该书，以期能够起到抛砖引玉的作用。

本书包含了一定数量的织物组织的编织方法，且对应地配有实物正反面效果图，其中有些织物采用了较为独特的编织工艺，书中还包含了各种成形方法与企业用编织工艺单。

本书分为四章，第二章第一节至第三节、第五节至第八节、第三章由李华编写，第一章、第二章第四节、第四章由张伍连编写。

由于编著者水平有限，书中难免存在缺点和错误，敬请读者批评指正。

编著者

2010年1月

目 录

第一章 横 机

第一节 横机基本结构与成圈过程

生产羊毛衫产品的主要设备是横机。由于横机(本书介绍普通横机)的价格低廉,使用灵活,操作简便,生产的羊毛衫产品款式更新快,市场占有率高等特点,几乎遍布全国城乡各地。

一、横机的基本结构与机号

1. 横机部件的名称

横编针织机简称横机。如图 1-1-1 所示为国产普通横机的一般结构与主要部件的名称。

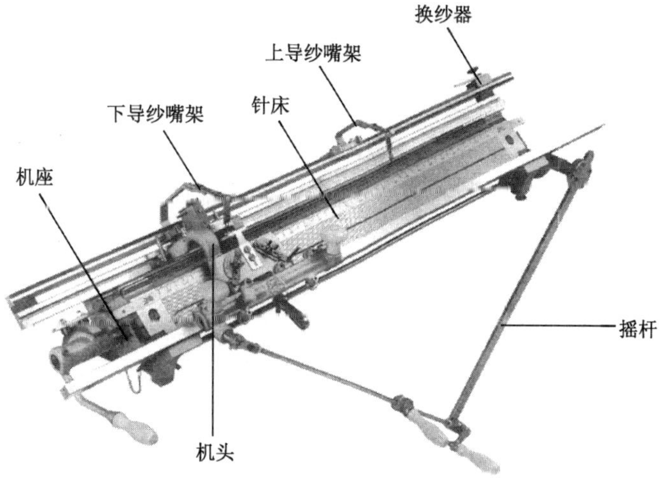

图 1-1-1 横机的结构与部件名称

(1)机座:也称为机身,前后针床安置于机座之上。

(2)下导纱嘴架:也称为导纱器,在横机上一般安置两个,用于喂纱、换纱。

(3)针床:也称为针板,被安置于机座之上,靠近摇杆的针床称为前针床,背对的是后针床,后针床可以移动。在针床上铣有针槽,用于放置织针。

(4)上导纱嘴架:上导纱嘴架与下导纱嘴一起用于换纱、喂纱。

(5)换纱器:也称为导纱器的限制器,可以在导轨上移动。在棘轮作用下,完成上、下导纱嘴架的交换。

(6)摇杆:摇杆是人力传动机构,摇杆的运动带动机头在针床表面往返移动。

(7)机头:机头的形状如同马鞍,也称马鞍形机头。机头的主要作用是将前、后两组三角装置连成一体,在人力传动摇杆的牵引下,在机头导轨上作往返运动。安装在机头上的三角装置使针床上的织针沿着针槽作上升和下降运动,完成编织成圈的工作。

普通横机主要是通过手推动摇杆或采用电动机驱动,使马鞍形机头带动前后三角座沿着导轨在前、后针床的表面左右移动。与此同时,固定在三角座内的三角作用于织针,使织针沿着针槽上下运动完成成圈所需要的动作。导纱器则跟随机头运动,及时将纱线垫放到织针的针舌内,保证成圈。

2. 机号

(1)机号的概念:各种类型的针织机均以机号来表明其针的粗细和针距的大小。横机的机号是用针床上1英寸(25.4mm)内所具有的针数来表示的。机号越大,针床上规定长度内的织针针数越多;反之,则针数越少。常见的横机机号有3、3.5、5、7、9、10、12、14、16、18、20等。

(2)机号与加工纱线线密度的关系:在一定机号下,横机加工纱线线密度是有一定范围的。为了保证成圈的顺利进行,横机所能加工纱线线密度的上限,是根据针与针槽壁间的间隙来决定的。纱线直径如果超过间隙,会在编织过程中造成纱线断头。

加工纱线的线密度的下限,取决于织物品质的要求,无限地降低加工纱线线密度,会使织物变得稀疏,以至于失去使用价值。横机机号与适宜加工纱线的线密度见下表,供编织时参考。

机号与适宜加工纱线的线密度

机　号	适宜加工纱线的线密度	
	tex	公支
3.5	555~909	1.1~1.8
5	277~434	2.3~3.6
7	142~222	4.5~7
9	86~135	7.4~11.6
10	70~110	9.1~14.3
12	46~76	13.1~20.6
14	36~56	17.8~28
16	27.3~43	23.3~36.6
18	21.6~34	29.4~46.3

二、横机的成圈过程

横机编织时,编织三角的斜面作用于织针的针踵上,使织针在针床的针槽内作纵向有规律的升降运动,而旧的线圈则在针杆上与织针作相对运动,织针针舌的开启或关闭使线圈形成或脱出。新纱线被垫放在织针的针钩里,针舌在旧线圈作用下关闭,新纱线弯曲成新线圈与旧线圈套串,众多线圈的积累形成针织物。

横机的成圈过程一般可以分为十个阶段,包括退圈、垫纱(喂纱)、带纱、闭口、套圈、连圈、脱圈、弯纱、成圈、牵拉,如图 1–1–2 所示。

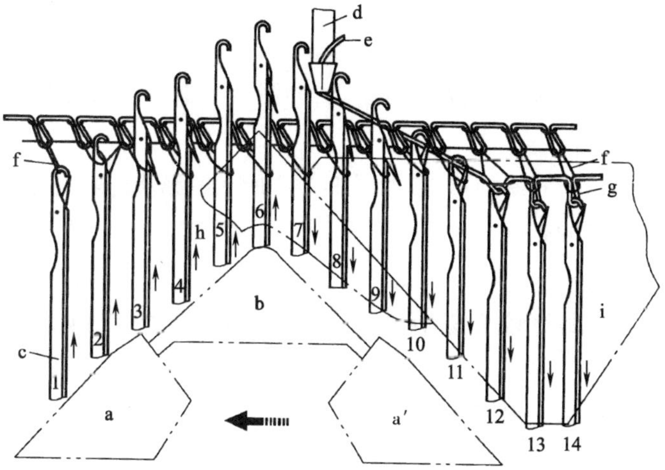

图 1–1–2 横机编织单面织物的成圈过程

1. 退圈

退圈是将处于针钩中的旧线圈,退到针杆上,为垫放新纱线、编织新线圈做准备,如图 1–1–2 所示的第 1~第 6 枚织针位置。横机的退圈过程是舌针的针踵在起针三角与挺针三角的作用下,将织针由最低位置推到最高位置。若旧线圈不能从针古上完全退下,将不能形成正常的线圈。另外,当旧线圈从针舌尖滑到针杆的一瞬间,针舌将有反弹现象。为了防止针舌反弹可能影响后续的垫纱过程,机头中应安装毛刷。

2. 垫纱

垫纱是依靠导纱器把纱线垫放到针钩之下与开启针舌之上, 如图 1–1–2 所示的第 8 枚织针位置。垫纱的位置十分重要,不合适的垫纱位置将会造成漏针、吃单纱或导纱嘴与针钩相撞等现象。

3. 带纱

带纱是将垫放到针舌上的纱线引到针钩内,如图 1–1–2 所示的第 9 枚织针位置。它是依靠舌针和纱线的相对运动来完成的。

4. 闭口

闭口是将针口关闭,使新纱线与旧线圈能够被针舌隔开,如图 1–1–2 所示的第 10 枚织针位置。在此过程中,织针的针踵受到压针三角的向下作用,旧线圈将沿针杆上移,带动针舌向上转动,将针口关闭。

5. 套圈

套圈是以旧线圈套到关闭的针舌上开始,然后沿关闭的针舌向上移动,运动到针钩处,如图

1-1-2 所示的第 11 枚织针位置。

6. 连圈

套圈结束后，舌针的针踵继续受压针三角的作用，当新纱线与旧线圈相接触时，称为连圈。一般连圈后，新线圈才开始形成，所以，对线圈的均匀性并无影响。但在此时，旧线圈处在关闭针舌的针头最宽处，因此，纱线张力较大。

7. 脱圈

脱圈是旧线圈由针头上脱下，落在新纱线上，如图 1-1-2 所示的第 12 枚织针位置。

8. 弯纱

弯纱是从连圈开始到新线圈的形成，如图 1-1-2 所示的第 12、第 13 枚织针位置。弯纱程度的大小取决压针三角位置的高低。

9. 成圈

成圈是将垫放的纱线最终转化成新线圈，如图 1-1-2 所示的第 14 枚织针位置。

10. 牵拉

牵拉是将旧线圈拉离织针编织区，另外，也可将新线圈拉紧，以便在下一次编织时能够更好进行退圈。

第二节　横机的调试与基本操作

一、横机的调试

1. 机架

在使用横机前，要备有机架以安置横机。机架可用角钢焊制，如图 1-2-1 所示。放置机架的地面要坚实平整。横机底部四脚套上橡皮垫或铁皮垫，将横机水平放在机架上并固定，不得摇晃，否则会使横机扭曲变形。若横机有轻微的扭曲，会使编织不顺畅。这时，可调节横机底部四角的螺丝，使横机水平放置。

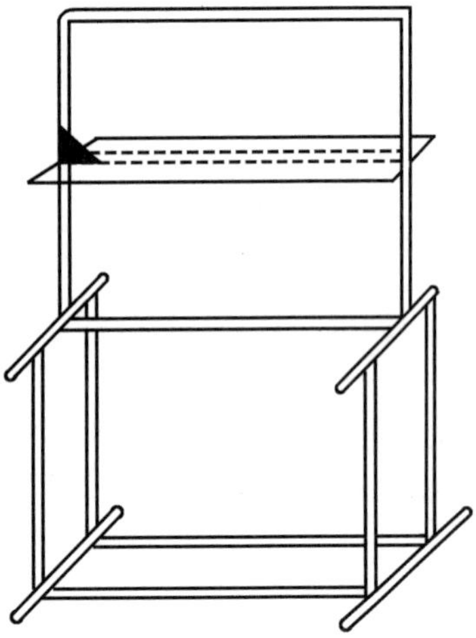

图 1-2-1　横机机架

2. 调线架

调线架一般安装在机架的顶部，用螺钉和螺母与机架固定。把引线弹簧的头部弯成三角形圈，按下弹簧时，三角形圈应对准调线架的出线孔，如图 1-2-2 所示。

3. 摇杆

首先旋松摇臂轴头上的螺钉，将摇杆的一头插入轴头槽内，插入的深度视操作情况而定，旋紧螺钉。将摇杆另一头套入驱动力臂上的短轴，扣上挡板。

4. 毛刷与纱嘴

(1)毛刷与织针的交角：毛刷与织针的交角为 β。当 α 为 97°时，β 调整为 1°；当 α 为 98°时，β 调整为 18°。毛刷距离针

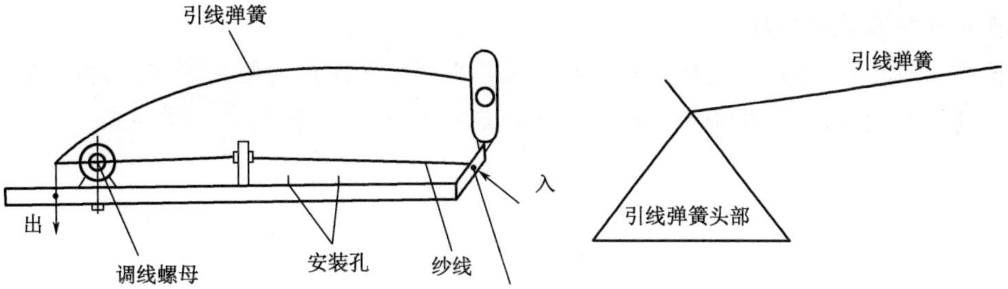

图 1-2-2　调线架

床栅状齿平行高度为 2~3mm。在织针上升到最高位置时，毛刷有 1/3 的毛能够刷到织针，如图1-2-3 所示。

(2)导纱嘴:织针升到最高位置,导纱嘴应在前、后针床两织针交叉中心线上，距离交叉点 2~3mm，如图 1-2-3 所示。另外,调整导纱器上的左右挡块,使导纱嘴在往复运行时,与吃线织针均有 4~5 针的距离,如图 1-2-4 所示。距离太大或太小都会产生编织疵点。

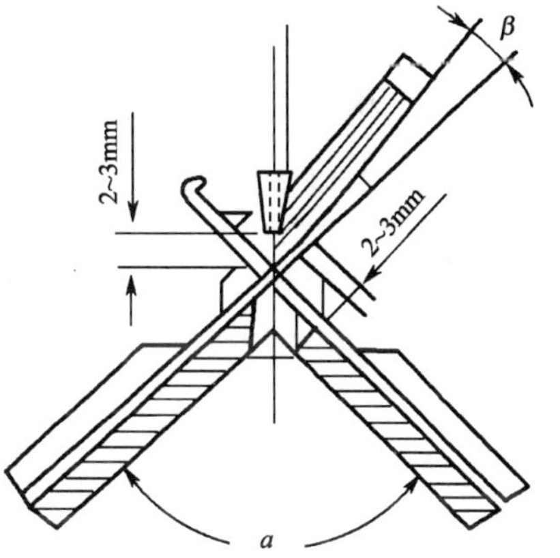

图 1-2-3　毛刷与导纱嘴的位置

5. 上下挺针凸块

编织二级、三级胖花(打花)前,要调试好上下挺针凸块的位置。松开凸块上的螺钉,上移或下移凸块至适当的位置,锁紧螺钉,如图 1-2-5 所示。拨动吊花手柄

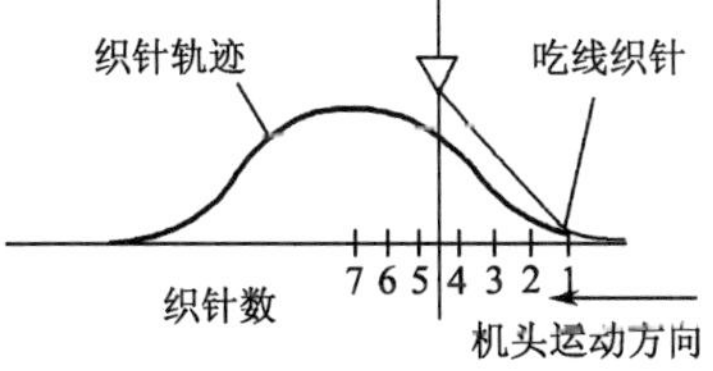

图 1-2-4　纱嘴架挡块的调试

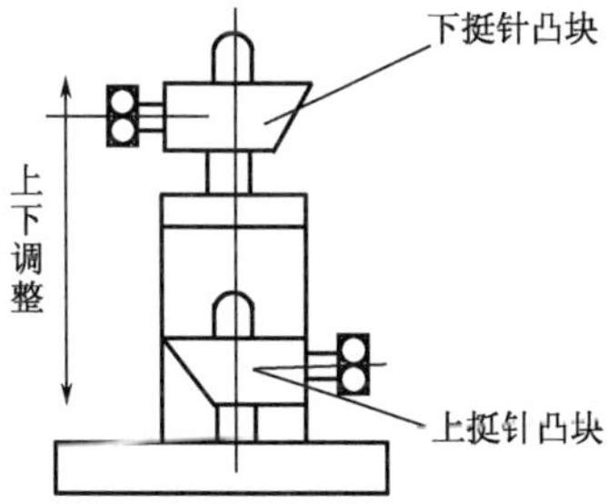

图 1-2-5　上、下挺针凸块的位置

(图 1-2-6 中 9,吊花手柄有三个档位:左档位;中间档位;右档位)向右到位,下挺针凸块要带动导杆,将上、下挺针三角(图 1-2-6)上移:3.5G、5G 机号上移 4mm 左右,7G、9G 机号上移 3.5mm 左右。再拨动吊花手柄向左到位,上挺针凸块要带动导杆,将上挺针三角(图 1-2-6)上移:3.5G、5G 机号上移 7mm 左右;7G、9G 机号上移 6mm 左右。

6. 长轴手柄与凸轮手柄

长轴手柄与凸轮手柄使用前须加以调试。长轴手柄应在横机的偏左下方，以利于左手操作。凸轮手柄的位置，如图 1–2–7 所示。在上镶条上刻有织针标尺，如图 1–2–8 所示。

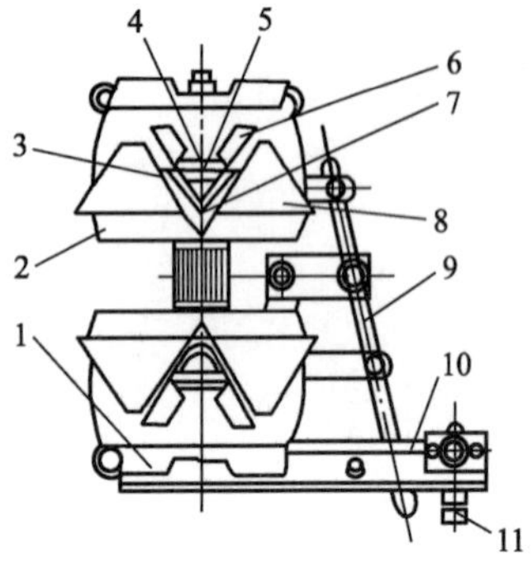

图 1–2–6　机头背面

1—机头体　2—三角支板　3—上挺针三角　4—下挺针三角　5—横档三角　6—起针三角　7—眉毛三角(导向三角)　8—压针三角(弯纱三角)　9—吊花(打花或胖花)手柄　10—驱动力臂　11—短轴

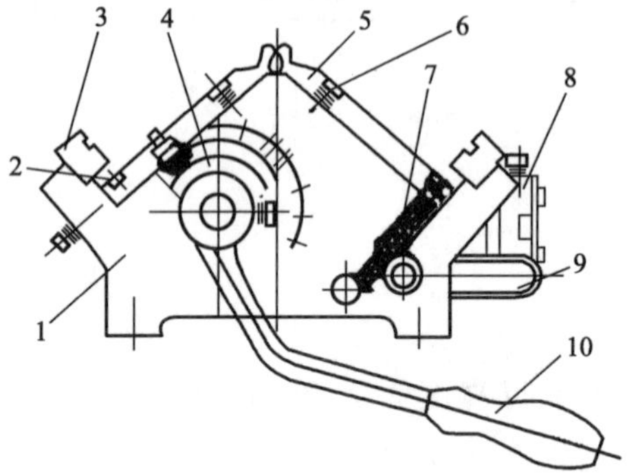

图 1–2–7　机座部件侧面图

1—机座体　2—下镶条　3—导轨　4—移位凸轮　5—针板　6—上镶条　7—针板推块　8—摇臂轴头　9—长轴手柄　10—凸轮手柄

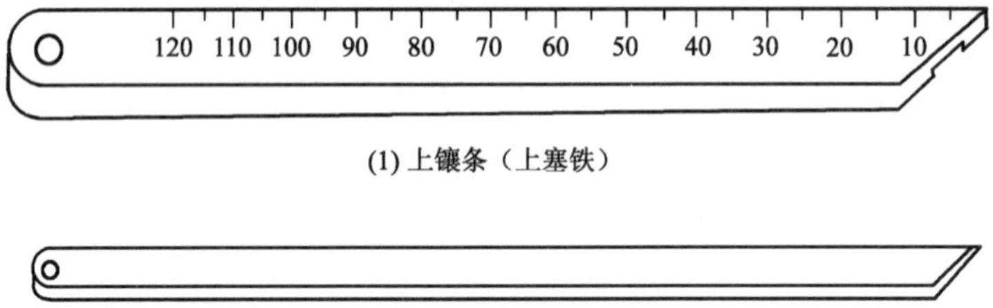

(1) 上镶条（上塞铁）

(2) 下镶条（下塞铁）

图 1–2–8　镶条(塞铁)

二、编织前的准备

1. 检查机器

松开驱动力臂上的锁紧旋钮，推动机头，检查有无阻滞感。扳动各操作手柄，检查是否正常，针床移位是否灵活准确。

2. 选择适宜的纱线

横机编织用纱线种类很多，不同的机号适用不同线密度的纱线。

3. 穿线

选用了适宜的纱线后，必须把纱线绕成塔形或柱形，放在机架上。抽出线头，穿入调线架并调整调线夹的张力，以能夹住纱线而不被引线弹簧拉起为宜。纱线再穿入导纱嘴(图 1–2–9)，进入前后针床齿口隙中，线头缠在横机上，然后将导纱嘴架置于横机的右边。

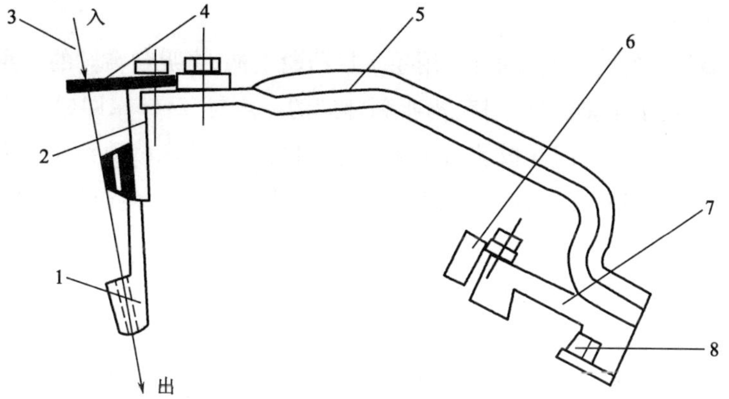

图 1-2-9 导纱嘴架侧面

1—纱嘴 2—下臂弯头 3—纱线 4—瓷套支条 5—下纱臂

6—左(右)挡块 7—纱架座 8—滑块

4. 双色编织

用双色纱线编织时，应将换纱器固定在编织区的右边滑轨上，距离编织区400mm左右。两个导纱嘴穿好两种色纱备用。

5. 织针推入

根据编织的针数，在横机适当的位置上顶上相应的针托，把用来编织的织针推入工作位置。不用的织针退到最低的位置，以免造成撞针。

6. 编织

打开起针三角，即可进行编织。

三、基本操作

1. 起针三角开关

胖花机的起针三角开关装置，如图1-2-10所示。抬起起针手柄，关闭三角；落下起针手柄，开启三角。

平针机的起针三角开关装置，如图1-2-11所示。推进起针推杆，关闭三角；拉出起针推杆，开启三角。

2. 前针床落下、推上

用手下压长轴手柄(图1-2-7)，前针床即可落下；用手上提长轴手柄，前针床即可推上复位。

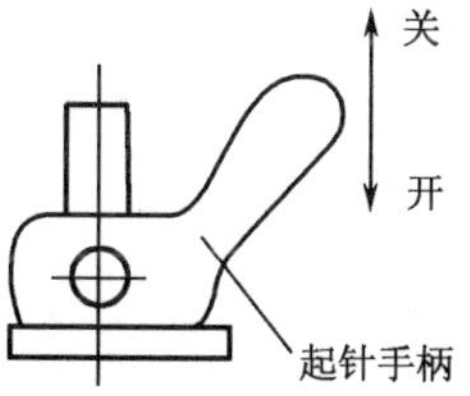

图 1-2-10 胖花机起针三角开关

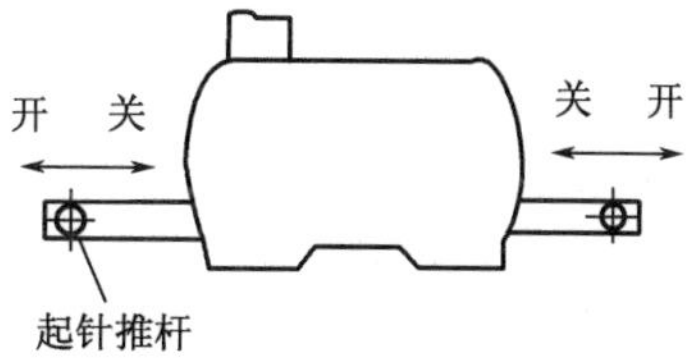

图 1-2-11 平针机起针三角开关

3. 后针床移位

取出机座左端面上的两个定位插销。用手下压凸轮手柄，当听到"哒"的一声时，后针床即向左移动了一个针距；用手上提凸轮手柄，当听到"哒"的一声时，后针床即向右移动了一个针距。若后针床需要移动半个针距，同样扳动凸轮手柄，同时目测后针床移动到前针床织针正对位置，插上定位插销，使定位插销上的横销顶住凸块，如图 1-2-12 所示。定位插销用来限制后针床的移动范围。

4. 带纱线与换纱线

编织时，机头需要带动一个导纱嘴架。用手旋转驱动器上的棘轮，使上驱动柱凸出，如图 1-2-13 所示，推动机头向右轻轻撞入纱嘴架即可带动其运行。如果欲带动上纱嘴架，必须旋转棘轮使下驱动柱凸出。

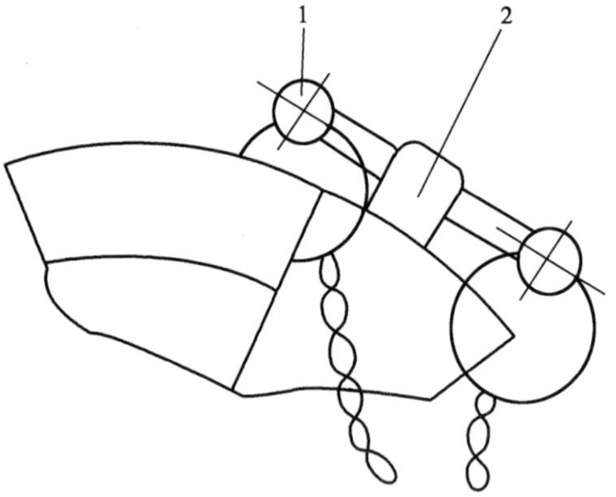

图 1-2-12 机座左端面定位销

1—定位插销 2—定位块

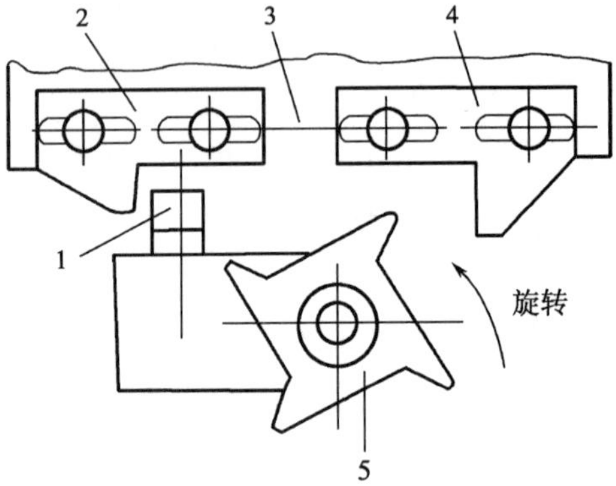

图 1-2-13 棘轮与驱动柱

1—驱动柱 2—左挡块 3—纱架座 4—右挡块 5—棘轮

编织过程中要换用另一种纱线时，只要将机头推向右边，使棘轮撞上换纱器，旋转棘轮，即可脱出原线，带上新的纱线。

编织结束时，机头推向右边（不要推到所带的纱嘴架与另一纱嘴架重叠的位置），用手旋转棘轮，带住纱嘴架的驱动柱缩回，即可脱出纱嘴架。

5. 调节织物的密度

根据织物的需要，可以调节织物的密度。松开蝶形螺母，上推压针三角，所编织线圈变小，则织物密度相应变大；下拉压针三角，所编织线圈变大，则织物密度相应变小。压针三角的调节如图 1-2-14 所示。

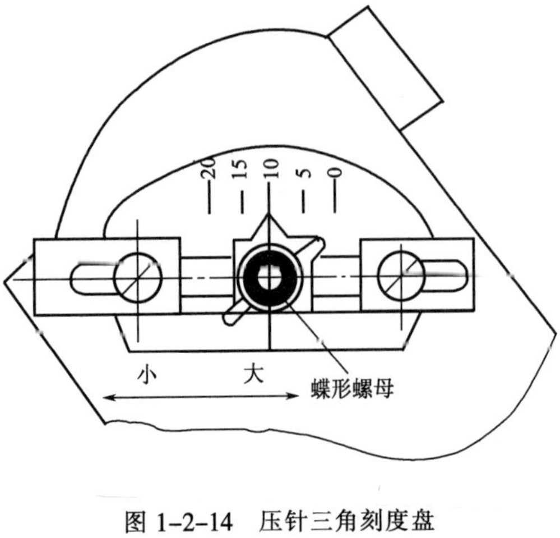

图 1-2-14 压针三角刻度盘

以上操作必须在机头脱离编织区时才可以

进行，否则会损坏织针，破坏编织。

6. 起口

推动机头作 1~2 次的往返，使针舌完全刷开。然后机头在右边带上导纱嘴架，从右到左对织针进行垫纱。将梳栉从前后针床齿口间隙中徐徐上升，穿过线圈，升出针床齿口，把起口线圈各线段分开，然后从梳齿小孔中穿入钢丝，如图 1-2-15 所示。在梳栉的中间挂上合适的牵拉重锤。关上机头上对角的两个起针三角，进行 1~3 个横列的空转编织。然后打开起针三角，进行编织。织物达到一定长度时，梳栉边缘应挂上边锤。

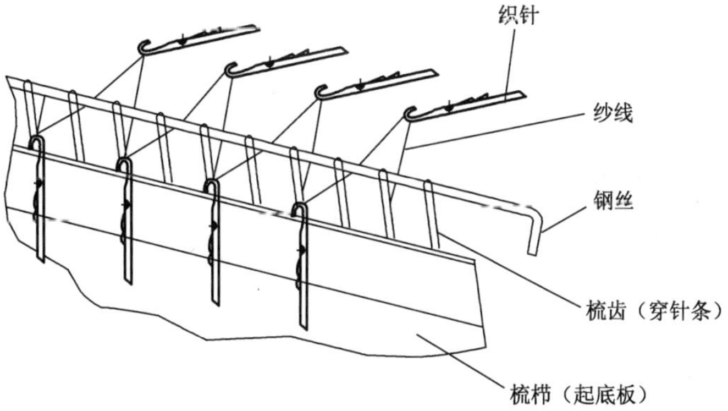

图 1-2-15 起口编织

7. 落片

当编织完成后，将机头推向右边，卸掉牵拉重锤、边锤。左手握住梳栉，右手拉出钢丝。当衣片脱离梳栉后，把钢丝穿入梳栉的梳齿里放好。用手旋转驱动器上的棘轮，使导纱嘴架与机头脱离。右手推动机头向左移动，同时左手握住衣片稍微牵拉，使织针上的线圈全部脱落下来，收起衣片。

第三节 横机编织常用工具与织物组织表示法

一、横机编织常用工具

横机编织常用的工具有罗纹板、梳栉、收针柄、翻针板等，主要用于撴罗纹、起口、翻针、收放针、落片等基本的操作(表 1-3-1)。

二、织物组织表示法

羊毛衫织物组织常用的表示方法有线圈结构图、意匠图和编织图。

1. 线圈结构图

线圈在织物中的形态用图形的方式表示出来称为线圈结构图或线圈图，根据需要可以表示

表1-3-1　横机编织常用工具与用途

序号	图　片	名称	俗称	用　途
1	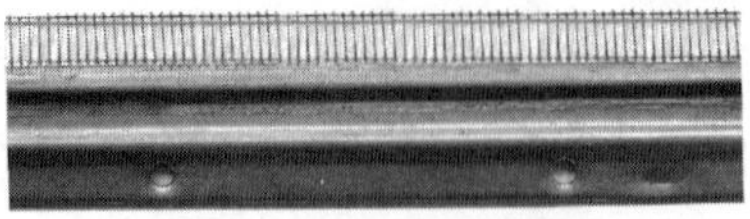	梳栉	起底板、穿线板	一台横机配备有两个梳栉(长梳和短梳),用于第一个横列编织(起口)
2	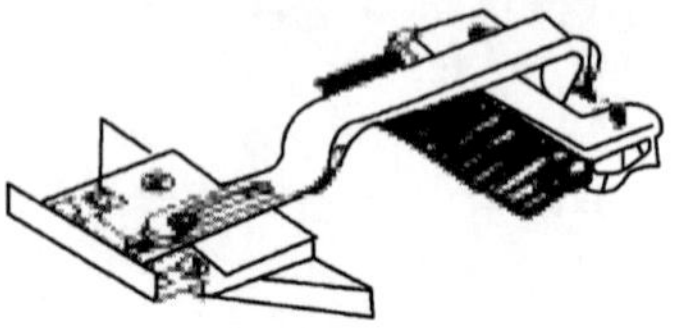	扫针器		翻针前刷开针床上全部织针的针舌
3	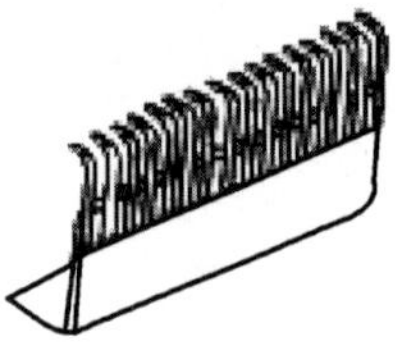	弯针板	过梳板、爪钩板、修针器	将线圈从一个针床织针的针钩里,转移到另一针床织针针钩里
4		针排	梳须	一枚线圈套一枚针的储存线圈
5	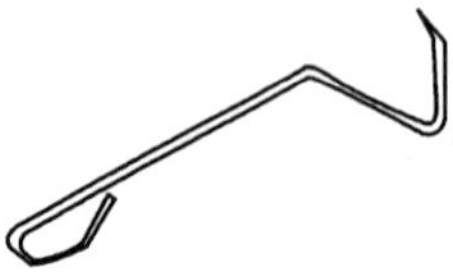	边钩		钩住线圈
6	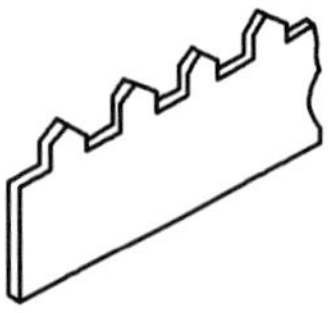	罗纹板	压针板 开针板	一台横机配备两个开针板(1+2 2+1),用来把不需要参加编织的织针退回到停针区,也可用来撳罗纹以及辅助过梳
7	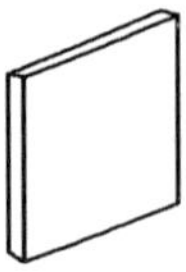	平压针板		移圈时,上下推动织针针踵,以利于移圈的顺利进行
8		边锤	吊锤、边砣	衣片的边缘牵拉

续表

序号	图 片	名称	俗称	用 途
9		织针		成圈与集圈
10	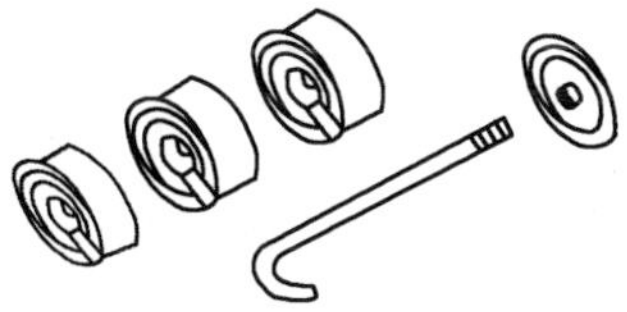	牵拉重锤	重砣	衣片的牵拉
11	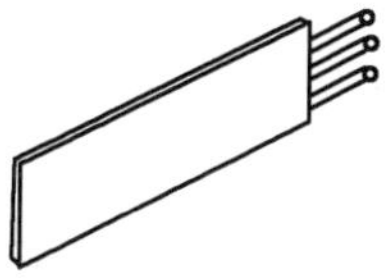	收针柄	扒子	一台横机配备八种或更多种收针柄(扒子),用于移圈、套圈、收放针、套收针等操作,是横机最为重要的和最为常用的工具之一
12		毛刷		刷开针床上局部织针的针舌
13	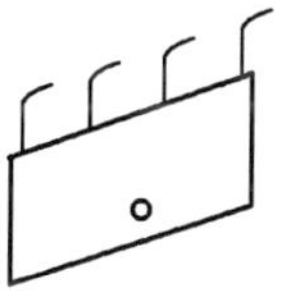	爪钩		钩住衣片边缘,边锤的载体
14	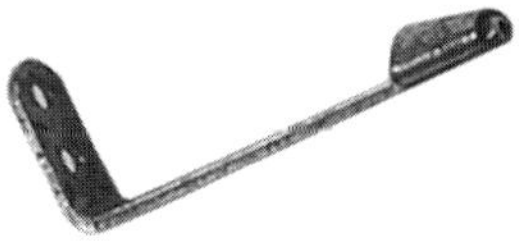	添纱嘴		编织添纱织物时使用

织物的正面或反面(表 1–3–2)。从线圈结构图中,可以清楚地看出织物结构的连接方式与分布,这将有利于研究织物的性质与编织方法。这种表示方法只能适用于较为简单的织物结构,对于较复杂的花型绘制比较困难。

2. **意匠图**

意匠图是把织物结构单元组合的规律,用一定的符号在小方格纸上表示的一种图形。依据表示对象的不同,一般可分为结构意匠图与花型意匠图。而普通手摇横机一般使用的是后者,它是将成圈、集圈、移圈与接圈等用一定的符号在小方格纸上进行表示。方格的行和列分别代

表 1-3-2　常用织物组织表示法

序号	符　　号	线圈结构图	编织简单说明
1	正面线圈 ｜	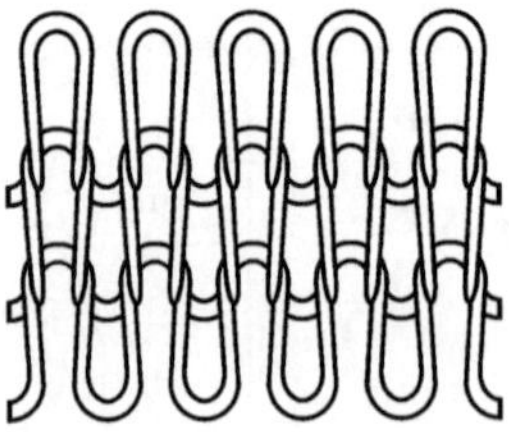	前后针床都可以编织
2	反面线圈 —	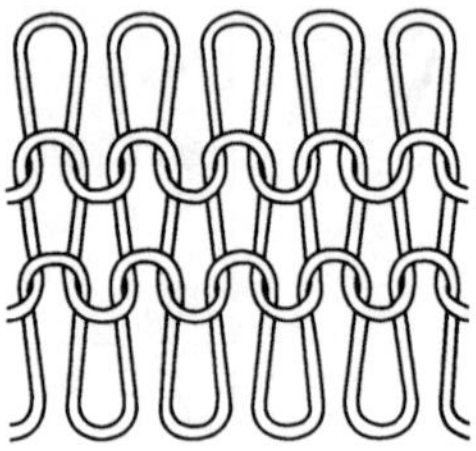	前后针床都可以编织
3	孔 ○	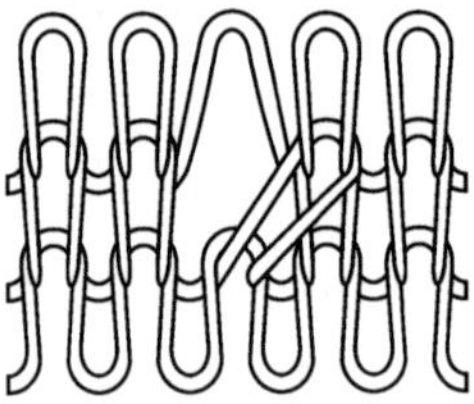	使用单针式收针柄移圈
4	移圈线圈在面 	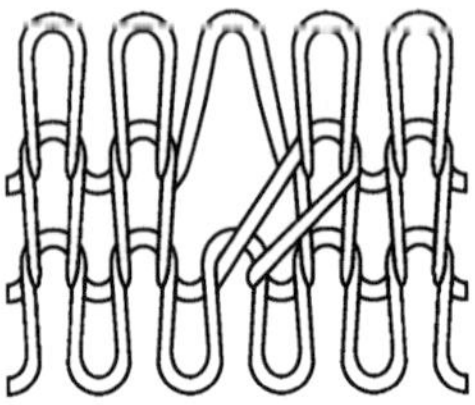	使用单针式收针柄移圈
5	移圈线圈在底 	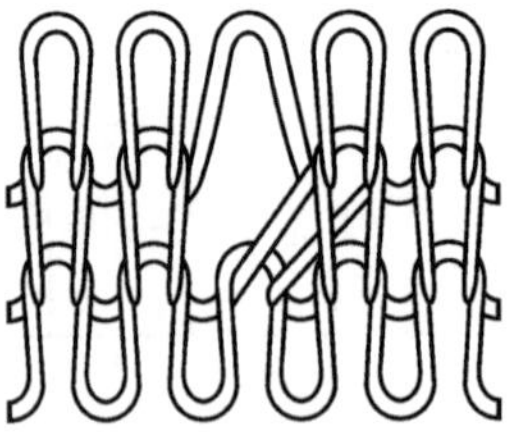	使用单针式收针柄移圈
6	三线圈重叠， 右针移圈线圈在面 	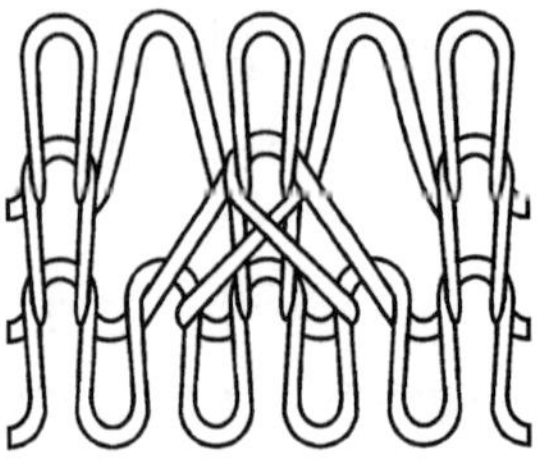	使用单针式收针柄移圈

续表

序号	符 号	线圈结构图	编织简单说明
7	三线圈重叠,左针移圈线圈在面 	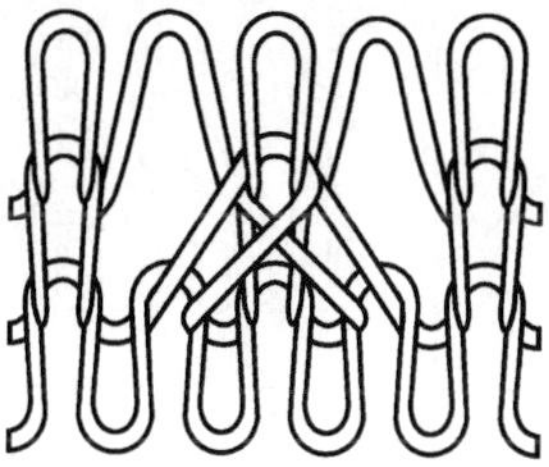	使用单针式收针柄移圈
8	三线圈重叠,中间线圈在面 	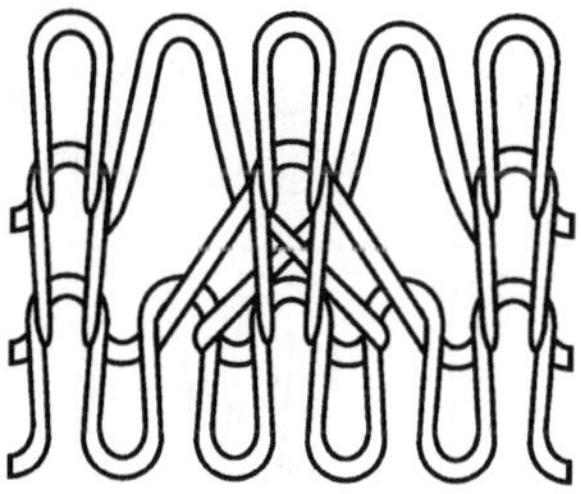	使用单针式收针柄移圈
9	三列线圈移圈,移圈线圈在底 	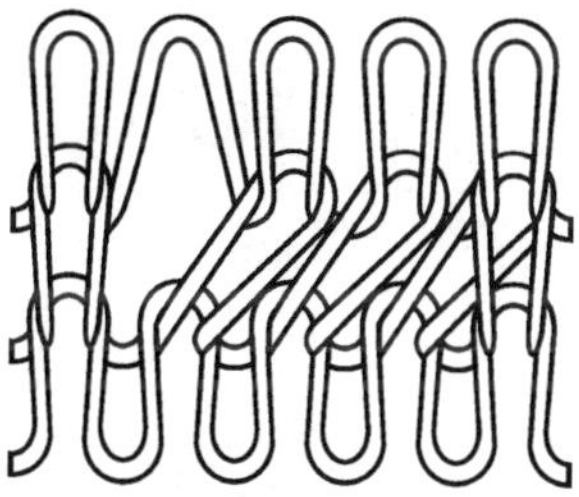	使用三针式收针柄移圈
10	三列线圈移圈,移圈线圈在面 	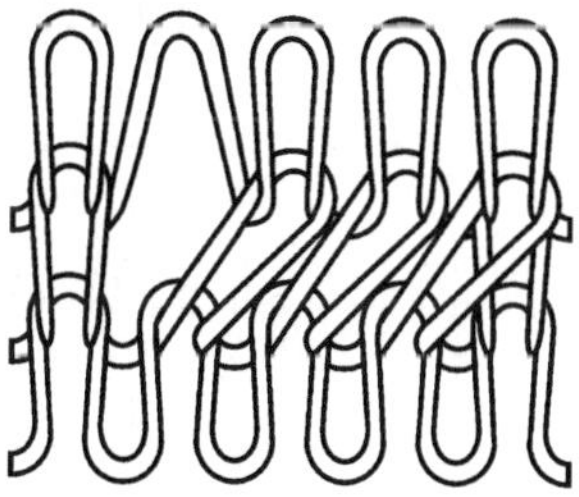	使用三针式收针柄移圈
11	多列线圈移圈 	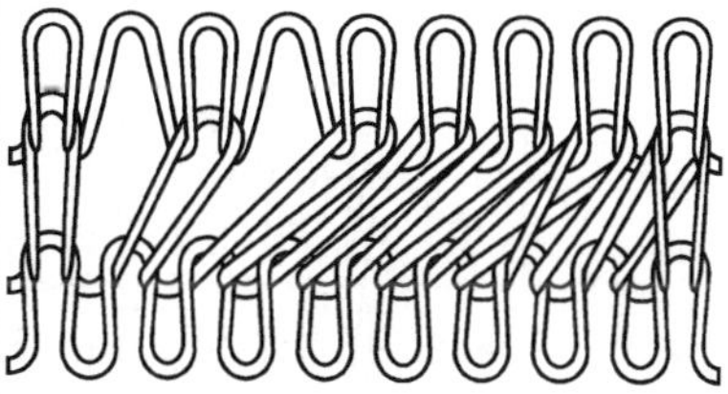	使用六针、四针式收针柄移圈

续表

序号	符　　号	线圈结构图	编织简单说明
12	多列线圈移圈 	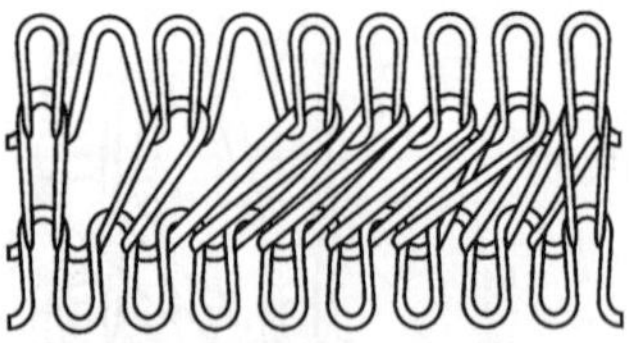	使用六针、四针、单针式收针柄移圈
13	多列线圈移圈 	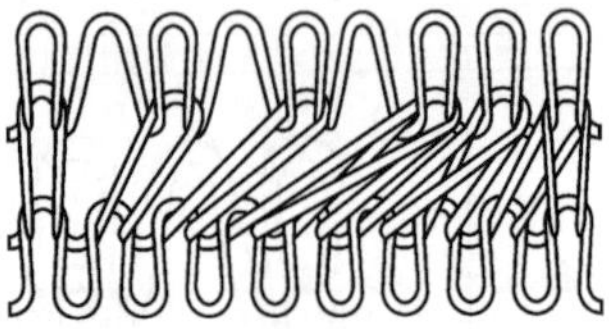	使用五针、三针、单针式收针柄移圈
14	泡泡纱 	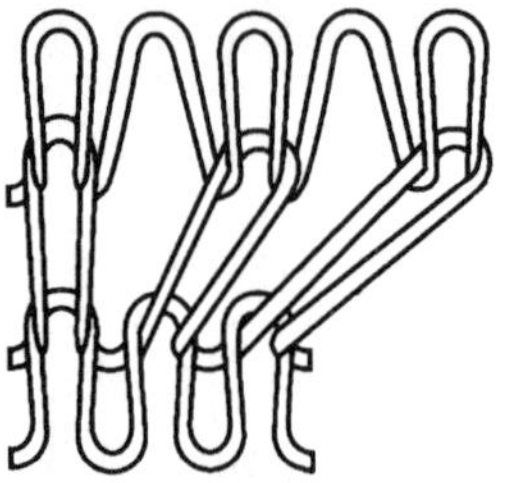	双针床编织，一个针床编织，另一针床辅助编织
15	正面线圈集圈 	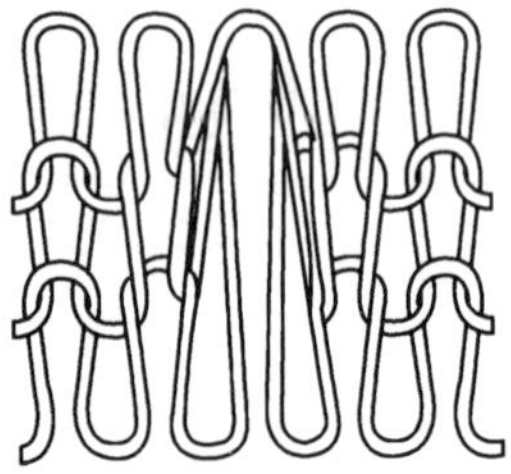	在编织前植入集圈织针
16	反面线圈集圈 	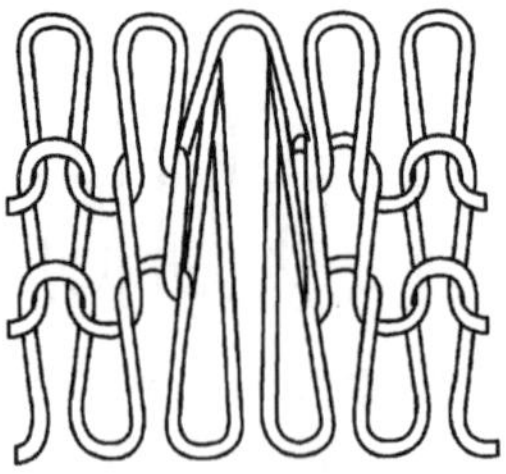	在编织前植入集圈织针
17	浮线在前 	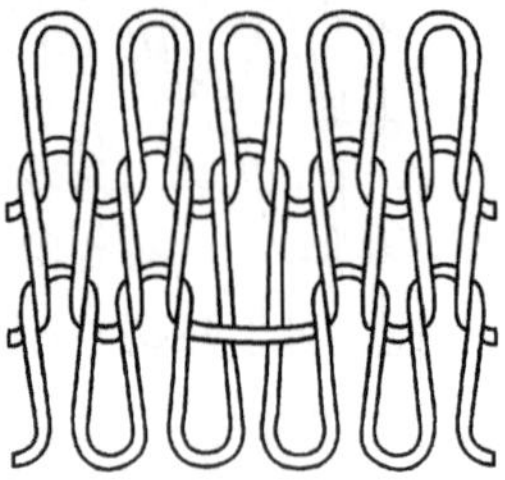	把编织浮线位置的线圈移到后针床，编织 个横列后再移回到前针床

续表

序号	符　号	线圈结构图	编织简单说明
18	绞花（扭绳）右边线圈在面 	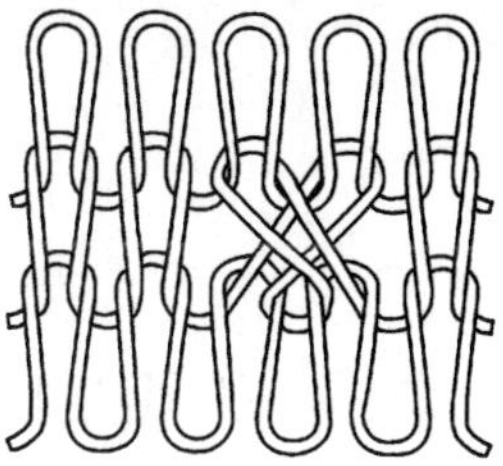	编织时先把右面的线圈落入到针床的织针上，后把左面的线圈放入到织针上
19	绞花（扭绳）左边线圈在面 	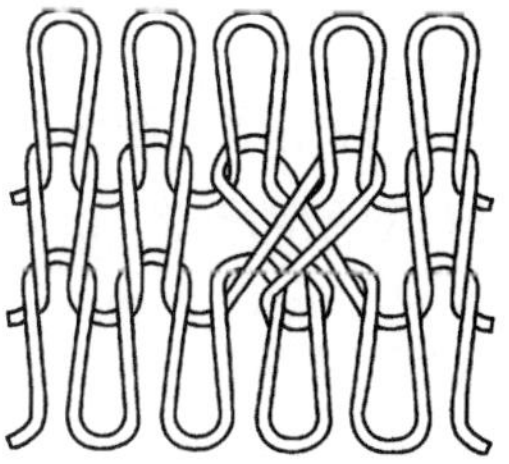	编织时先把左面的线圈落入到针床的织针上，后把右面的线圈放入到织针上

表编织一横列（机头横向运动一次）与每枚织针编织的情况。意匠图中的符号如表1-3-2中的符号所示。

3. **编织图**

编织图是将织物横截面的形态，按照编织的顺序和织针的工作情况，用图形来表示的一种方法，通常采用符号见表1-3-3。

表1-3-3　编织图

成圈	
集圈	
不编织（浮线）	

第二章　羊毛衫织物编织实际操作

第一节　纬平类织物编织实际操作

纬平类组织是羊毛衫众多组织中最基本的组织。常用的纬平类织物主要包括单面纬平针、双层纬平针(管状纬平针)、单侧开口双层纬平针、松紧密度、纬平泡泡纱等。

一、单面纬平针织物

1. 在横机上单针床双行程编织

单面纬平针(俗称单边)是羊毛衫织物中应用最为广泛的组织之一。单面纬平针是由连续的单元线圈纵向相互串套、横向相互连接而成,其线圈结构如图 2-1-1 所示,其编织情况如图 2-1-2 所示,其织物的效果如图 2-1-3 所示。

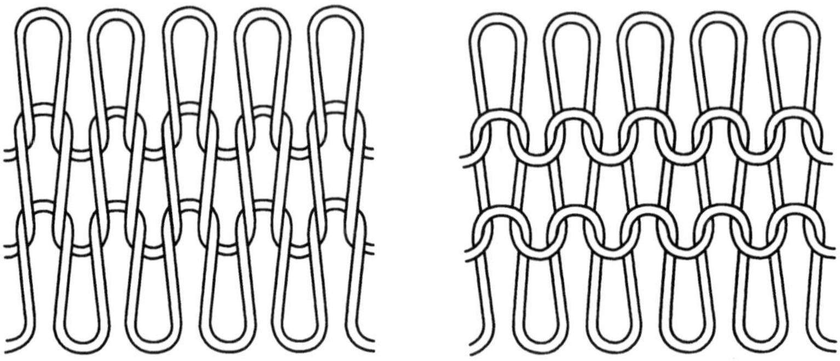

图 2-1-1　单面纬平针线圈结构图

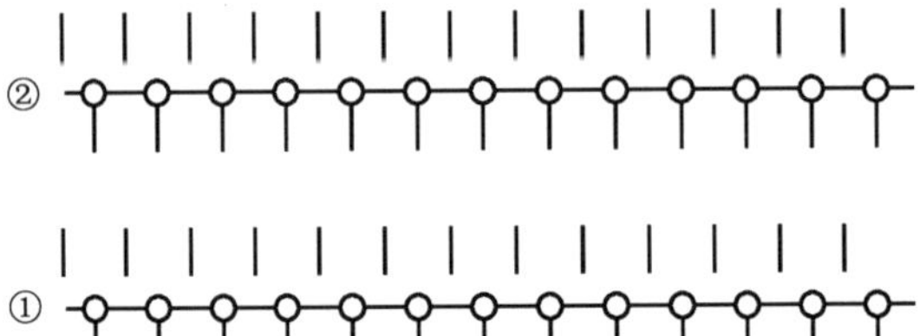

图 2-1-2　单面纬平针编织图

正面　　　　　　　　　　反面

图 2-1-3　单面纬平针织物效果图

(1)编织方法：该组织在横机的单针床上进行编织，织针呈满针排列，在横机的前、后针床上均能编织。如果在前针床编织则把弯纱三角 1、4(图 2-1-4)的刻度指针调到适宜的刻度。在编织时，为了使织物的密度均匀，两个参加工作的弯纱三角的弯纱深度要求一致。

开启起针三角 1、4，关闭起针三角 2、3。推动机头作 1~2 次的往返，使前针床织针的针舌完全刷开。如果在后针床编织，开启起针三角 2、3，关闭起针三角 1、4 即可。起针三角的方位与弯纱三角方位相同。

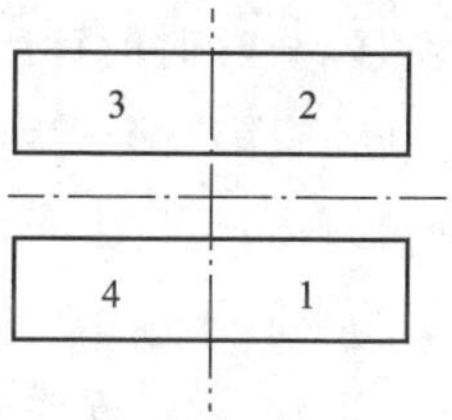

图 2-1-4　弯纱三角方位示意图

将梳栉从前、后针床齿口间隙中徐徐上升，升出梳栉齿口。机头在右边带上导纱嘴架，从右到左对织针进行垫纱。在梳栉的下面挂上适量的牵拉重锤。左右移动机头即可编织单面纬平针织物。

(2)织物特点：单面纬平针织物最常见的是应用于羊毛衫的大身，织物轻薄柔软，编织操作简单。织物的正反面线圈的形态不同。线圈圈柱在织物的正面形成清晰的纵向纹路，平整、光洁。由于成圈时，新线圈从旧线圈的反面穿向正面，以及线圈的圈弧比正面的圈柱对光线有较大的漫反射作用，因此反面容易出现纱线结头、杂质，不如正面平整、光洁，显得较暗，织物表面易出现纹路歪斜。单面纬平针织物具有双向的拉伸性；织物具有顺、逆编织两个方向的脱散性；有卷边的现象，纵行向反面卷边，横列向正面卷边。

2. *在横机上双针床单行程编织*

在双针床横机上使用一个针床、一个起针三角单行程编织纬平针组织。其线圈结构如图 2-1-5 所示，编织情况如图 2-1-6 所示，其织物的效果如图 2-1-7 所示。

(1)编织方法：在横机的单针床上进行编织，排 3~5 枚织针，在横机的前、后针床上均能编织。在前针床编织则开启起针三角 1，关闭起针三角 2、3、4。如在后针床编织，开启起针三角 2，关闭起针三角 1、3、4 即可。机头自左向右移动，

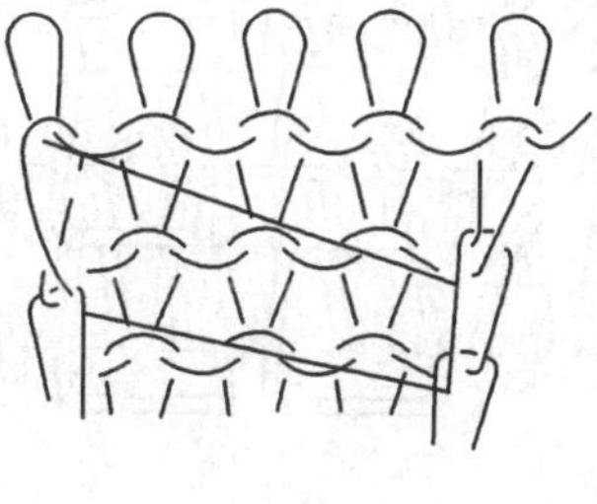

图 2-1-5　单行程纬平针线圈结构图

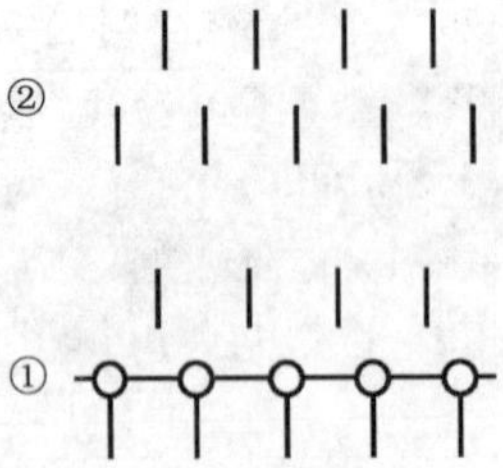

图 2-1-6 单行程纬平针编织图

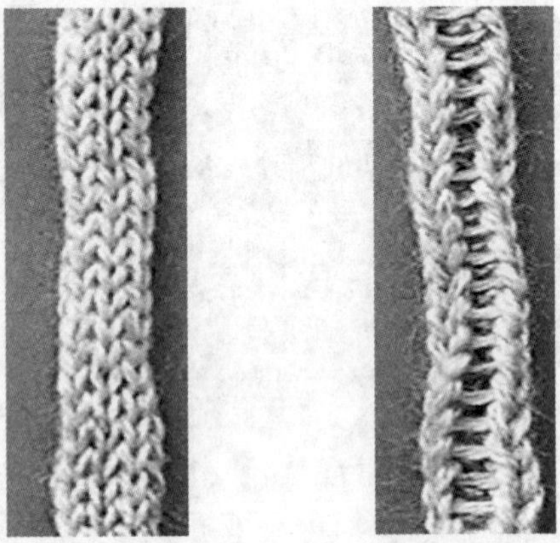

(a) 正面　(b) 反面

图 2-1-7 单行程纬平针织物效果图

这时前针床织针在起针三角 1 的作用下起针、成圈,在前针床织成一个横列的纬平线圈;机头自右向左移动,这时前针床织针不起针,导纱器跟随机头移向横机的左边,机头再次自左向右移动,重新编织第二个横列的纬平线圈。循环编织组成一管状组织。

(2)织物特点:由于使用一个针床,一个起针三角,机头单行程编织纬平针,返程为空程,即半转编织半转不编织,使 3~5 个纵行的起始纵行与结束纵行相连,而形成管状织物。其中空圆滑,蓬松柔软,编织操作简单。

该织物常用于羊毛衫服装的附件之中。如用于羊毛衫帽顶吊饰毛球、羊毛衫帽檐、下摆的收紧以及时尚款的羊毛衫夹下侧边的收紧。

二、双层纬平针织物

双层纬平针又称之为空转织物。双针床的横机机头在针床上往返一次的成圈编织称为一转;两个针床之间的线圈纵行使两针床上的织物相连时,则在横机的左右边缘形成封闭的织物称为空转。双层纬平针是由连续的单元线圈在横机的前后针床上纵向相互串套、横向相互连接而成。其线圈结构如图 2-1-8 所示,其编织情况如图 2-1-9 所示,其织物的效果如图 2-1-10 所示。

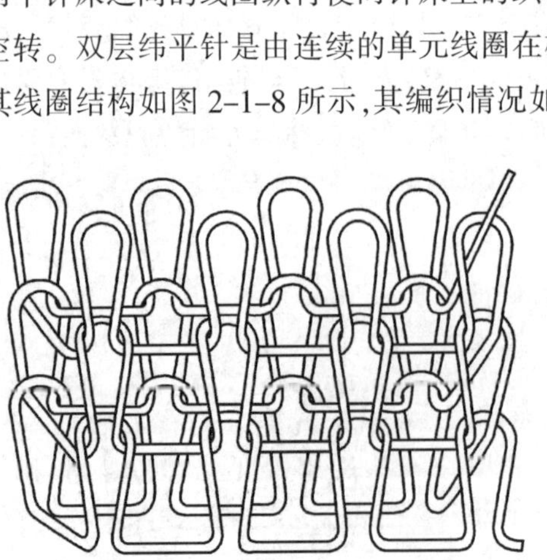

图 2-1-8 双层纬平针线圈结构图

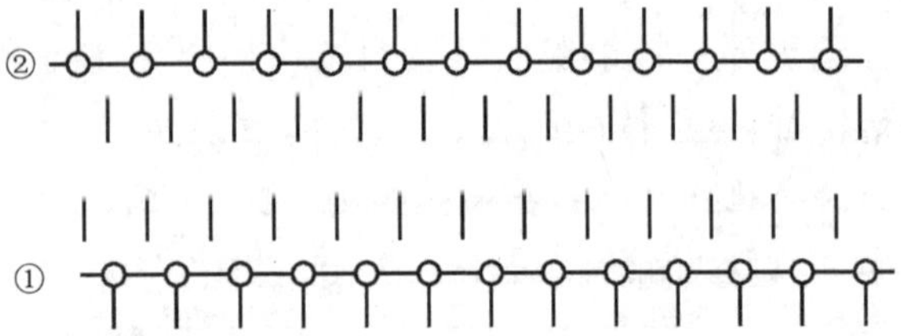

图 2-1-9 双层纬平针编织图

图 2-1-10　双层纬平针针织物效果图

1. **编织方法**

该组织在横机的双针床上编织，前、后针床上均呈满针排列，针床针齿相对、针床相错。编织前，把四个弯纱三角（压针三角）的刻度指针调到适宜的刻度。在编织时，为了使织物的密度均匀，四个参加工作的弯纱三角的弯纱深度要求一致。弯纱三角的刻度指针可略比纬平针组织的高一些，使织物密度稍小些，以便于编织。

双层纬平针织物对前、后针床的间隙（隙口、针床开口宽度）配置要求严格，间隙的过大或过小，会使双层纬平针织物相对的两端边缘纵向纹路明显不同，因此必须使针床间隙口尺寸与针床的针距相等。双层纬平针织物编织时，机头移动一个来回，即一转，编织一个横列。

关闭起针三角 1、3（也可关闭起针三角 2、4）。机头自左向右移动，这时前针床织针不起针，后针床织针在起针三角 2 的作用下起针、成圈，在后针床织成一个横列的纬平线圈；机头自右向左移动，这时后针床织针不起针，前针床织针在起针三角 4 的作用下起针、成圈，在前针床织成一个横列的纬平线圈。

2. **织物特点**

双层纬平针织物由于是循环的单面纬平针编织，两端边缘封闭，故中间呈空管状。织物的表面光洁，其性能与单面纬平针织物相同，有顺、逆编织方向脱散的特点，线圈横向无卷边现象。

三、单侧开口双层纬平针织物

单侧开口双层纬平针（又称单侧分离空转织物）是由连续的单元线圈在横机的前、后针床上纵向相互串套、在横向单侧断开而形成。其编织情况如图 2-1-11 所示，其织物的效果如图 2-1-12 所示。

1. **编织方法**

该组织在横机的双针床上编织，前、后针床上均呈满针排列，针床针齿相对、针床相错。编织前，把四个弯纱三角（压针三角）的刻度指针调到适宜的刻度。在编织时，为了使织物的密度均

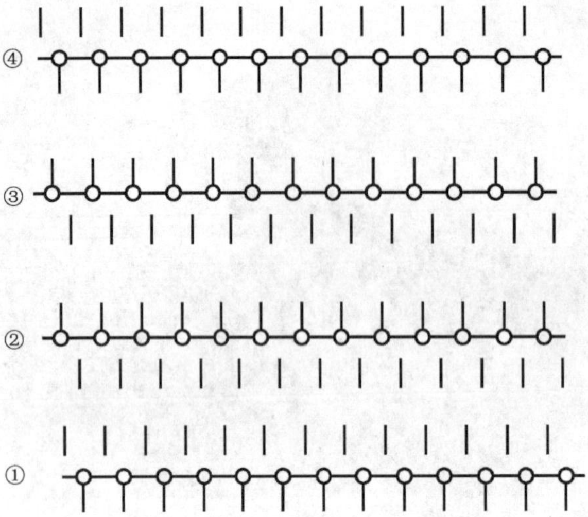

图 2-1-11　单侧开口双层纬平针编织图

匀，四个参加工作的弯纱三角的弯纱深度要求一致。弯纱三角(压针三角)的刻度指针可略比纬平针组织的高一些，使织物密度稍微小一些，以便于编织。

单侧开口双层纬平针织物与双层纬平针织物一样，对前、后针床的导纱口的间隙(隙口)配置要求相同。

关闭起针三角 2、4(也可关闭起针三角 1、3)。机头自左向右移动，这时后针床织针不起针，前针床织针在起针三角 1 的作用下起针、成圈，在前针床织成一个横列的纬平线圈；机头自右向左移动，这时前针床织针不起针，后针床织针在起针三角 3 的作用下起针、成圈，在后针床织成一个横列的纬平线圈。

图 2-1-12　单侧开口双层纬平针针织物效果图

然后，关闭起针三角 1、3(也可关闭起针三角 2、4)，机头自左向右移动，这时前针床织针不起针，后针床织针在起针三角 2 的作用下起针、成圈，在后针床织成一个横列的纬平线圈；机头再自右向左移动，这时后针床织针不起针，前针床织针在起针三角 4 的作用下起针、成圈，在前针床织成一个横列的纬平线圈。如此循环即可编织成一单侧开口管状组织：单侧开口双层纬平针织物。织物在左侧断开。如果编织时先关闭起针三角 2、4、后关闭起针三角 1、3，编织的织物在右侧断开。

2. **织物特点**

单侧开口双层纬平针组织由于是循环的单面纬平针编织，一侧边缘封闭，另一侧边缘断开。

织物的表面光洁，其性能与单面纬平针组织相同，有顺、逆编织方向脱散的特点，线圈横向断开的一侧有卷边现象。该组织织物主要用于增加织物的幅宽，是纬平针织物幅宽的两倍。

四、松紧密度织物

松紧密度织物是各横列采用不同的线圈密度而构成的单面纬平织物，由连续的线圈在一个横列纵向相互串套，在另一个横列线圈变化后，在纵向相互串套、横向相互连接而成。

1. 普通松紧密度织物

其线圈结构如图 2-1-13 所示，编织图与纬平针相同；织物的效果图如图 2-1-14 所示。

(1)编织方法：该组织在横机的单针床上进行编织，针床呈满针排列。在横机的前、后针床上均能编织。在编织时，为了使织物的密度不均匀，两个参加工作的弯纱三角的弯纱深度不一致。在前针床编织，可以把弯纱三角 1 的刻度指针置于小于 10 的位置，弯纱三角 4 的刻度指针置于大于 10 的位置。

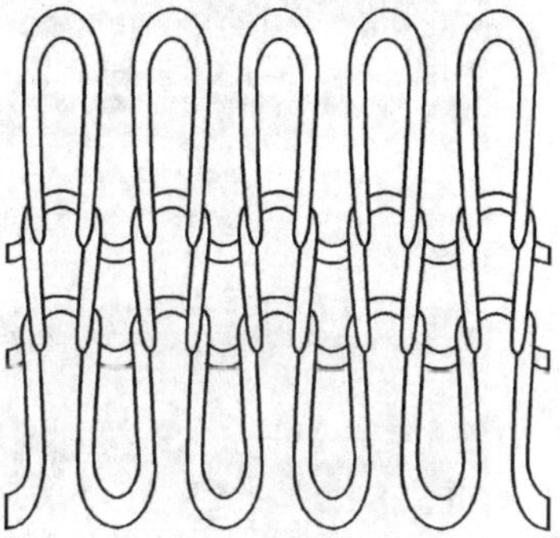

图 2-1-13　普通松紧密度织物线圈结构图

(a) 正面　　(b) 反面

图 2-1-14　普通松紧密度织物效果图

关闭起针三角 2、4。机头自右向左移动，这时在弯纱三角 1 的作用下编织弯纱深度浅的一个横列，织物组织紧密；机头再自左向右返回时，在弯纱三角 4 的作用下编织弯纱深度的深一个横列，织物组织松软。

在编织的过程中，当机头自右向左移动时，编织比较容易，而机头返回时，由于弯纱深度突然的变大，则机头移动较不容易。因此，在编织此组织时，向右移动机头要缓慢，向左移动可快一些。

(2)织物特点：松紧密度织物是由不同的线圈密度构成的织物，把机头上的左、右弯纱三角的深度调得一高一低，使编织相邻的两个横列的线圈疏密不同而获得。该组织一般底作面，即把纬平针的底面作为正面来使用。

2. **特殊效果的松紧密度织物**

应用不同线密度的纱线也可以编织松紧密度织物。如图 2-1-15 和图 2-1-16 所示，是采用不同线密度的纱线进行编织的松紧密度织物效果图。

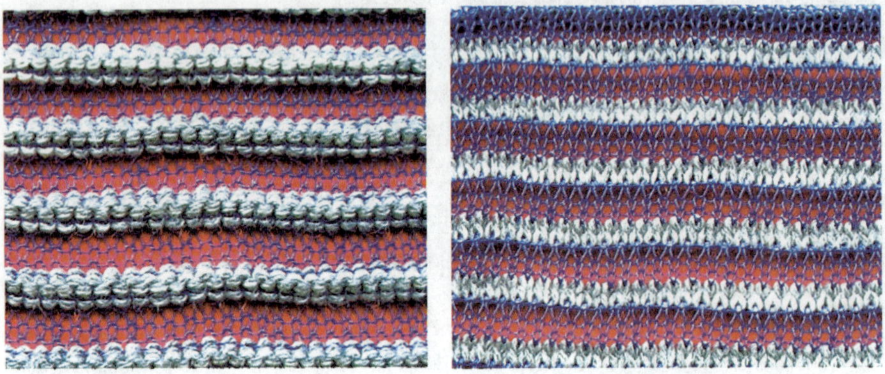

(a) 正面　　(b) 反面

图 2-1-15　不同线密度松紧密度织物效果图(1)

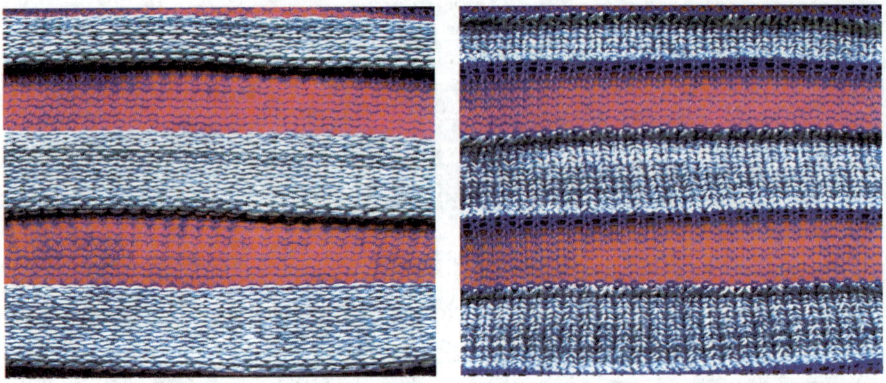

(a) 正面　　(b) 反面

图 2-1-16　不同线密度松紧密度织物效果图(2)

(1)编织方法：该组织在横机的单针床上进行编织，针床呈满针排列。在横机的前、后针床上均能编织，采用粗细纱线交替进行编织。

关闭起针三角 2、4。机头自右向左移动时，机头导纱嘴带粗纱，编织一转，由于纱线直径大，织物组织紧密。机头再次自右向左移动时，机头导纱嘴带细纱，编织一转，由于纱线直径小，织物组织松软。如此循环，即可编织松紧密度织物。

(2)织物特点：通常以织物的反面为服用的正面(底作面)，应用圈弧对光的漫反射作用，使织物产生横条的凹凸效果。如采用不同的色彩的纱线，则横条的凹凸感更加的强烈。一般横机的换纱器设置在机器的右侧,因此变换横列的循环数应为 2 的倍数。松紧密度织物是单面织物中的一种新型结构,具有特殊的外观效果。

五、纬平泡泡纱织物

泡泡纱是织物的外观表面上呈现出起泡泡的效果,由大小不同的线圈单元,在纵向相互串套、横向相互连接而成。纬平泡泡纱是以纬平针组织为基础组织的一种织物。在织物的编织过程中,把后针床(或前针床)织针里的线圈脱套后,使得相对应的前针床(或后针床)的线圈变大。泡泡纱织物是单面织物中的一种新型组织结构,具有特殊的凹凸感强烈的外观效果。

1. 纬平方形泡泡纱织物

图 2-1-17~图 2-1-19 分别为一种纬平方形泡泡纱的意匠图、编织图和效果图。

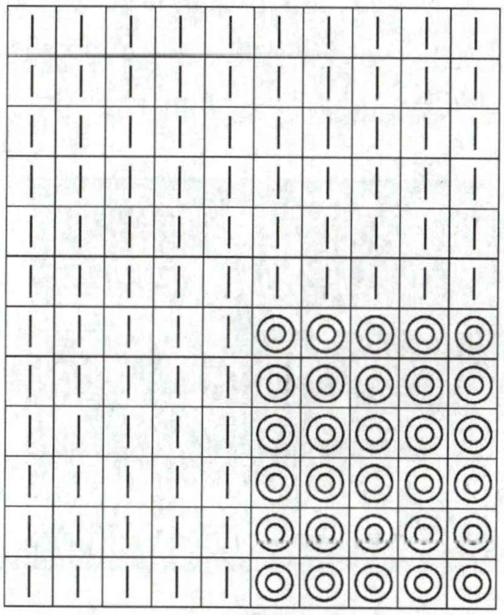

图 2-1-17　方形泡泡纱意匠图

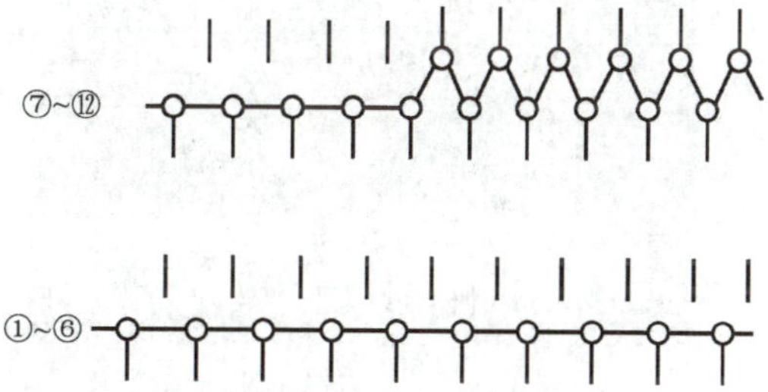

图 2-1-18　方形泡泡纱编织图

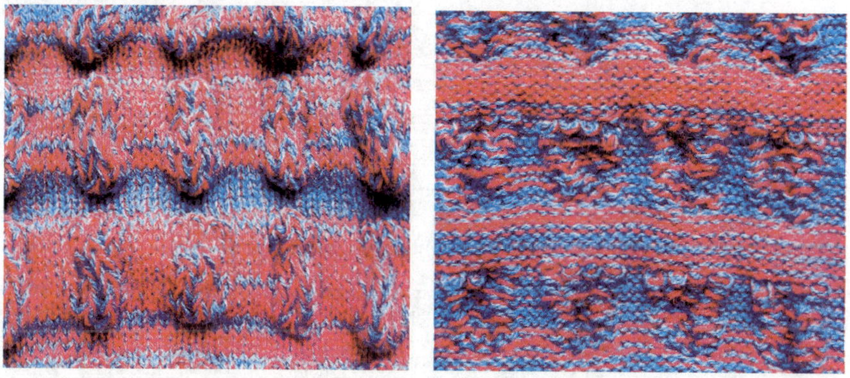

(a) 正面　　(b) 反面

图 2-1-19　方形泡泡纱效果图

(1)编织方法:此方形泡泡纱的一个循环组织为 11 支 16 针 12 横列,主要在前针床(或后针床)上进行编织,后针床(或前针床)辅助编织。编织时,把前后针床按意匠图进行排针,在前针床上满针，后针床上每隔 4 排 6 枚织针。

关闭起针三角 2、3，开启起针三角 1、4。机头自左向右移动，这时后针床织针不起针，前针床织针在起针三角 1、4 的作用下起针、成圈，编织 8 横列后，同时开启起针三角 2、4，机头自左向右移动，前后针床的织针都起针参与编织，编织第 9 横列时，后针床上的织针进行第一次钩纱，持续编织 8 横列。然后把钩有纱线的后针床上的织针针钩里的线圈脱套，同时关闭起针三角 2、4。如此循环，即可编织此组织。

(2)织物特点：纬平泡泡纱是由大小不同的线圈构成的织物，它借助于后针床(或前针床)的织针参加编织把前针床上线圈变大，使编织的线圈松紧不同而获得。泡泡纱的花型线圈扩张向外凸起，使得织物产生强烈的凹凸效果。

2. **其他常见纬平泡泡纱**

泡泡纱组织还可以形成多种图案的排列，如圆形图案的排列、菱形图案的排列等。图 2-1-20 为一种圆形泡泡纱的效果图。图 2-1-21 为一种菱形泡泡纱的意匠图，图 2-1-22 为其效果图。纬平圆形泡泡纱和菱形泡泡纱在横机上的编织方法与方形泡泡纱大致相同。

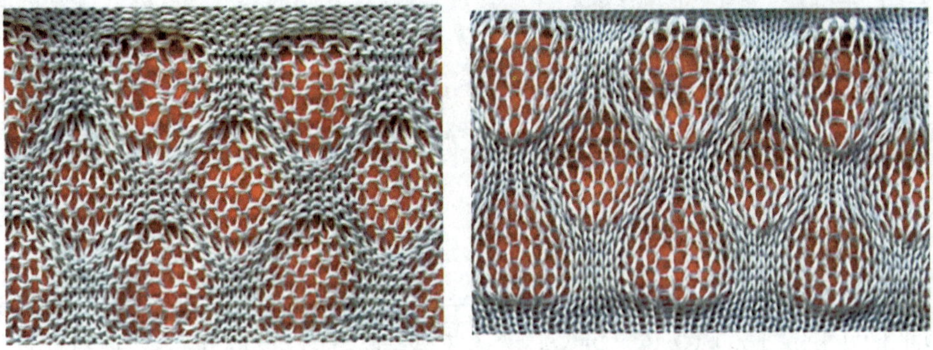

(a) 正面　　(b) 反面

图 2-1-20　圆形泡泡纱效果图

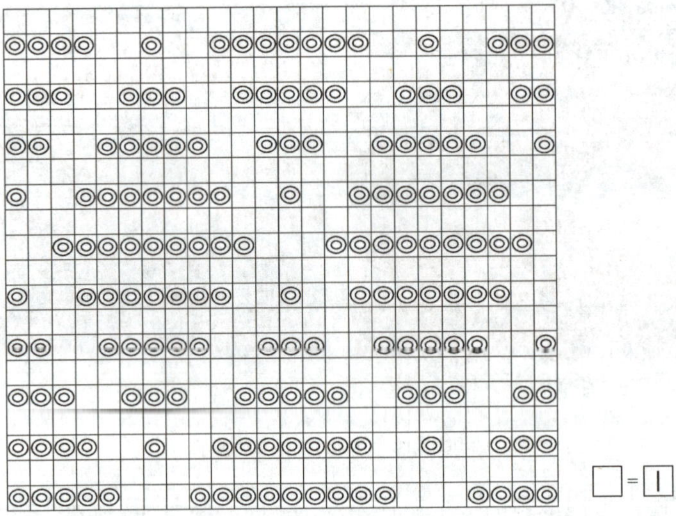

图 2-1-21　菱形泡泡纱意匠图

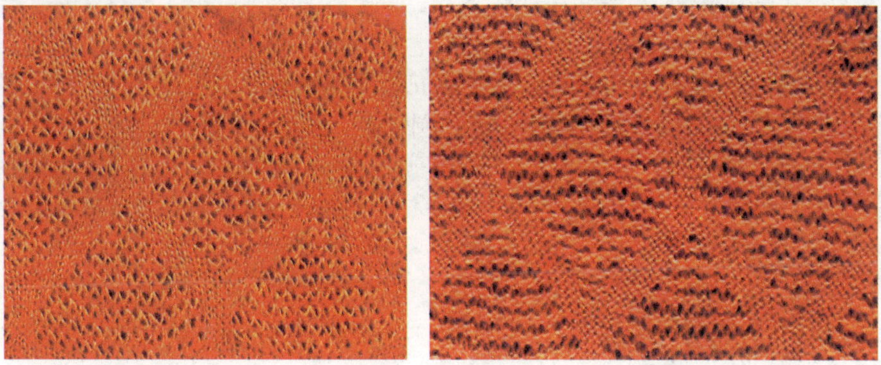

(a) 正面　　(b) 反面

图 2-1-22　菱形泡泡纱效果图

采用不同色彩的纱线编织纬平泡泡纱，配置在不同的编织横列上，可产生凹凸感强烈的波纹泡泡的效果。图 2-1-23~图 2-1-25 分别为一种波纹泡泡纱的意匠图、编织图和效果图。

波纹泡泡纱的编织方法也与方形泡泡纱的方法基本相同，不同之处仅是两种色纱的交替编织。

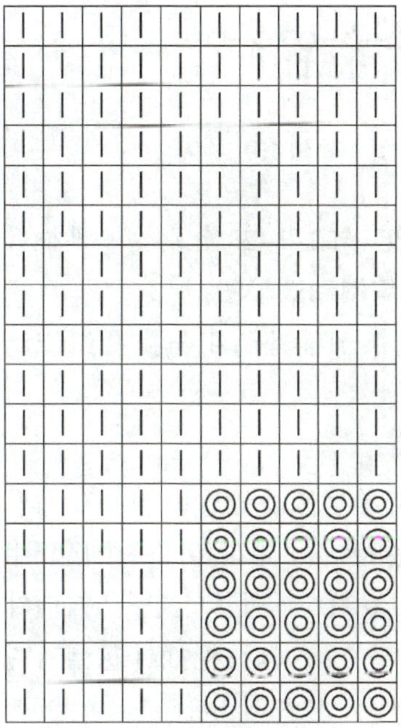

图 2-1-23　波纹泡泡纱意匠图

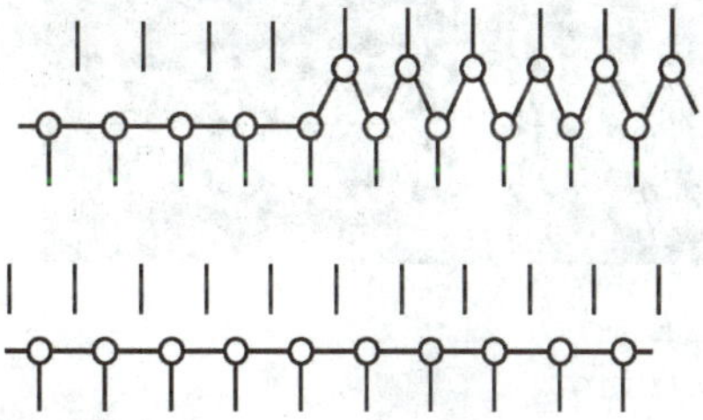

图 2-1-24　波纹泡泡纱编织图

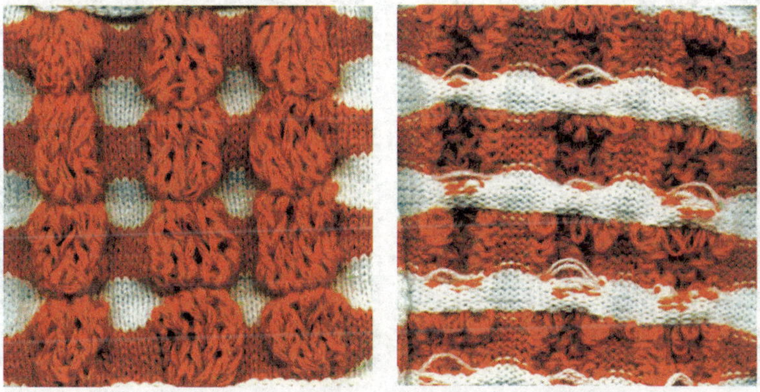

(a) 正面　　(b) 反面

图 2-1-25　波纹泡泡纱效果图

六、抽针织物

抽针织物是在纬平基本组织的基础上，依据花型要求在不同的织针上把线圈转移到相邻织针上后，该织针退出工作区，构成具有浮线的花型图案。该组织织物有镂空的效果，常用于女装

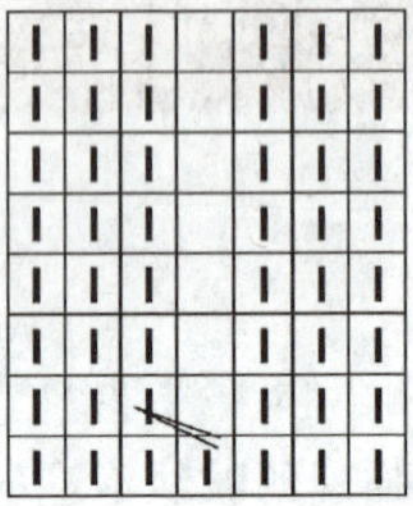

图 2–1–26　抽针织物意匠图

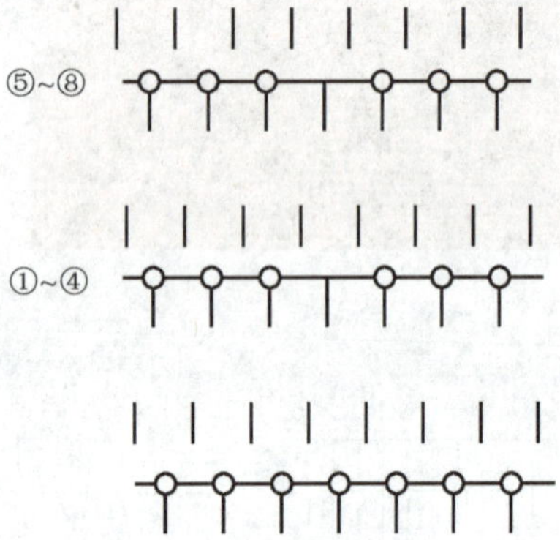

图 2–1–27　抽针织物编织图

与童装。图 2–1–26~图 2–1–28 分别为一种抽针织物的意匠图、编织图和效果图。

图 2–1–29 为一种抽针组织与挑孔组织组合织物的效果图。

编织方法：

织物在横机的单针床上进行编织。在横机的前、后针床上均能编织。此花型的一个循环组织为 7 针 6 横列。编织在前针床上进行时，前针床呈满针排列，编织 2 横列后，把抽针花型对应的织针针钩里的线圈转移到相邻织针的针钩

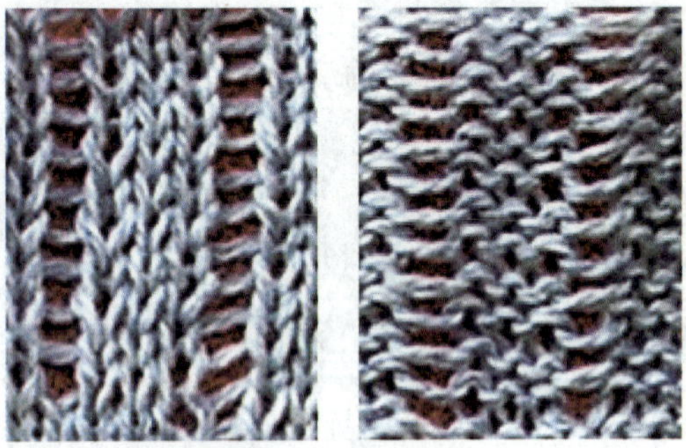

(a) 正面　　(b) 反面

图 2–1–28　抽针织物效果图

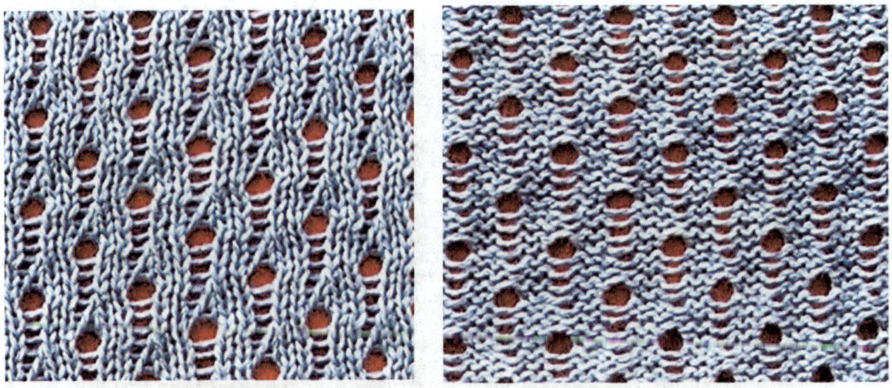

(a) 正面　　(b) 反面

图 2–1–29　抽针与挑孔组合织物效果图

里，该织针退出工作区，编织 4 横列。再把退出工作区的织针推入工作区参加编织。如此循环，便可编织出此组织织物。其他花型的抽针组织在横机上的编织方法与此大致相同。

七、间色横条织物

间色横条织物是采用不同的色纱，通过导纱嘴架上的纱嘴进行间隔喂纱，使得织物具有横条效应。图 2-1-30 所示为一种间色横条织物的效果图。

(a) 正面

(b) 反面

图 2-1-30　间色横条织物效果图

编织方法：

间色横条组织的编织方法与纬平针组织基本相同。机头带一种色纱编织 2 横列后，再换另一种色纱编织 2 横列，如此循环便可编织出此组织。

一般横机的换纱器装置设置在机器的右侧，因此变换横列的循环数应为 2 的倍数。间色横条组织（两色或多色）除在编织纬平针织物时形成外，还可在编织其他的单双面织物的过程中变换不同的色纱形成，如可以在编织罗纹、三平、四平、空气层织物时形成。

八、放针混毛织物

放针混毛织物是在编织的过程中，弯纱深度变大且混入其他色纱参与编织而形成的一种织物。图 2-1-31 所示为一种放针混毛织物的效果图。

1. 编织方法

该组织在横机的单针床上进行编织。在横机的前、后针床上均能编织。编织在前针床上进行时，织针呈满针排列。编织几个横列后，机头在右边带混毛导纱嘴，把压针三角 1 的刻度指针下调，机头自右向左移动编织一个横列。手动把机头混毛导纱嘴推回到右边，把原纱嘴自右边移到左边的机头里，机头带原纱嘴编织（也可带其他的色纱），即可编织放针混毛织物。

2. 织物特点

放针混毛织物是由不同线密度的纱线混合编织构成的织物，借助于调节弯纱深度使编织线圈变大而获得。该织物的花型位置线圈扩张向外凸起，使得织物产生凸起效果。如果采用不同

(a) 正面　　(b) 反面

图 2-1-31　放针混毛织物效果图

色彩的纱线，设置不同的编织横列，则会产生混色横条效果。放针混毛是单面织物中的一种新型结构，具有特殊的外观效果。

九、编花织物

编花是把色纱垫放在按照花型要求所选择的某些织针上，进行手动脱圈、成圈而形成的一种织物。编花可以以各种组织为基础组织形成各种图案，具有别致的外观效果。在普通的手摇横机上可以编织简单的编花织物。

图 2-1-32 所示为两种纬平组织基础上编花组织织物的效果图。

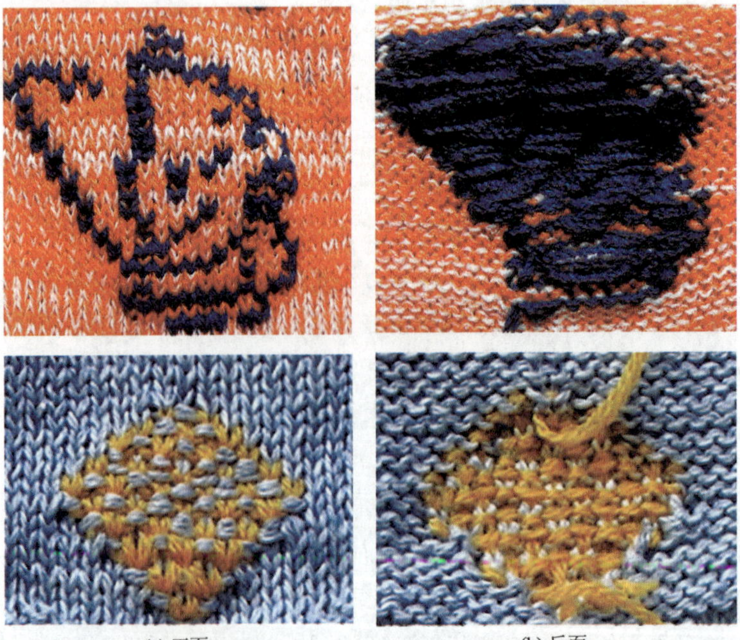

(a) 正面　　(b) 反面

图 2-1-32　纬平编花织物效果图

1. 编织方法

该组织在横机的单针床上进行编织。在横机的前、后针床上均能编织，仅需要一个导纱嘴。按照意匠图的要求，先把织针的针踵沿着针槽向上推，使旧线圈从针钩中滑落至针杆上，手动把色纱垫入针钩之中，再把织针的针踵沿着针槽向下退，使色纱形成新线圈，旧线圈由针头上脱下，落在新纱线上，机头带纱继续编织，新的色纱形成的线圈覆盖在旧线圈之上。这样循环垫纱、脱圈，即可编织编花织物。其他编花织物的编织方法与此基本相同。

2. 织物特点

编花织物是由手动完成横机成圈所需编织过程而形成的织物。该织物的花型线圈不同于普通线圈，比普通线圈多出一个横列，因此花型向外凸起，使得织物产生凹凸效果，是单面织物中的一种新型结构，具有特殊的外观效果。编花组织除了在编织纬平针织物时形成外，还可在编织其他的单、双面织物的过程中形成，如可在编织空气层时形成。图 2-1-33 所示为空气层编花织物的效果图。

(a) 正面

(b) 反面

图 2-1-33　空气层编花织物效果图

十、单面凸条谷波织物

单面凸条谷波织物是以单面组织为基础，主要在一个针床上编织，借助另一针床的织针参与辅助编织而形成的凸条效果的织物。

1. 单面面凸条谷波织物

图 2-1-34 和图 2-1-35 分别为一种单面面凸条谷波的编织图和效果图。

(1)编织方法：该组织在双针床横机上编织。编织主要在前针床进行，后针床参与辅助编织。前、后针床的织针呈满针排列。在前针床编织纬平针组织数横列后，开启起针三角 2，机头自左向右移动。这时后针床织针在起针三角 2 的作用下开始钩纱，关闭起针三角 2，机头自右向左移动，这时后针床不编织，前针床织针继续编织一转半(三个横列)，也可以少于一转半，然后再把后针床织针上的线圈移回到前针床相对应相邻织针上，机头继续编织，即可形成单面面凸条谷波织物。

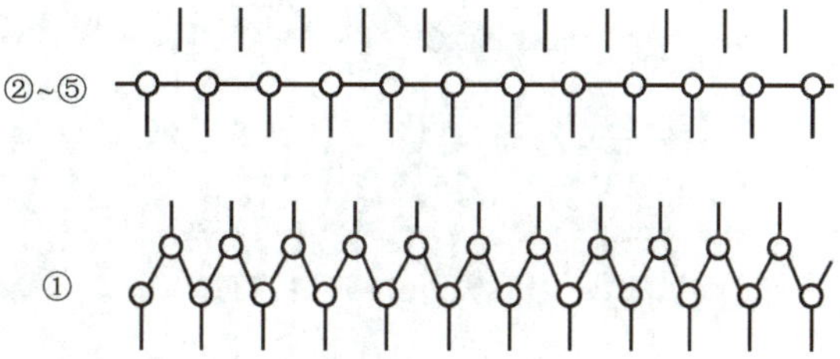

图 2-1-34　单面面凸条谷波织物编织图

图 2-1-35　单面面凸条谷波效果图

(2)织物特点：单面面凸条谷波织物是织物中的一种新型结构。该织物花型正面线圈比反面线圈多出三个横列，花型向外凸起，使得织物产生立体效果。

2. **单面底凸条谷波织物**

图 2-1-36、图 2-1-37 分别为单面底凸条谷波织物的编织图和效果图。

(1)编织方法：该织物主要在前针床编织，前、后针床的织针呈满针排列。前针床编织纬平针

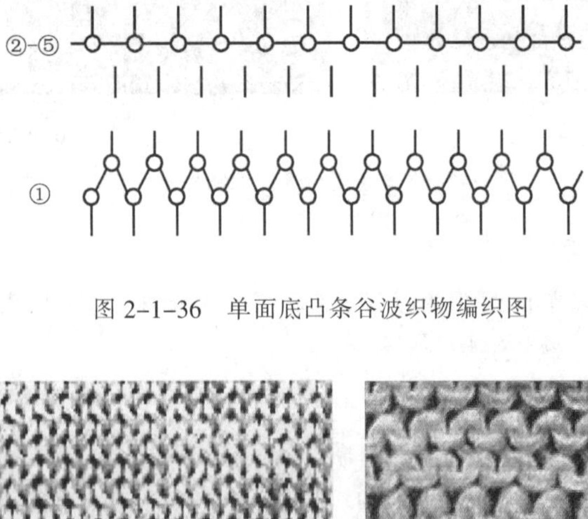

图 2-1-36　单面底凸条谷波织物编织图

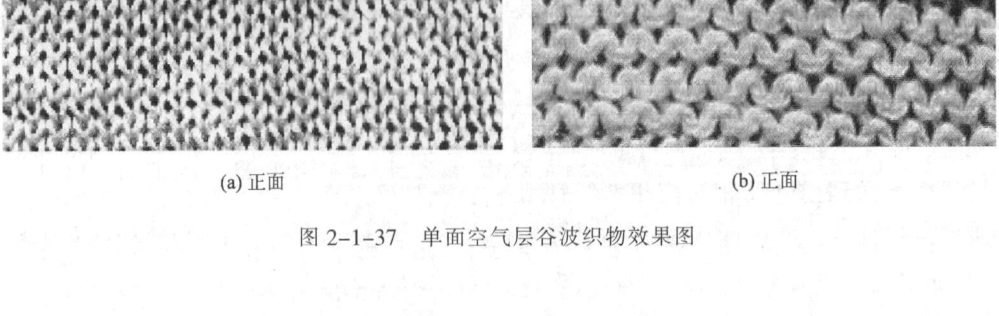

(a) 正面　　(b) 正面

图 2-1-37　单面空气层谷波织物效果图

组织数个横列后，开启起针三角2、3，机头自左向右移动，这时后针床织针在起针三角2的作用下开始钩纱，关闭起针三角1、4，这时前针床不编织，后针床织针继续编织-转半（三个横列），也可以少于-转半，然后再把后针床织针上的线圈移回到前针床相对应的织针上，机头继续编织，即可形成单面底凸条谷波织物。

（2）织物特点：该织物的花型反面线圈比正面线圈多出三横列。

十一、添纱织物

添纱组织俗称讧毛组织。添纱组织是指织物内的线圈由两个色纱的线圈相覆盖而形成。织物的正面线圈由一种色纱显示，反面线圈由另一种色纱显示。织物的线圈两面呈现不同的色彩。图2-1-38和图2-1-39分别为纬平针添纱织物的线圈结构图和效果图。

图2-1-38　纬平针添纱织物线圈结构图

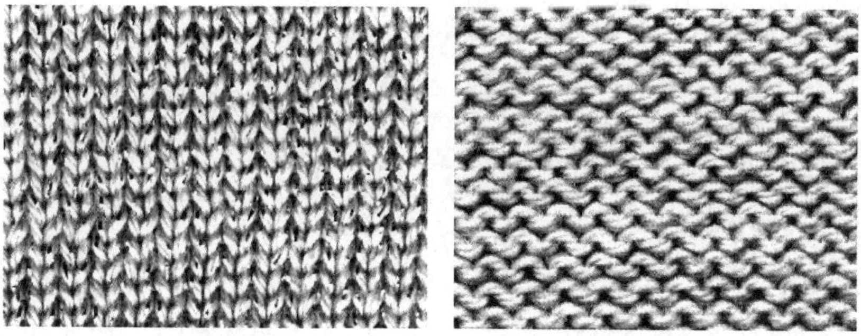

(a) 正面　　(b) 反面

图2-1-39　纬平针添纱织物效果图

编织方法：

纬平针添纱织物的编织方法与纬平针织物编织方法基本相同。不同点是使用了添纱导纱嘴（参见第一章常用工具）。编织时将面纱（出现在织物的正面）穿入辅孔，地（低）纱穿入基孔。同时注意调节好垫纱角度、弯纱深度等，以防止面纱与地（低）纱的位置交错（跳纱）。图2-1-40和图2-1-41分别为2+2罗纹添纱组织的线圈结构图和效果图。其编织方法与纬平针添纱织物的编织方法基本相同。

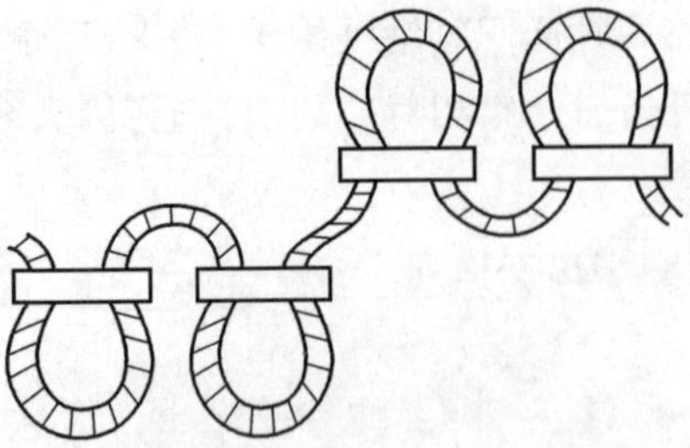

图 2-1-40　2+2 罗纹添纱线圈结构图

图 2-1-41　2+2 罗纹添纱织物效果图

第二节　罗纹类织物编织实际操作

一般双针床的横机不能生产圆筒状的罗纹织物，只能生产片状罗纹织物。罗纹组织是羊毛衫双面织物的基本组织，由正面线圈纵行与反面线圈纵行以一定的组合相间配置而成。罗纹组织的种类很多，常用 n_1+n_2来表示，n_1表示一个循环正面线圈的纵行数，n_2表示一个循环反面线圈的纵行数，如 1+1 罗纹、2+1 罗纹、3+2 罗纹等。

一、1+1 罗纹织物

1+1 罗纹俗称单罗纹，编织时两针床针槽相对、织针一隔一排列。其线圈结构如图 2-2-1 所示，其编织图如图 2-2-2 所示，其织物的效果如图 2-2-3 所示。

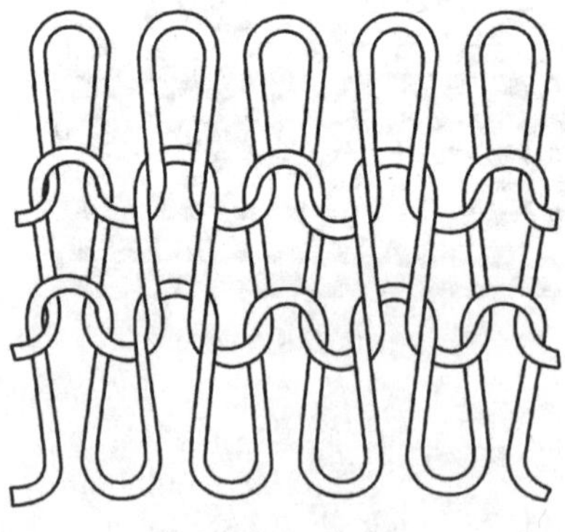

图 2-2-1　1+1 罗纹线圈结构图

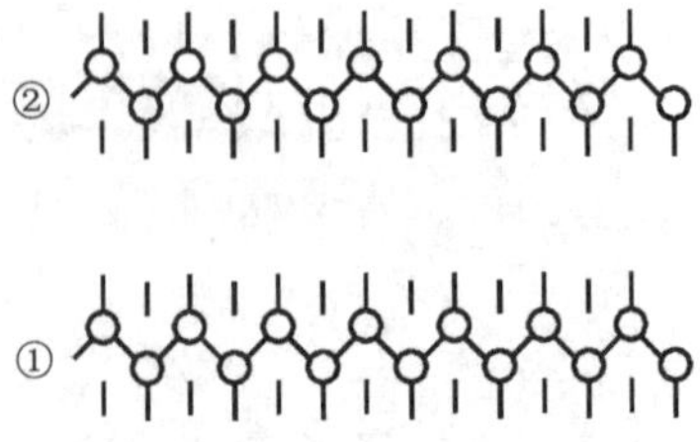

图 2-2-2　1+1 罗纹编织图

1. 编织方法

该组织在横机的双针床上进行编织。编织前，把压针三角 1、2、3、4 的刻度指针调到适宜的刻度。为了使织物的密度均匀，四个参加工作的弯纱三角的弯纱深度要求一致。把编织幅宽内

(a) 正面　　(b) 反面

图 2-2-3　1+1 罗纹织物效果图

的织针用推针踵的方法全部推入工作区,用 1+1 起针板(罗纹板)的齿下压前、后针床上不参加编织的织针针踵,使其退出工作区,即是手动选针(俗称撳罗纹),使得两个针床上分边为一隔一排针方式。

针床移位使前后针床相对,两针床织针成交叉状。开启起针三角 1、2、3、4,机头自右向左移动,使两针床上处于工作区的针舌钩住纱线,完成起口横列的编织。把梳栉中的钢丝抽出,从前后针床齿口隙中慢慢的上升,穿过纱线,升出针床齿口隙,将起口纱线各段分开,把钢丝穿入穿针条小孔之中,在梳栉的下面挂上适量的牵拉重锤。左右移动机头即可编织 1+1 罗纹织物。

针床齿口隙的开口宽度影响罗纹织物(包括双面组织)的性能和质量,因此在编织前要进行调试。

2. 织物特点

1+1 罗纹组织与纬平针组织织物相比,延伸性较好,无卷边现象,常用于羊毛衫的下摆、男装外套。

二、真、假 2+2 罗纹织物

2+2 罗纹、3+2 罗纹、3+3 罗纹等常称为弹力罗纹。在生产企业中,2+2 罗纹有两种排针方式:二隔一方式排针编织的组织称为真 2+2 罗纹,二隔二排针方式编织的组织称为假 2+2 罗纹。其各自线圈结构如图 2-2-4 所示,其各自编织图如图 2-2-5 所示,其各自织物的效果图如图 2-2-6 所示。

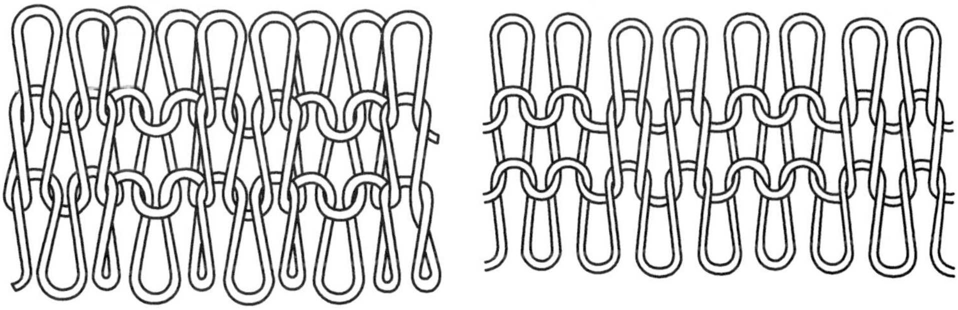

(a) 真罗纹　　(b) 假罗纹

图 2-2-4　真、假 2+2 罗纹线圈结构图

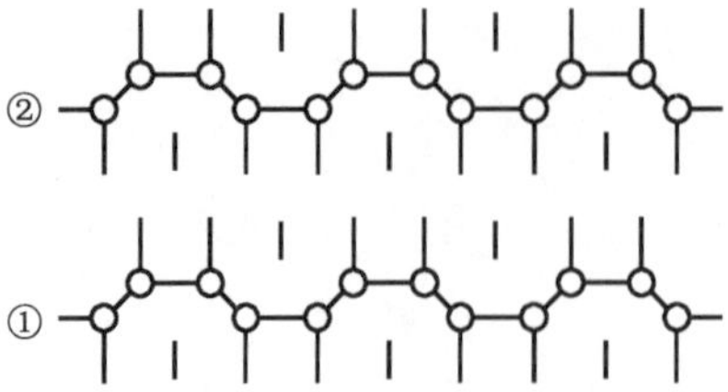

(a) 真罗纹

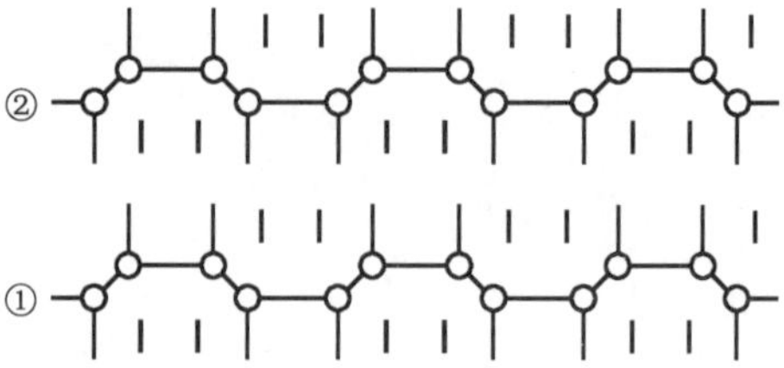

(b) 假罗纹

图 2-2-5 真、假 2+2 罗纹编织图

(a) 真2+2罗纹正面

(b) 真2+2罗纹反面

(c) 假2+2罗纹正面

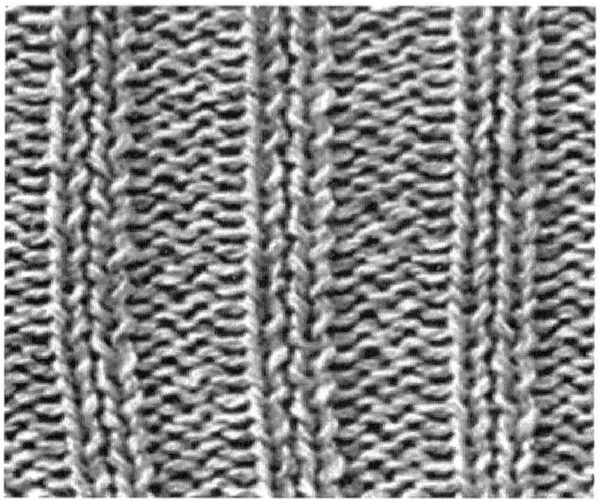

(d) 假2+2罗纹反面

图 2-2-6 真、假 2+2 罗纹织物效果图

1. 真 2+2 罗纹编织方法

该组织在横机的双针床上进行编织。把编织幅宽内的织针用推针踵的方法全部推入工作区，手动选针使织针呈图 2-2-5 中真 2+2 罗纹排针方式。针床移位完成起口所需位置(详见第

三章第二节起口)。开启起针三角 1、2、3、4,机头自右向左移动,使两针床上处于工作区的针舌钩住纱线,完成起口横列的编织。起口操作完成后,再移动针床使织针如图 2–2–5 所示排列,即可编织真 2+2 罗纹织物。如果起口横列完成后,未移动针床复位,那么编织形成近似于二倍正常线圈大小的 1+1 罗纹织物。

2. 真 2+2 罗纹织物特点

真 2+2 罗纹具有较小的宽度、较大的横向延伸性和良好的弹性,常用于袖口、裤口、下摆等弹性要求较高的部位。

3. 假 2+2 罗纹编织方法

假 2+2 罗纹编织方法与真 2+2 罗纹编织方法基本相同。

图 2–2–5 中真 2+2 罗纹排针方式编织, 在完成起口编织时需横移 1 个针距, 在翻针移圈(过单边)时线圈纵行的数目减少。图 2–2–5 中假 2+2 罗纹排针方式编织,在完成起口编织时需横移 1 个半个针距,在翻针移圈(过单边)时线圈纵行的数目不减少。

4. 假 2+2 罗纹织物特点

假 2+2 罗纹比真 2+2 罗纹具有较大的宽度,弹性较差。

三、其他罗纹织物

罗纹织物的种类很多,除了 1+1 罗纹外,还有3+2 罗纹、3+3 罗纹、4+4 罗纹等不同形式的罗纹织物。其他类的罗纹在起口编织时都需要移动针床,如 4+3 罗纹需要移动 3 个针距才满足起口编织的条件。罗纹针织物的抗脱散性优于纬平针类的织物。罗纹组织纵行数越少抗脱散性越好,反之则差。罗纹织物的抗卷边性也优于纬平类的织物。

1. 3+2 罗纹织物

3+2 罗纹织物线圈结构如图 2–2–7 所示,编织图如图 2–2–8 所示,织物的效果图如图 2–2–9 所示。

2. 3+3 罗纹织物

3+3 罗纹线圈结构如图 2–2–10 所示,编织图如图 2–2–11 所示,织物的效果图如图 2–2–12 所示。

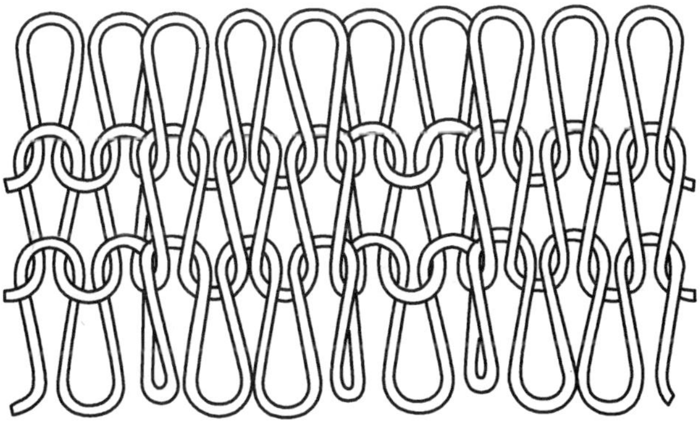

图 2–2–7　3+2 罗纹织物线圈结构图

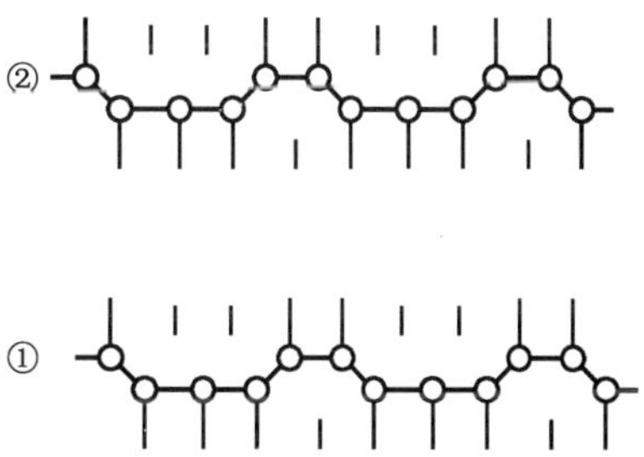

图 2–2–8　3+2 罗纹织物编织图

(a) 正面

(b) 反面

图 2-2-9　3+2 罗纹织物效果图

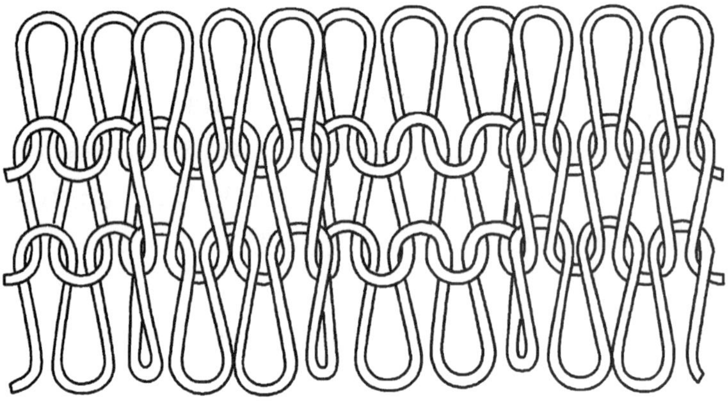

图 2-2-10　3+3 罗纹织物线圈结构图

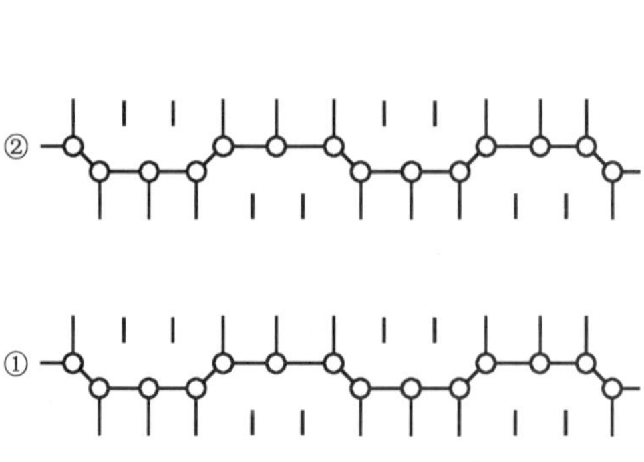

图 2-2-11　3+3 罗纹织物编织图

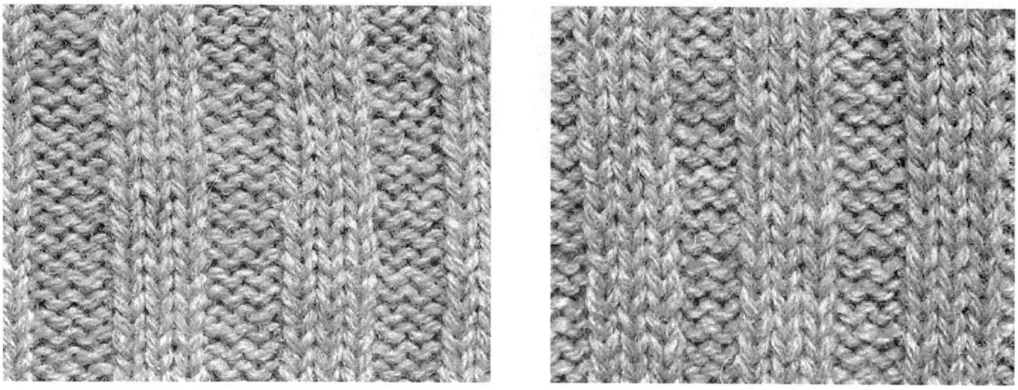

(a) 正面　　(b) 反面

图 2-2-12　3+3 罗纹织物效果图

3. 4+4 罗纹织物

4+4 罗纹织物线圈结构如图 2-2-13 所示，编织图如图 2-2-14 所示，织物的效果图如图 2-2-15 所示。

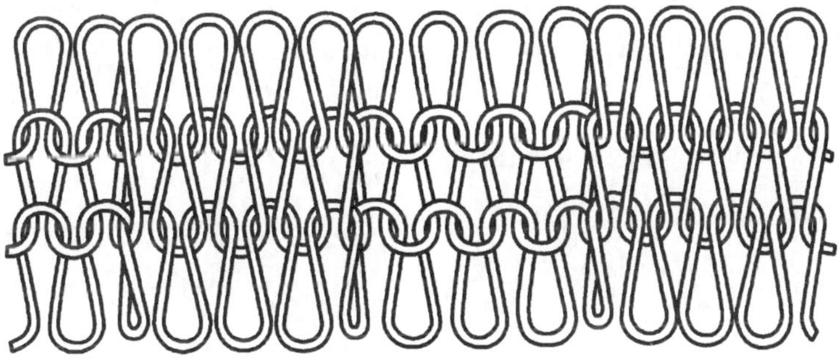

图 2-2-13　4+4 罗纹织物线圈结构图

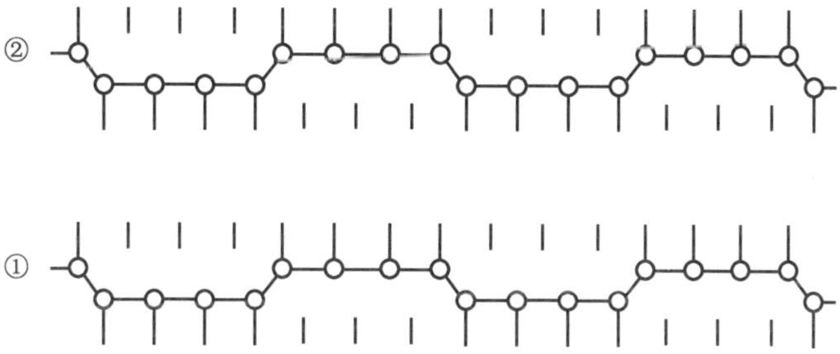

图 2-2-14　4+4 罗纹织物编织图

(a) 正面

(b) 反面

图 2-2-15　4+4 罗纹织物效果图

四、三平织物、四平织物、打鸡织物

1. 三平织物

三平俗称半转圆筒半转平，是由一个横列的满针罗纹与一个横列的纬平针复合而成，使用三个起针三角编织。三平织物有两种类型：底三平和面三平。一个横列的纬平针在织物正面，称为面三平，反之称为底三平。织物的效果图分别如图 2-2-16 所示，其编织图分别如图 2-2-17 所示。

(a) 面三平织物正面

(b) 底三平织物正面

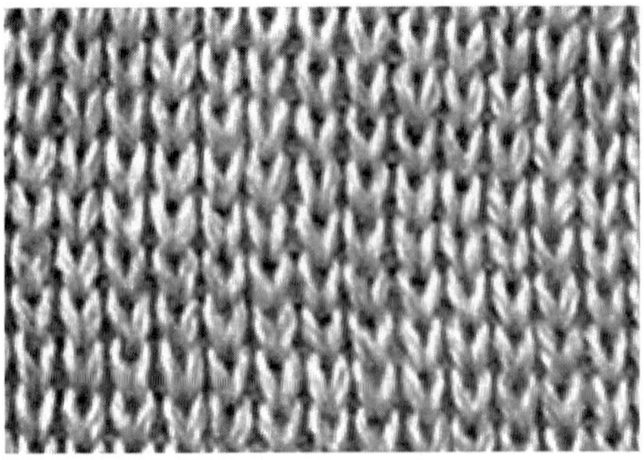

(c) 面三平织物反面

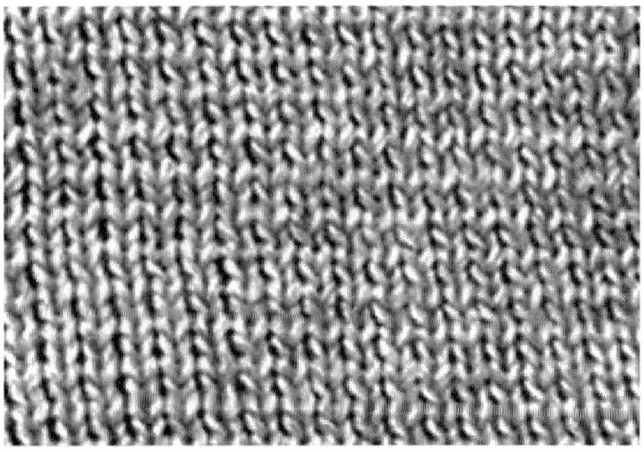

(d) 底三平织物反面

图 2-2-16　三平织物效果图

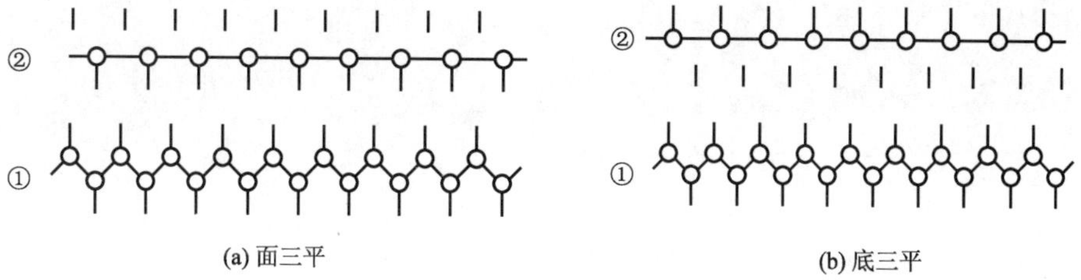

图 2-2-17　三平织物编织图

(1)面三平编织方法:该组织在横机的双针床上进行编织。前、后针床呈满针排列,关闭起针三角 2,压针三角 3 的刻度指针调到小一些刻度,使弯纱深度变浅。机头自左向右移动,前针床在起针三角 1 的作用下编织半转圆筒,后针床不编织。机头自右向左移动,在起针三角 3、4 的作用下编织一横列的四平。重复循环即可编织面三平。同理,若关闭起针三角 3,则压针三角 2 的刻度指针调到小一些刻度。

(2)底三平编织方法:关闭起针三角 1。压针三角 4 的刻度指针调到小一些刻度。机头自左向右移动,后针床在起针三角 2 的作用下编织半转圆筒,前针床不编织。机头自右向左移动,在起针三角 3、4 的作用下编织一横列的四平。重复循环即可编织底三平。同理,若关闭起针三角 4,则压针三角 1 的刻度指针调到小一些刻度。

2. 四平织物

四平织物又称满针罗纹、勿针。其线圈结构如图 2-2-18 所示,其编织图如图 2-2-19 所示,其织物的效果图如图 2-2-20 所示。

(1)编织方法:该组织在横机的双针床上进行编织。在横机上编织四平组织时,前、后针床呈现满针排列,开启全部起针三角,编织时要求 1、2、3、4 弯纱三角的弯纱深度一致。左右移动机头即可编织四平织物。

(2)织物特点:1+1 罗纹与四平(满针罗纹)织物,虽然线圈的配置与结构相同,但是四平组

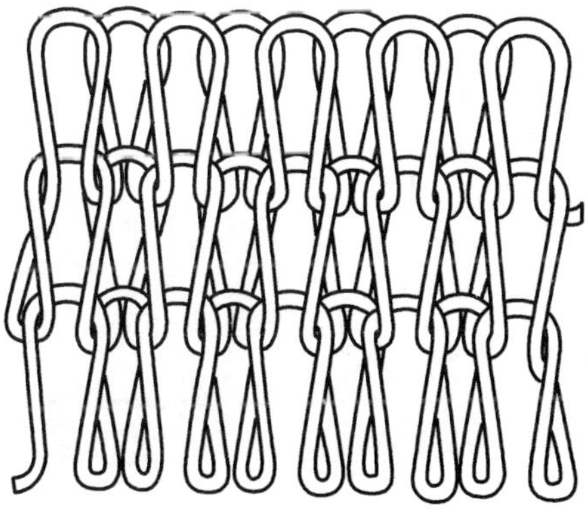

图 2-2-18　四平织物线圈结构图

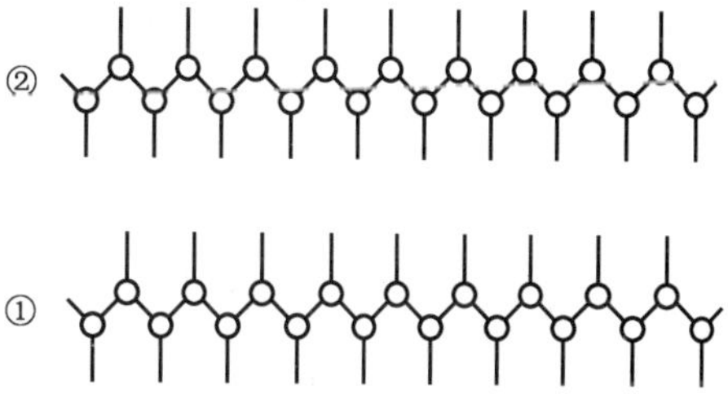

图 2-2-19　四平织物编织图

(a) 正面

(b) 反面

图 2-2-20　四平织物效果图

织的织针是呈现满针排列，参与编织的织针是 1+1 罗纹的一倍。因此，四平组织比 1+1 罗纹组织紧密，织物的弹性较好，幅宽较宽，织物的横向、纵行密度更大，厚度较厚。

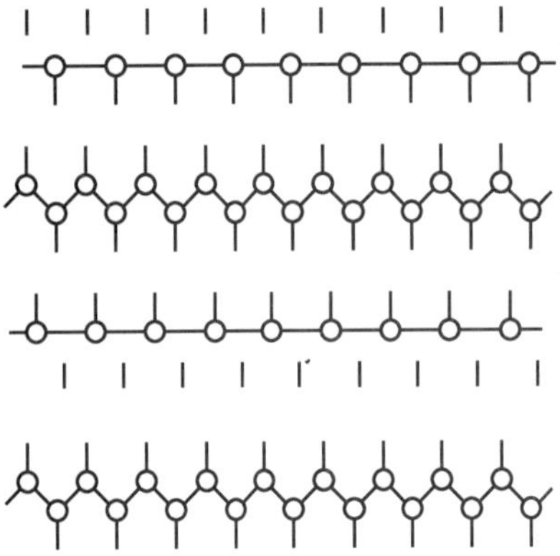

图 2-2-21　打鸡织物编织图

3. 打鸡织物

打鸡织物是由底三平和面三平复合而形成的织物。底三平、面三平交替编织即编织一个横列纬平针在织物正面的面三平后再编织一个横列纬平针在织物底面的底三平循环即可形成打鸡织物。其编织图如图 2-2-21 所示，其织物的效果图如图2-2-22 所示。

该组织在横机的双针床上进行编织。前后针床呈现满针排列，关闭起针三角 2(或关闭起针三角 3)编织一转。开启起针三角 2，关闭起针三角 1(或开启起

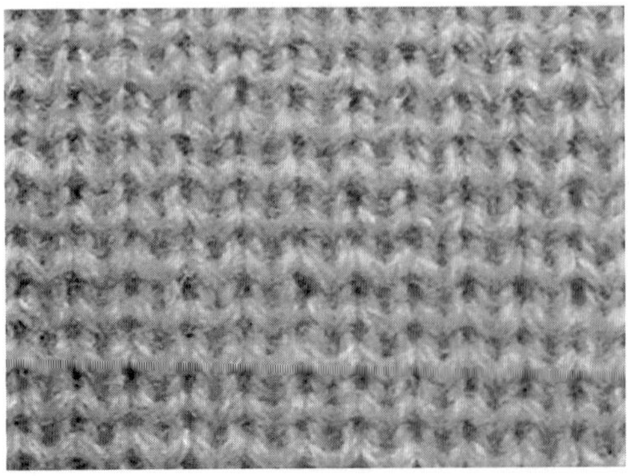

(a) 正面

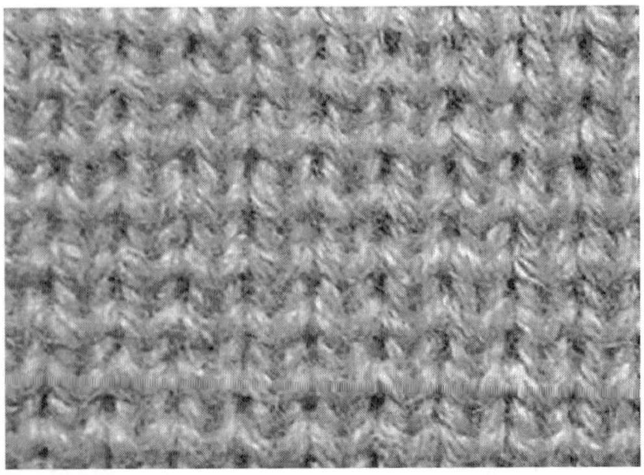

(b) 反面

图 2-2-22　打鸡织物效果图

针三角 3,关闭起针三角 4)编织一转。如此循环即可编织打鸡织物。

五、双面谷波织物

1. 罗纹谷波织物

罗纹谷波织物是以罗纹组织为基础,与单面组织复合而形成的一种具有谷波效果的织物。图 2-2-23 和图 2-2-24 分别为 1+1 罗纹谷波的编织图和效果图。

(1)编织方法:该组织在横机的双针床上进行编织。针床相对,前后针床织针 1+1 方式排列,关闭起针三角 2、3,后针床织针暂时不编织待前针床编织 3 横列后,把后针床织针里的线圈转移至前针床相应的织针里,开启起针三角 2、3,继续编织。重复循环即可编织 1+1 谷波织物。

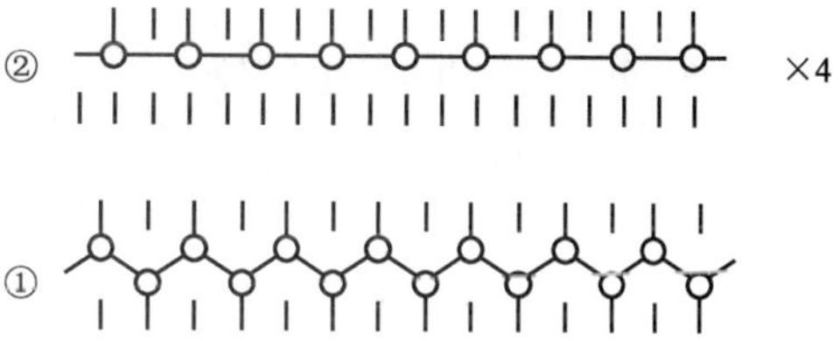

图 2-2-23 1+1 罗纹谷波织物编织图

(a) 正面

(b) 反面

图 2-2-24 1+1 罗纹谷波织物效果图

(2)织物特点:罗纹谷波织物是罗纹组织织物中的一种新型结构。该织物的花型线圈(谷波),比普通线圈多出三个横列,因此花型向外凸起,使得织物产生立体效果。除了 1+1 罗纹、四平可以编织谷波织物外,其他类型的罗纹也可以。

2. 罗纹间色谷波织物

图 2-2-25 和图 2-2-26 分别为 2+2 罗纹间色谷波织物的编织图和效果图。

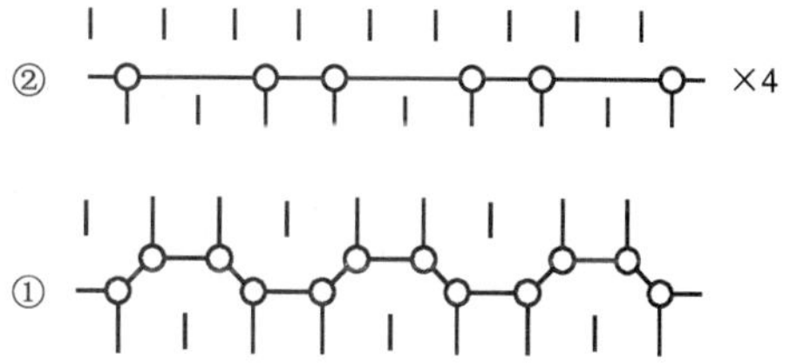

图 2-2-25 2+2 罗纹间色谷波织物编织图

编织方法:

2+2 罗纹谷波织物在横机上的编织方法与 1+1 罗纹谷波织物大致相同。

(a) 正面

(b) 反面

图 2-2-26　2+2 罗纹间色谷波织物效果图

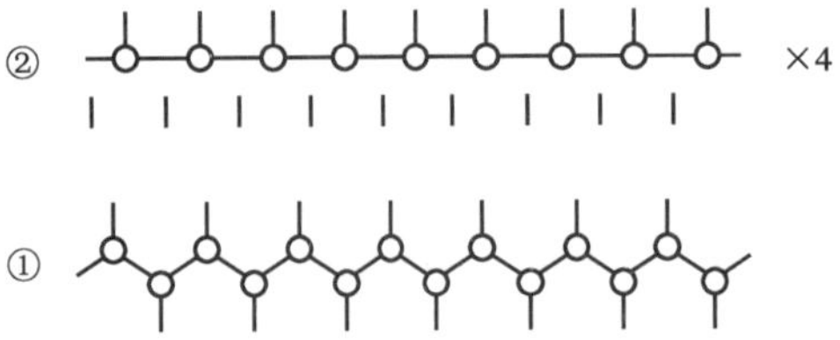

图 2-2-27　四平间色谷波织物编织图

3. **四平间色谷波织物**

图 2-2-27 和图 2-2-28 分别为四平间色谷波织物的编织图和效果图。

编织方法：

该组织在横机的双针床上进行编织。针床相错，前后针床织针满针方式排列。关闭起针三角2、3，后针床织针暂时不编织。机头导纱嘴带白色纱在前针床编织 3 横列后，把后针床织针里的线圈转移至前针床相应的织针里。机头导纱嘴带蓝色纱，开启起针三角 2、3，继续编织。如此循环即可编织四平间色谷波织物。

(a) 正面

(b) 反面

图 2-2-28　四平间色谷波织物效果图

六、圆筒口袋织物

圆筒口袋织物是以满针罗纹组织为基础，结合套收针方法而形成的一种具有特殊视觉效果的织物。图 2-2-29 所示为一种圆筒口袋织物效果图。

(a) 正面

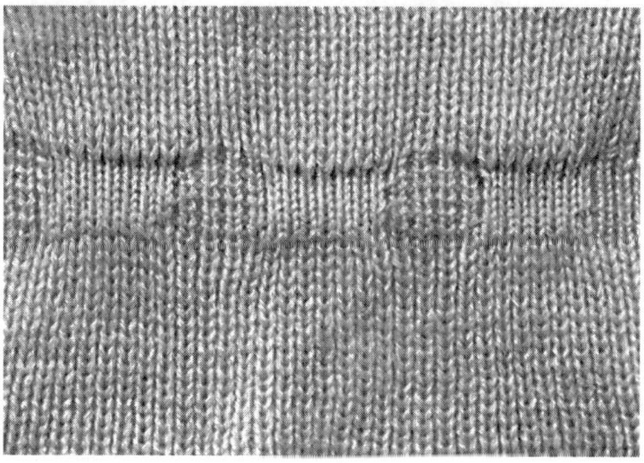

(b) 反面

图 2-2-29　圆筒口袋织物效果图

(1)编织方法：该织物在横机的双针床上进行编织。前后针床呈满针排列方式，编织数转满针罗纹组织后，关闭起针三角 1、3(或起针三角 2、4)，编织 3~6 转的局部圆筒，机头暂停在左边(或右边)。按照花型的要求，在前针床(或后针床)的织针上，进行手动套收针(套收针的方法参见第三章第三节)。开启起针三角 1、3(或起针三角 2、4)，前后针床同时编织一个横列四平。如此循环即可编织圆筒口袋织物。其他圆筒口袋织物在横机上的编织方法与此大致相同。除了以满针罗纹组织为基础编织圆筒口袋织物外，其他类型的罗纹也可以编织。

(2)织物特点：圆筒口袋织物是织物中的一种新型结构。该织物由于在套收针的位置是纬平针组织，织物自然卷边，产生外翻特别的外观效果，可用于羊毛衫装饰。

七、罗纹方格子织物

罗纹方格子织物是罗纹组织为基础，与单面组织复合而形成的一种组织，具有方格子外观效果的织物。图 2-2-30 和图 2-2-31 分别为罗纹方格子织物的编织图和效果图。

(1)编织方法：该组织在横机的双针床上进行编织。前后针床织针的排针方式与 2+2 罗纹相同，开启四个起针三角编织一转，关闭起针三角 2、4(或关闭起针三角 1、3)，编织一转空气层(空气层织物参见第二章第八节)，编织时在空针的位置形成浮线，这样 2+2 罗纹一转和空气层一转复合而形成方格子组

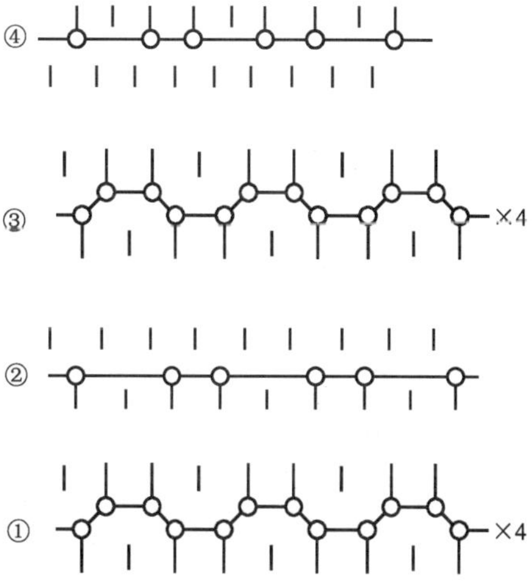

图 2-2-30　方格子织物编织图

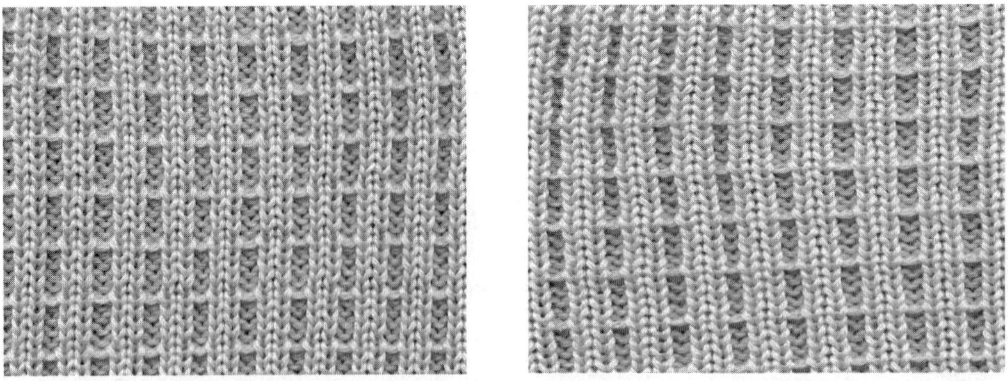

(a) 正面　　(b) 反面

图 2-2-31　方格子织物效果图

织。如此循环即可编织罗纹方格子织物。在编织的过程中，如果仅关闭起针三角 1 或者 4，则仅在织物的正面有浮线。也可以在编织空气层时导纱嘴带其他色纱，方格子效果会更加明显。除了 2+2 罗纹可以编织方格子织物外，其他类型的罗纹也可以编织。其他罗纹方格子织物在横机上的编织方法与此大致相同。

(2)织物特点：罗纹方格子织物是织物中的一种新型结构，由针床的空针在局部编织形成浮线，使得织物产生方格子效果。

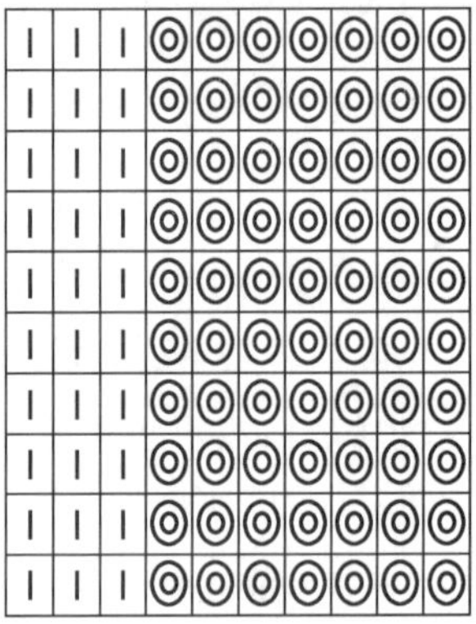

图 2-2-32　四平泡泡织物纱意匠图

八、罗纹泡泡纱织物

罗纹泡泡纱织物是以罗纹组织为基础与泡泡纱组织复合而形成的一种织物，兼有罗纹与泡泡纱外观效果的织物。

1. 四平泡泡纱织物

图 2-2-32 和图 2-2-33 分别为四平泡泡纱织物的意匠图和效果图。

(a) 正面　　(b) 反面

图 2-2-33　四平泡泡纱织物效果图

编织方法：

该组织在横机的双针床上进行编织。此花型的一个循环组织为10支16针。前后针床满针排针，编织主要在前针床上进行，后针床辅助编织。开启四个起针三角，编织数转后，把泡泡纱对应的相对针床(此处为后针床)的织针针钩里线圈脱套，这样泡泡纱线圈松弛变大，便可形成此组织。

2. 5+5 罗纹泡泡纱织物

图2-2-34和图2-2-35分别为5+5罗纹泡泡纱织物的编织图和效果图。编织图中第一横列为5+5罗纹。

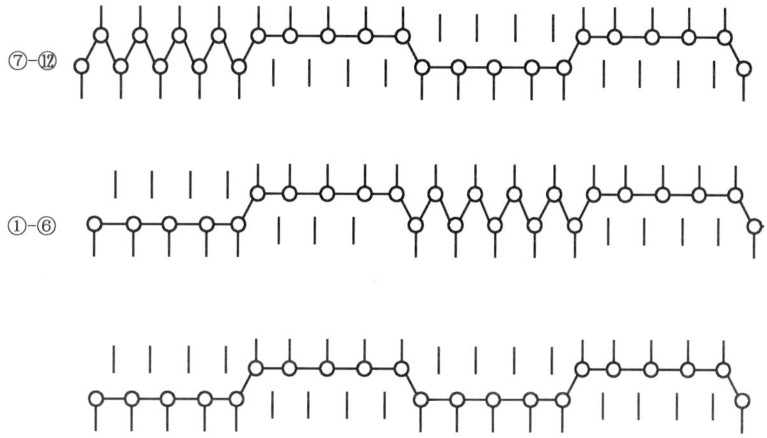

图2-2-34　5+5罗纹泡泡纱织物编织图

(a) 正面

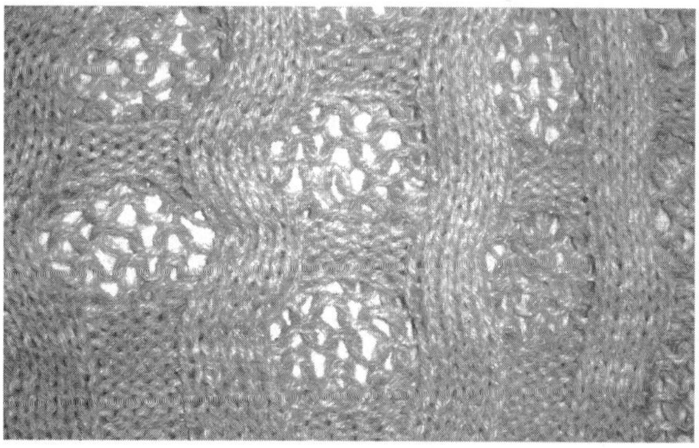

(b) 反面

图2-2-35　5+5罗纹泡泡纱织物效果图

(1)编织方法：该组织在横机的双针床上进行编织。针床以5+5罗纹的方式排针，编织主要在前针床上进行，后针床辅助编织。编织时把泡泡纱对应的相对针床上(此处为后针床)的织针推入工作区，参与辅助编织数转(使用笔在横机上做记号)，然后把辅助编织的织针针钩里线圈脱套，便可形成此组织。

(2)织物特点：罗纹泡泡纱是由不同的线圈密度构成的织物，借助于后针床的织针参加辅助编织把前针床上线圈变大，使编织的线圈松紧不同而获得。该织物泡泡纱的花型线圈扩张向外凸起，使得织物产生立体凹凸效果。如采用不同色彩的纱线，设置不同的编织横列，则会产生凹凸感强烈的效果。

第三节　双反面织物编织实际操作

在普通横上，双反面织物是用收针柄(扒子)或过梳板将编织好的线圈在前后针床之间进行转移，正面线圈与反面线圈以一定的组合相间配置而成。常见的双反面织物有正反面织物、令士织物、单桂花织物、双桂花针织物、浮雕织物等。

一、正反面织物

正反面织物是先在一个针床上编织一个或多个横列的纬平针，再利用过梳板正向地把线圈转移到另一针床上，编织一个或多个横列的纬平针。如此重复多次编织与异针床移圈，便可编织出该织物。该织物的同一面具有纬平针正反两面的外观特点。若将它与添纱(冚毛)织物相结合，会得到更为突出的织物外观效果。

图 2-3-1 和图 2-3-2 分别为正反面组织的意匠图和效果图。

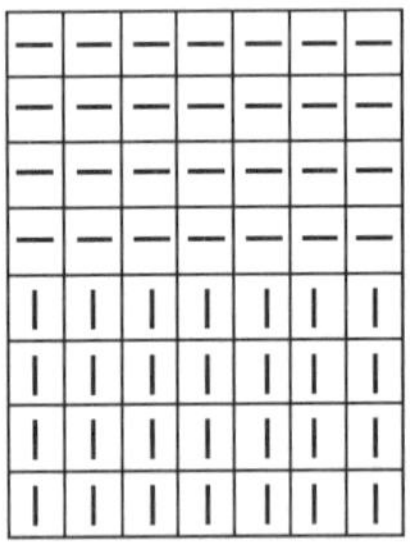

图 2-3-1　正反面织物意匠图

图 2-3-2　正反面织物效果图

编织方法：

该组织在横机的双针床上进行编织。此花型的一个循环组织为 8 横列。前后针床相对。在前针床上编织两转，使用过梳板把前针床织针上的线圈，正向转移到后针床上(使用过梳板把线圈转移过程，参见第三章第三节)。在后针床上编织两转，使用过梳板把后针床织针里的线圈，再正向转移到前针床上。如此循环即可编织正反面织物，其他正反面织物与此编织方法类似。

二、令士织物

令士是以双针床排针方式编织的一种织物。在编织过程中，一边编织一边将一个针床上织针针钩里的线圈有规律地转移动到对面针床的织针上，使得正反面线圈呈现出方格形、菱形、圆形等外观特点的织物。

1. 方格形令士织物

图 2-3-3 和图 2-3-4 分别为一种方格形令士织物的意匠图和效果图。

—	—	—	—	|	|	|	|	—	—	—	—
—	—	—	—	|	|	|	|	—	—	—	—
—	—	—	—	|	|	|	|	—	—	—	—
—	—	—	—	|	|	|	|	—	—	—	—
—	—	—	—	|	|	|	|	—	—	—	—
—	—	—	—	|	|	|	|	—	—	—	—
|	|	|	|	—	—	—	—	|	|	|	|
|	|	|	|	—	—	—	—	|	|	|	|
|	|	|	|	—	—	—	—	|	|	|	|
|	|	|	|	—	—	—	—	|	|	|	|
|	|	|	|	—	—	—	—	|	|	|	|
|	|	|	|	—	—	—	—	|	|	|	|

图 2-3-3 方格形令士织物意匠图

图 2-3-4 方格形令士织物效果图

编织方法：

该织物在横机的双针床上进行编织。此花型的一个循环组织为 8 针 12 横列。前后针床相对。在前针床上编织 3 转，使用收针柄把花型所对应的前针床织针上的线圈正向转移到后针床上（使用收针柄把线圈转移过程，参见第三章第三节）。在后针床上编织 3 转，使用收针柄把令士花型所对应的后针床织针上的线圈正向转移到前针床上。如此循环即可编织如图2-3-4 所示织物，其他令士织物与此编织方法类似。

2. 菱形令士织物

图 2-3-5 和图 2-3-6 分别为一种菱形令士织物的意匠图和效果图。

|	|	|	|	|	—	|	|	|	|	|
|	|	|	|	|	|	|	|	|	|	|
|	|	|	|	|	—	|	|	|	|	|
|	|	|	|	—	—	—	|	|	|	|
|	|	|	—	—	—	—	—	|	|	|
|	|	—	—	—	—	—	—	—	|	|
|	—	—	—	—	—	—	—	—	—	|
|	|	—	—	—	—	—	—	—	|	|
|	|	|	—	—	—	—	—	|	|	|
|	|	|	|	—	—	—	|	|	|	|
|	|	|	|	|	—	|	|	|	|	|
|	|	|	|	|	|	|	|	|	|	|
|	|	|	|	|	—	|	|	|	|	|
|	|	|	|	—	—	—	|	|	|	|
|	|	|	—	—	—	—	—	|	|	|
|	|	—	—	—	—	—	—	—	|	|
|	—	—	—	—	—	—	—	—	—	|
|	|	—	—	—	—	—	—	—	|	|
|	|	|	—	—	—	—	—	|	|	|
|	|	|	|	—	—	—	|	|	|	|
|	|	|	|	|	—	|	|	|	|	|

图 2-3-5 菱形令士织物意匠图

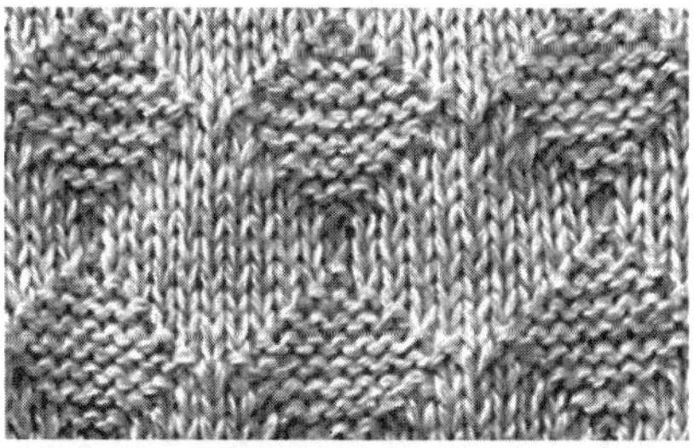

(a) 正面

(b) 反面

图 2-3-6 菱形令士织物效果图

|	|	|	|	|	|	|	|
|	|	|	—	—	|	|	|
|	|	—	—	—	—	|	|
|	—	—	—	—	—	—	|
|	—	—	—	—	—	—	|
|	—	—	—	—	—	—	|
|	|	—	—	—	—	|	|
|	|	|	—	—	|	|	|
|	|	|	|	|	|	|	|

图 2–3–7　圆形令士意匠图

3. **圆形令士**

图 2–3–7 和图 2–3–8 分别为一种圆形令士的意匠图和效果图。

三、单桂花织物和双桂花织物

单桂花织物和双桂花织物是以双针床排针方式编织的织物。在编织过程中，一边编织一边将一个针床上织针针钩里的线圈一隔一地转移动到对面针床的织针针钩里，使得正反面线圈呈现出桂花几何外观为特点的组织结构。单桂花为每编织半转前后针床织针的线圈互移，双桂花为每编织一转前后针床织针的线圈互移。

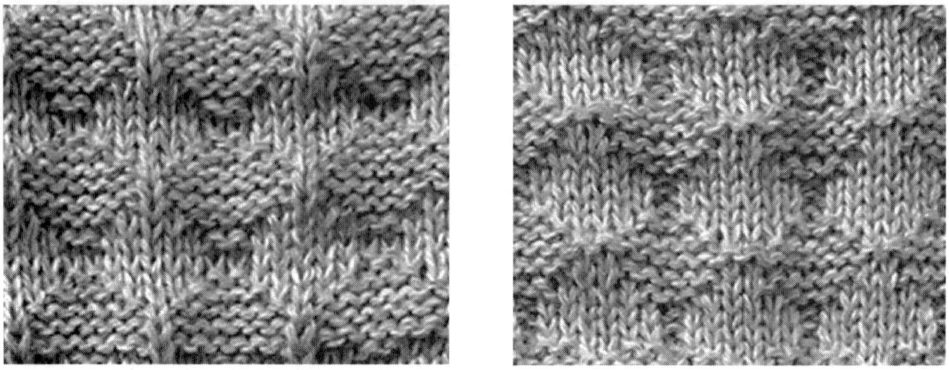

(a) 正面　　(b) 反面

图 2–3–8　圆形令士效果图

图 2–3–9 和图 2–3–10 分别为一种双桂花织物的意匠图和效果图。

—		—		—		—		—		—	
—		—		—		—		—		—	
	—		—		—		—		—		—
	—		—		—		—		—		—
—		—		—		—		—		—	
—		—		—		—		—		—	
	—		—		—		—		—		—
	—		—		—		—		—		—

图 2–3–9　双桂花意匠图

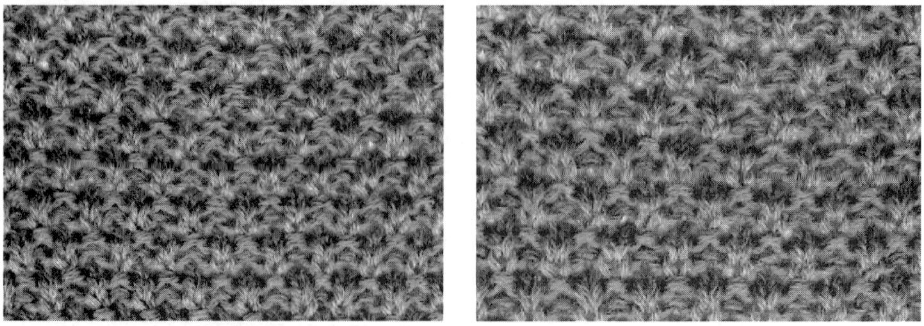

(a) 正面　　(b) 反面

图 2–3–10　双桂花织物效果图

编织方法：

该组织在横机的双针床上进行编织。前后针床相对。在前针床上编织一转，使用收针柄把花型所对应的前针床织针上的线圈正向转移到后针床上（使用收针柄把线圈转移过程，参见第三章第三节）。在后针床上编织一转，再使用收针柄把花型所对应的后针床织针上的线圈正向转移到前针床上。如此循环即可编织双桂花织物。单桂花编织方法基本相同，把编织一转改为半转即可编织单桂花。其他桂花织物与此编织方法类似。

令士与桂花可以组合编织。如图 2–3–11 和图 2–3–12 分别为一种令士与桂花组合织物的意匠图和效果图。

图 2–3–11 令士与桂花组合织物意匠图

(a) 正面 (b) 反面

图 2–3–12 令士与桂花组合织物效果图

四、浮雕织物

浮雕织物是在一个针床上编织纬平针为背景织物，再应用收针柄挑起针编弧正向地把线圈拉到另一针床的织针上，自如的设计编织各种图案。该组织具有浮雕的外观特点。若将它与添纱（冚毛）组织相结合，会得到更为突出的织物外观效果。

1. 树叶浮雕织物

图 2–3–13 所示为一种树叶浮雕织物的效果图。

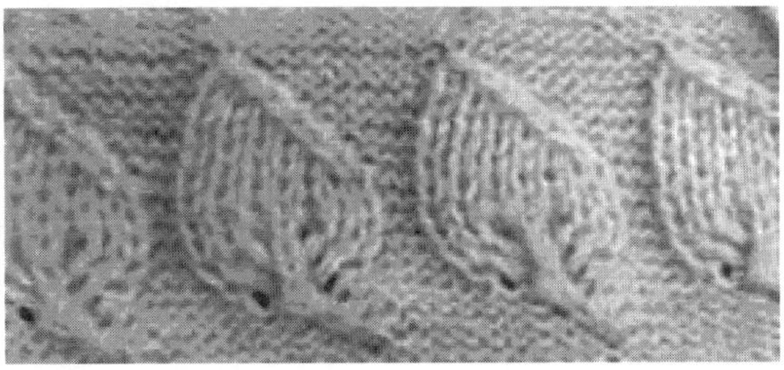

图 2–3–13 树叶浮雕织物效果图

编织方法：

该组织在横机的双针床上进行编织，前后针床相错。在后(或前)针床上编织纬平针，使用收针柄把花型所对应的后针床织针上的线圈，正向的转移到前针床上，按照图形编织或者移圈而形成。如编织时，直接把前针床织针推入工作区，则会在织物的花型位置表面形成大的孔眼。

2. 扭绳浮雕织物

图 2-3-14 所示为一种扭绳浮雕织物的效果图。

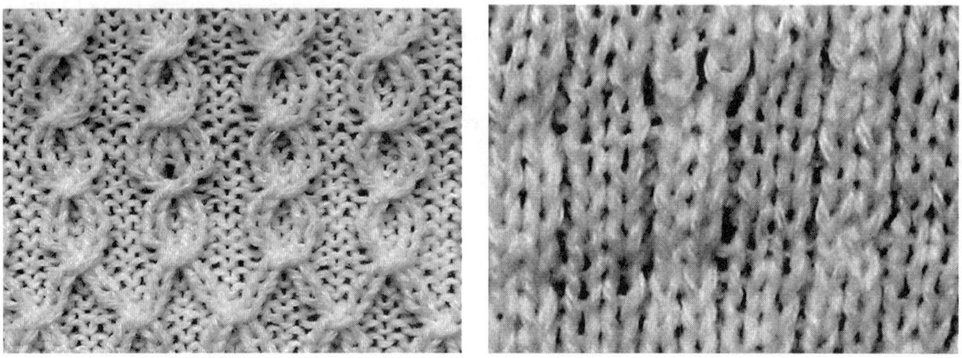

(a) 正面　　(b) 反面

图 2-3-14　扭绳浮雕织物效果图

编织方法：

该组织在横机的双针床上进行编织，前后针床相错。在后(或前)针床上编织纬平针织物，使用收针柄把花型所对应的后针床织针上的线圈正向转移到前针床上，编织 2 转然后，按设计的图案交换线圈。如此循环即可编织扭绳浮雕织物。

3. 子球状浮雕织物

应用挑针编弧的方法，可以在织物的表面编织子球形状的浮雕织物。图 2-3-15 和图 2-3-16 分别为子球浮雕织物的意匠图和效果图。

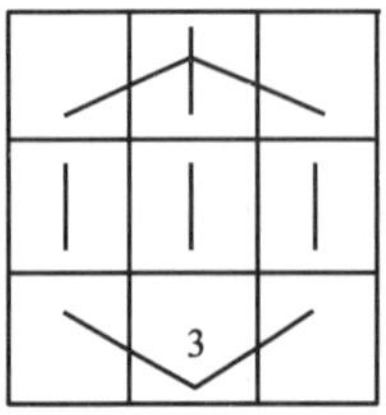

图 2-3-15　子球浮雕织物意匠图

图 2-3-16　子球浮雕织物效果图

编织方法：

该组织在横机的双针床上进行编织，前后针床相错。在前针床上编织纬平针织物，使用过梳板把前针床的线圈移到后针床，再使用收针柄把子球所对应的后针床织针上的线圈的针编弧正向拉到前针床上的织针上，关闭起针三角2、3，后针床暂时不编织，待子球编织完成后，再把后针床的线圈转移到前针床相应的织针里。如此即可编织子球浮雕织物。

第四节 移圈类织物编织实际操作

移圈类织物是在纬编基本组织的基础上，按照花型要求，把某些线圈进行移位编织而形成的织物。常用的移圈类织物有挑孔织物、绞花(扭绳)织物、搬针移圈织物等。移圈织物由于线圈移位的方法不同，产生的花色效果也不同。

一、挑孔织物

挑孔织物是在纬编组织基础上，按照花型要求，将某些线圈从一个纵行转移至另一个纵行而形成的织物。其基本的结构单元为普通线圈与移圈线圈，最为明显与直接的外观效果是在织物上留下了孔眼；更为细致的外观效果还与多个工艺因素有关，主要包括线圈转移的个数、线圈转移的方向、线圈重叠的方式与在织物中不同的位置等。同时，挑孔织物的编织还应该考虑到具体工艺实现的可能性等。

(一)单列线圈移圈

1. 线圈重叠的方式一 移圈线圈覆盖普通线圈

图2-4-1为单列线圈移圈—移圈线圈覆盖普通线圈的基本单元图，图2-4-2为其效果图，图2-4-3为其移圈方法图。

(1)编织方法：如图2-4-1所示，线圈2由纵行Ⅲ向右移圈到纵行Ⅱ上，从织针上取下线圈后，织针继续参加工作，在编织下一横列时线圈纵行中断，在织针上形成了未封闭的线圈3。未封闭的线圈3力图伸直，于是将其两边的线圈纵行向两侧推开形成孔眼。未封闭的线圈3的针

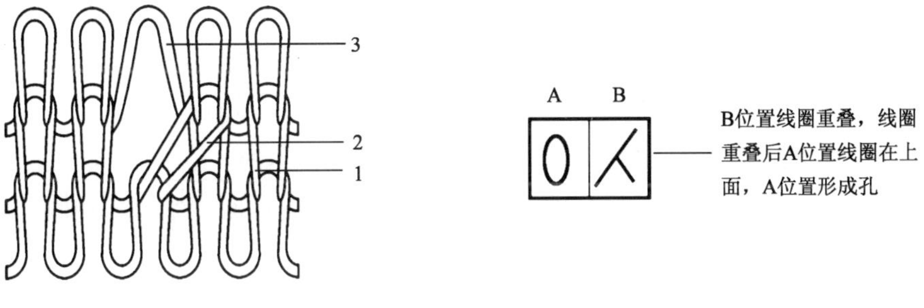

图2-4-1 单列线圈移圈—移圈线圈覆盖普通线圈基本单元图

(a) 正面

(b) 反面

图 2–4–2 单列线圈移圈—移圈线圈覆盖普通线圈织物效果图

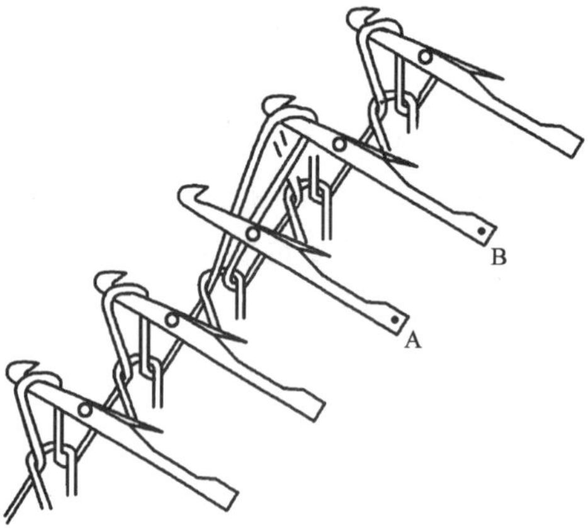

(a)

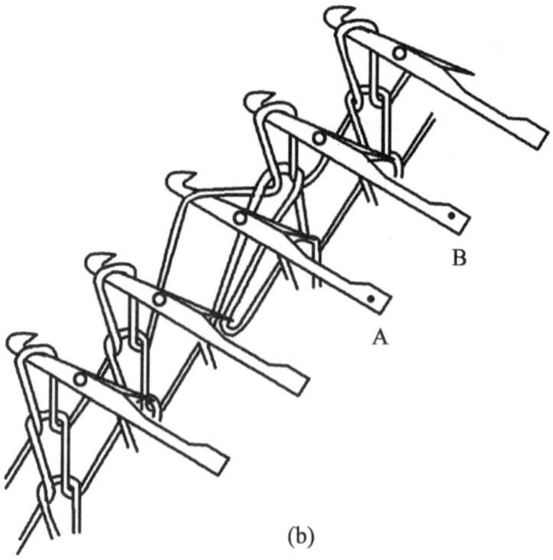

(b)

图 2–4–3 单列线圈移圈—移圈线圈覆盖普通线圈移圈方法图

编弧形成浮线。若移圈线圈 2 向左移到普通线圈上,其编织原理相同。

线圈重叠的方式会对织物的外观产生直接的影响。在图 2–4–1 中,移圈线圈 2 与普通线圈 1 重叠,线圈 2 位于线圈 1 的前面。此种线圈重叠的方式决定了织物的外观表面上出现的是移圈线圈。在图 2–4–2 中可见,重叠线圈的表面由移圈线圈 2 形成,在普通线圈 1 的表面覆盖了有倾斜角度的移圈线圈 2,重叠线圈的表面与普通线圈的纹路不同。

单列线圈移圈—移圈线圈覆盖普通线圈基本组织织物有两种编织方法。

方法一:把织针 B 上的线圈移开,把织针 A 上的线圈移到织针 B 上,再把原织针 B 上的线圈放回到织针 B 上,织针 B 上有两个重叠的线圈。织针 A 继续参加工作,在编织下一个横列时,织针 A 钩纱形成未封闭的线圈(即是孔眼)。

方法二:把织针 B 上的线圈移到织针 A 上,此时织针 B 上无线圈,织针 A 上的线圈重叠,再把织针 A 上的重叠线圈一齐移动到织针 B 上,此时织针 B 上有两个重叠的线圈。织针 A 继续参加工作,在编织下一个横列时,织针 A 钩纱形成未封闭的线圈(即是孔眼)。

(2)花型变化织物:在羊毛衫织物中合理配置单列线圈移圈—移圈线圈覆盖普通线圈,则可编织出不同的花纹效果。图 2-4-4、图 2-4-5 分别为一款应用此移圈形成织物的意匠图和效果图。

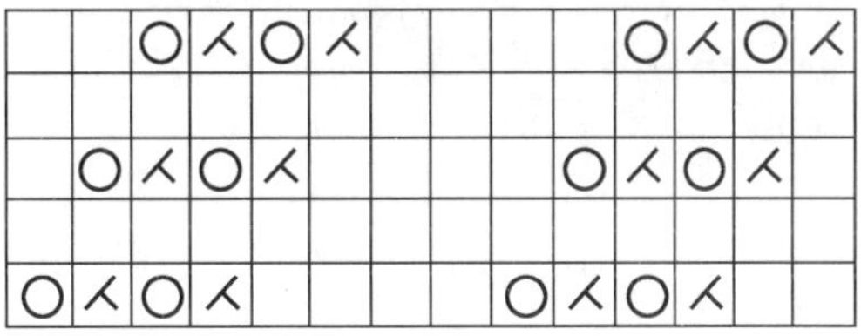

图 2-4-4　单列线圈移圈—移圈线圈覆盖普通线圈织物意匠图

(a) 正面　　(b) 反面

图 2-4-5　单列线圈移圈—移圈线圈覆盖普通线圈织物效果图

2. **线圈重叠的方式二　普通线圈覆盖移圈线圈**

图 2-4-6 为单列线圈移圈普通线圈覆盖移圈线圈的基本单元图,图 2-4-7 为其效果图,图 2-4-8 为其移圈方法图。

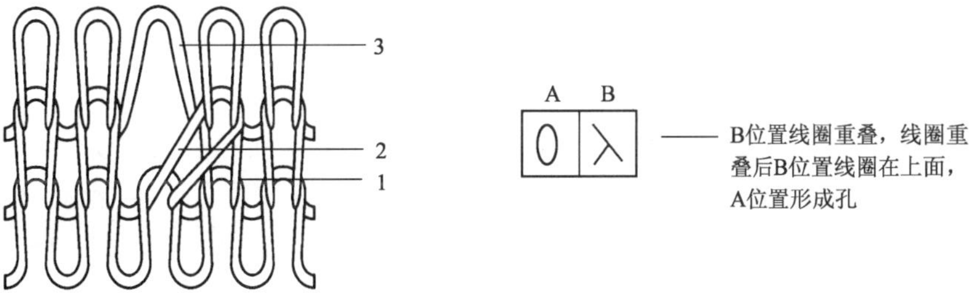

图 2-4-6　单列线圈移圈—普通线圈覆盖移圈线圈基本单元图

图 2-4-7　单列线圈移圈—普通线圈覆盖移圈线圈织物效果图

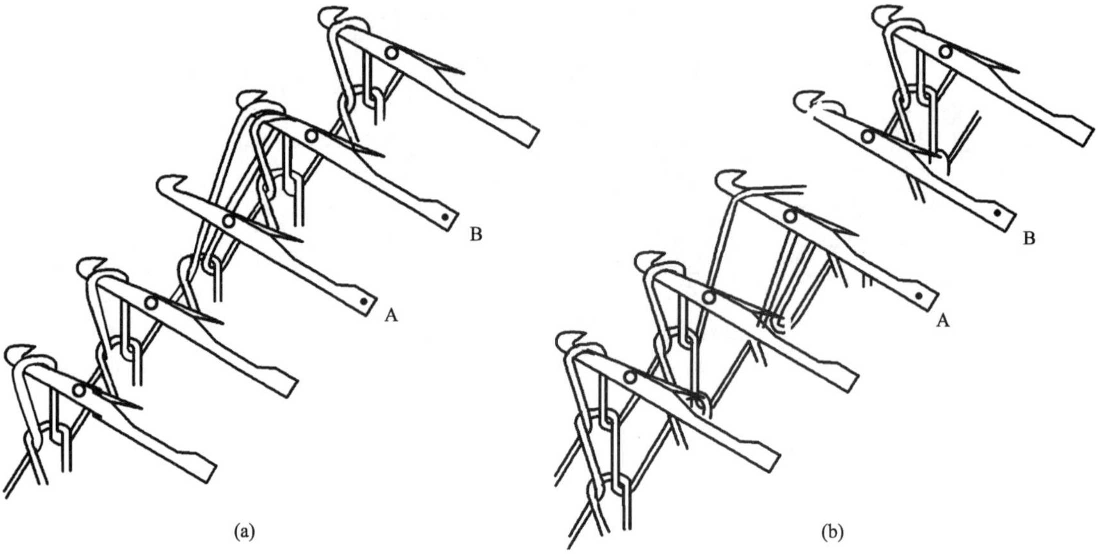

图 2-4-8　单列线圈移圈—普通线圈覆盖移圈线圈方法图

(1)编织方法:同一方向的单列线圈移圈,由于线圈的重叠方式不同,产生不同的外观,编织工艺也不同,其基本单元如图 2-4-6 所示。线圈 1、2 重叠,移圈线圈 2 位于线圈 1 的后面。此种重叠线圈的排列方式会在织物的表面构成孔眼,在线圈纹路上与普通线圈略有不同。其效果如图2-4-7 所示,线圈 1、2 共同成圈,普通线圈覆盖在移圈线圈的表面,移圈线圈 2 在圈高上缩短,把普通线圈 1 顶起。在编织此类移圈时,使用单支扒按照要求把织针 A 上的线圈直接向右移动一个针距,放进相邻的织针 B 的针钩里。织针 A 继续参加工作,在编织下一个横列时,织针A 钩纱形成未封闭的线圈(即是孔眼)。

(2)花型变化织物:在羊毛衫的织物中合理配置单列线圈移圈,则可编织出不同的花纹效果。

①单面条形挑孔织物:图 2-4-9、图 2-4-10 分别为一款应用此移圈方式形成单面条形挑孔

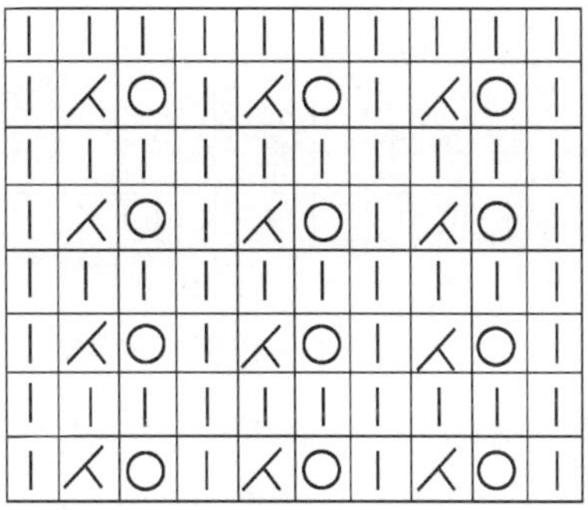

图 2-4-9　单面条形挑孔织物意匠图

(a) 正面

(b) 反面

图 2-4-10　单面条形挑孔织物效果图

织物的意匠图和效果图。

②菱形挑孔织物：图 2-4-11、图 2-4-12 分别为一款应用此移圈方式形成菱形挑孔织物的意匠图和效果图。

③双面条形挑孔织物：图 2-4-13、图 2-4-14 分别为一款应用此移圈方式形成双面条形织物的意匠图和效果图。

图 2-4-15 为一款在图 2-4-13 意匠图的基础上增加了一转罗纹编织而形成的双面条形挑孔织物的意匠图，图 2-4-16 为其效果图。

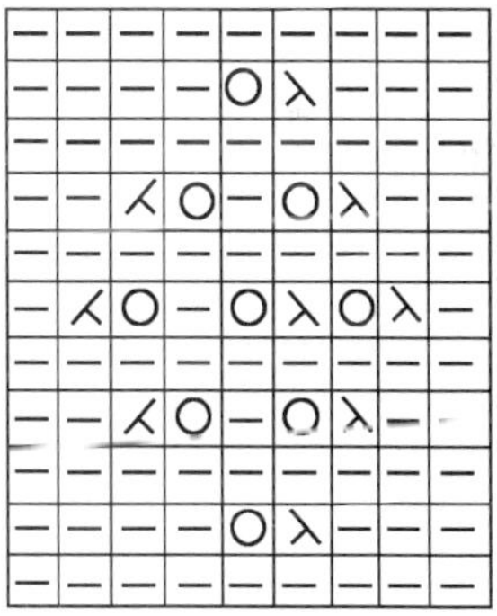

图 2-4-11　菱形挑孔织物意匠图

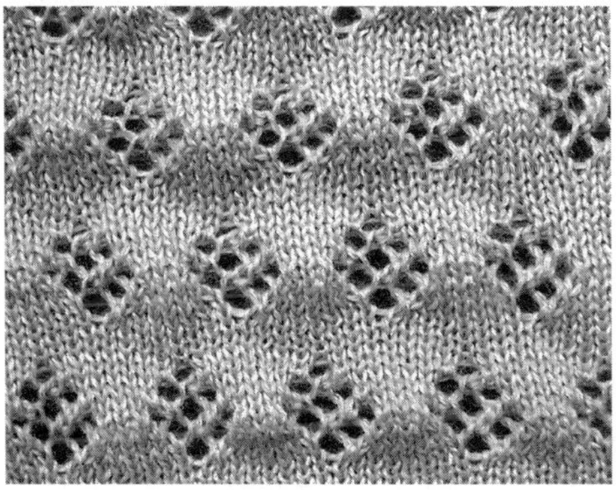

(a) 正面

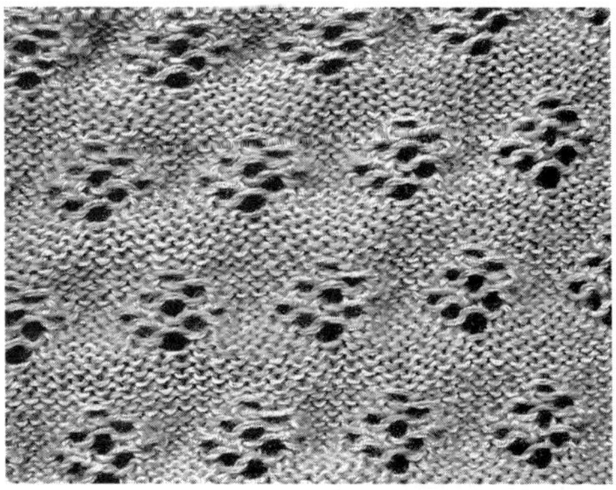

(b) 反面

图 2-4-12　菱形挑孔织物效果图

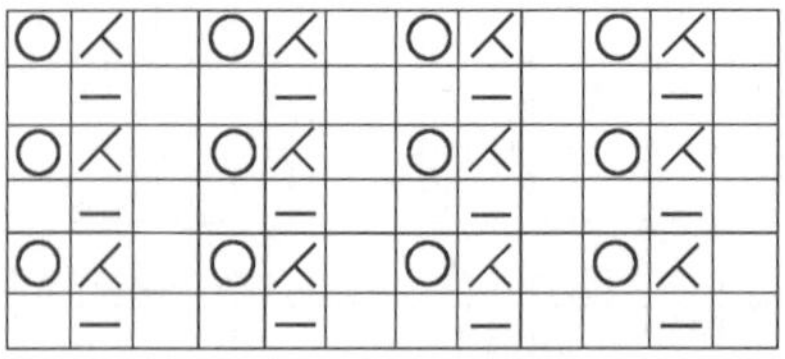

图 2-4-13　双面条形挑孔织物意匠图(1)

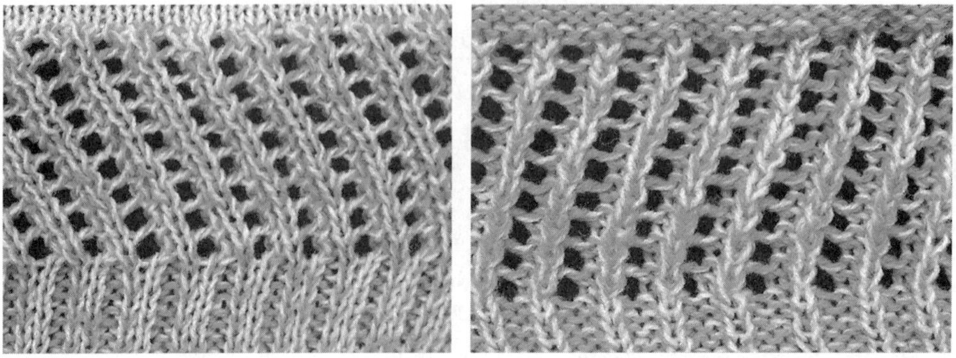

(a) 正面　　(b) 反面

图 2-4-14　双面条形挑孔织物效果图(1)

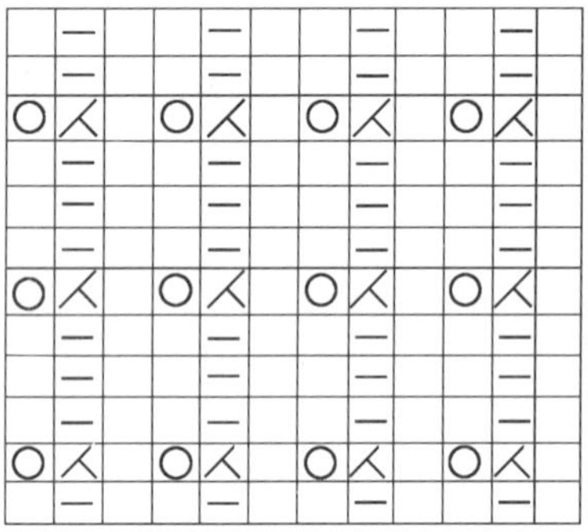

图 2-4-15　双面条形挑孔织物意匠图(2)

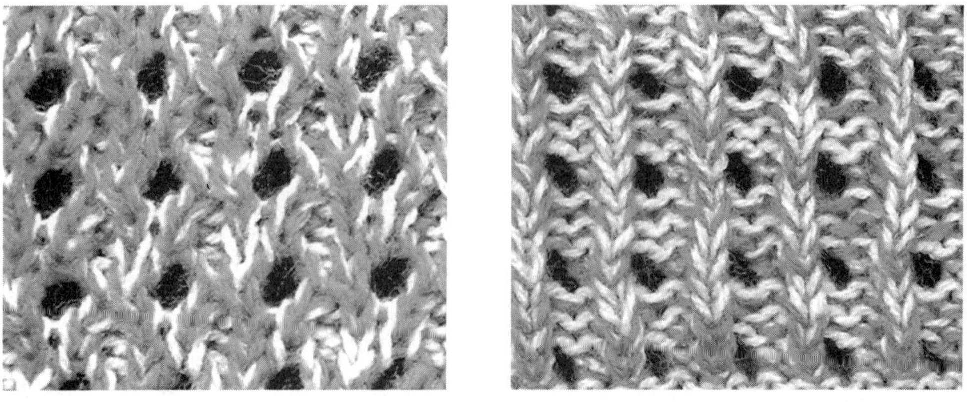

(a) 正面　　(b) 反面

图 2-4-16　双面条形挑孔织物效果图(2)

3. 线圈重叠的方式三　三线圈重叠

图 2-4-17 为单列线圈移圈—三线圈重叠的基本单元图，图 2-4-18 为其效果图，图 2-4-19 为其移圈方法图。

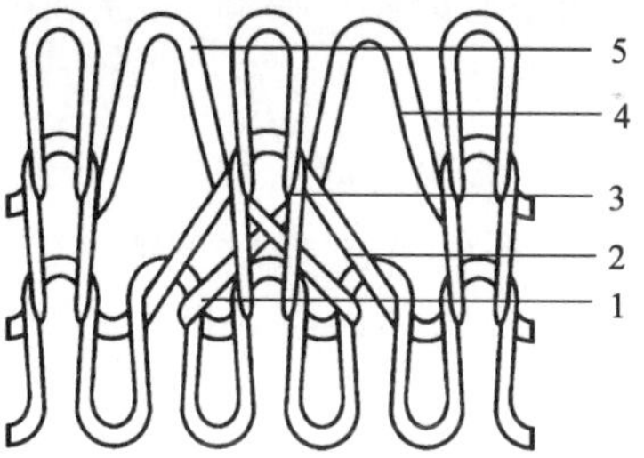

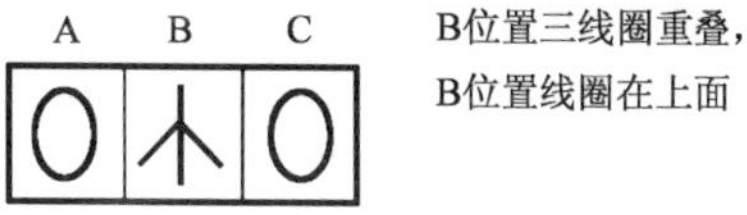

图 2-4-17　单列线圈移圈—三线圈重叠基本单元图

(a) 正面

(b) 反面

图 2-4-18　单列线圈移圈—三线圈重叠织物效果图

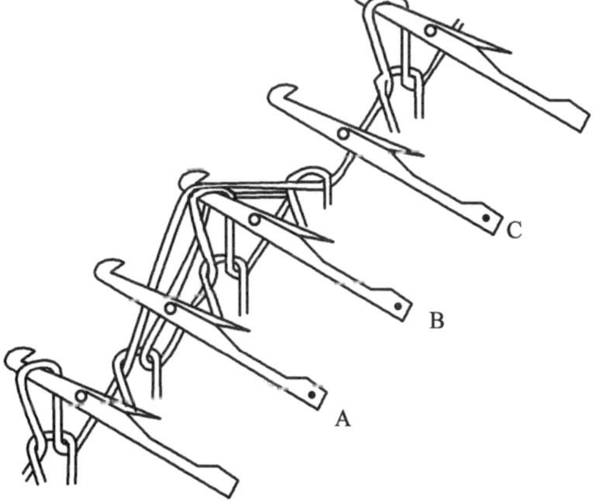

(a)

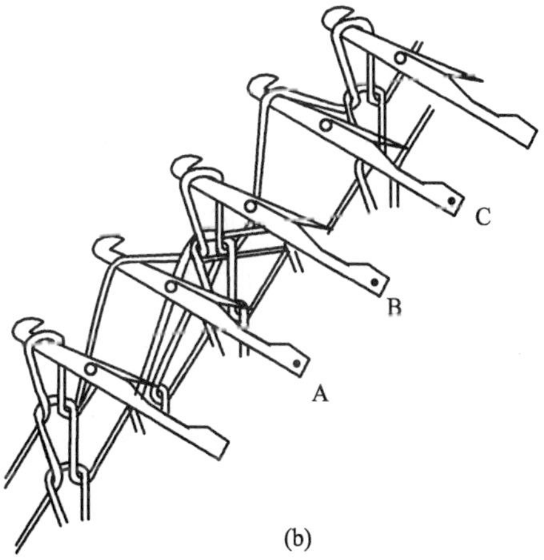

(b)

图 2-4-19　单列线圈移圈—三线圈重叠移圈方法图

(1)编织方法：单列线圈移圈—三线圈重叠的方式有三种形式：线圈 1、2、3 重叠，普通线圈3 在移圈线圈 2、1 之前；移圈线圈2 在普通线圈 3 和移圈线圈 1 之前，移圈线圈1 在普通线圈 3 和移圈线圈 2 之前。在图 2-4-17 中，移圈线圈 1 向右倾斜，移圈线圈 2 向左倾斜，线圈 3 在上面。

如图 2-4-18 所示，重叠线圈的排列方式为：移圈线圈向中心线圈 3 倾斜，移圈线圈 1、2 圈高缩短顶起普通线圈 3，在织物的表面形成一凸起的线圈。如图 2-4-19 所示，在编织过程中，把织针A 上的线圈移动一个针距，放入织针 B 上，再把织针 C 上的线圈放入到织针 B 上，织针 B 上有三个重叠的线圈。织针 A、C 继续参加工作，在编织下一个横列时，织针 A、C 钩纱形成未封闭的线圈(即是孔眼)。

O	⅄	O	—	—	—	O	⅄	O	—	—	—
|	|	|	—	—	—	|	|	|	—	—	—
|	|	|	—	—	—	|	|	|	—	—	—
|	|	|	—	—	—	|	|	|	—	—	—
O	⅄	O	—	—	—	O	⅄	O	—	—	—
|	|	|	—	—	—	|	|	|	—	—	—
|	|	|	—	—	—	|	|	|	—	—	—
|	|	|	—	—	—	|	|	|	—	—	—

图 2-4-20　蝙蝠花织物意匠图

(2)花型变化织物：在羊毛衫的织物中合理配置单列线圈移圈—三线圈重叠移圈方式，会在织物的表面构成孔眼和倾斜的移圈线圈，在重叠点线圈凸起，立体感强。

图 2-4-20、图 2-4-21 分别为一款应用单列线圈移圈—三线圈重叠移圈方式形成蝙蝠花织物意匠图和效果图。

(a) 正面　　(b) 反面

图 2-4-21　蝙蝠花织物效果图

4. 单列线圈并列同时移动两个线圈—空针辅助编织

如图 2-4-22 所示，在编织挑孔组织时，把并列的两枚织针上的线圈移走后，织针上没有线圈，在编织下一横列时，不能满足成圈编织的条件。因此，在编织此类挑孔组织时，要采取空针辅助编织的工艺方法。

图 2-4-23 为单列线圈并列同时移动两个的线圈—空针辅助编织的基本单元图，图 2-4-24 为其效果图，图 2-4-25 为其移圈方法图。

(1)编织方法：如图 2-4-25 所示，以在前针床编织为例说明其编织方法。把织针 A 上的线圈移动一个针距，放入左边织针上，再把织针 B 上的线圈放入右边织针上。编织第一个横列，织

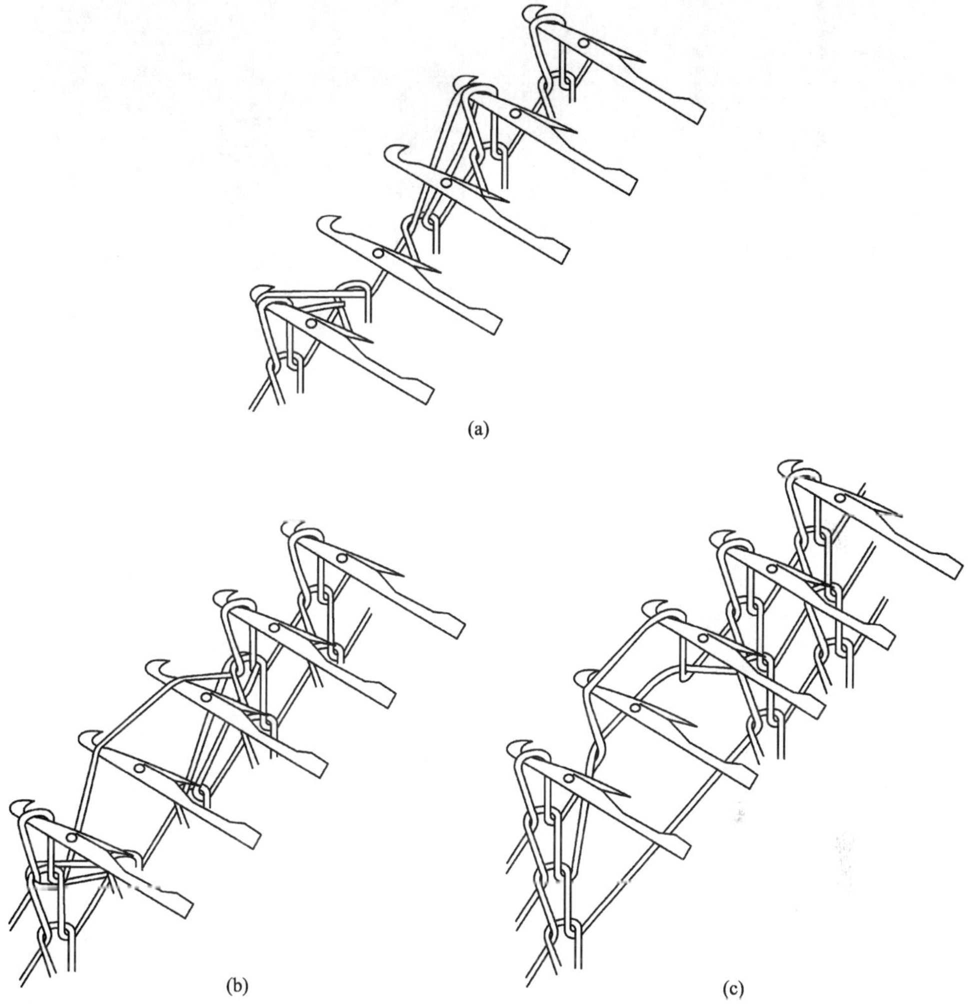

图 2-4-22　空针辅助编织

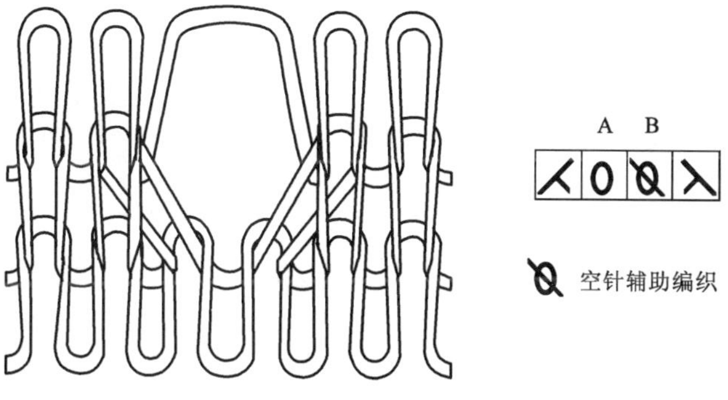

图 2-4-23　空针辅助编织基本单元图

图 2-4-24　空针辅助编织织物效果图

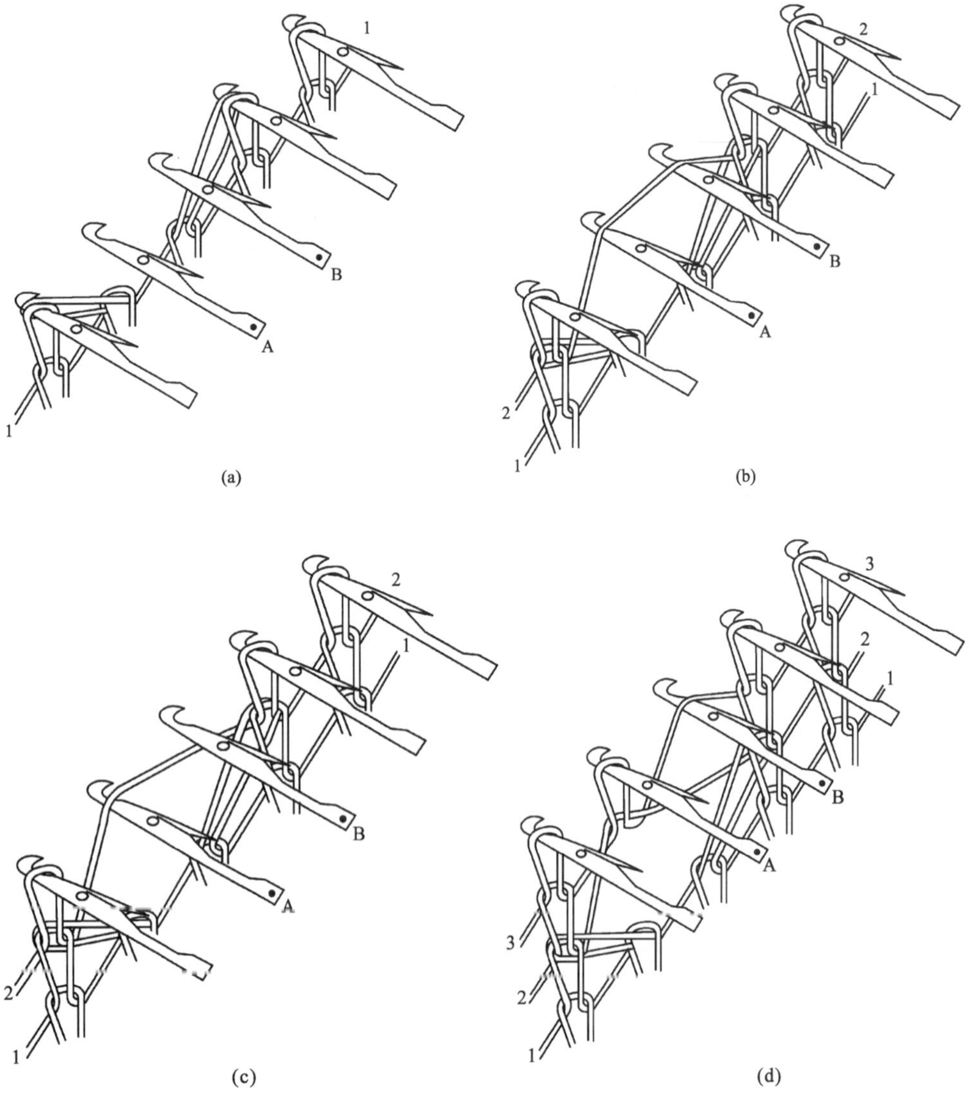

图 2-4-25　空针辅助编织移圈方法图

针 A、B 的针钩内是未封闭的线圈，不能满足下一横列的成圈条件。把织针 B 上的线圈脱套，形成空针，在编织第二个横列时，织针 B 钩纱形成未封闭的线圈（即是孔眼）。

（2）花型变化织物：图 2-4-26、图 2-4-27 分别为一款应用单列线圈并列同时移动两个线圈—空针辅助编织织物的意匠图和效果图。

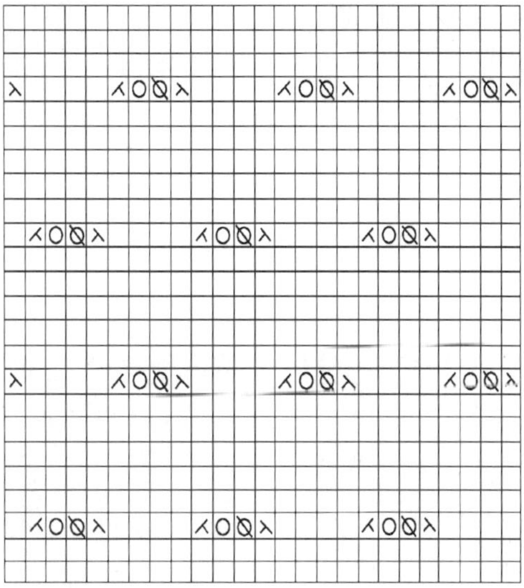

图 2-4-26　空针辅助编织织物意匠图

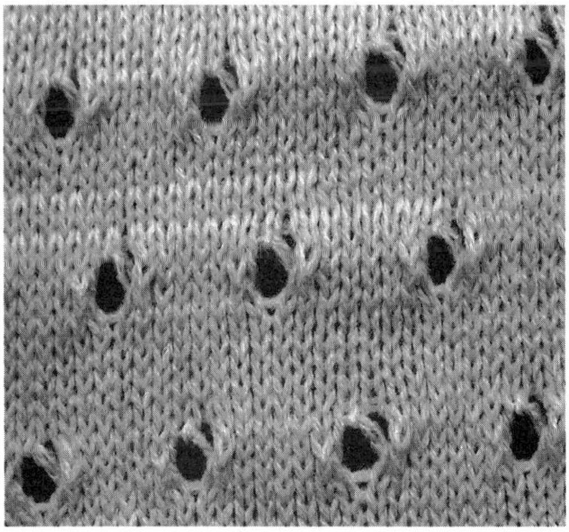

(a) 正面

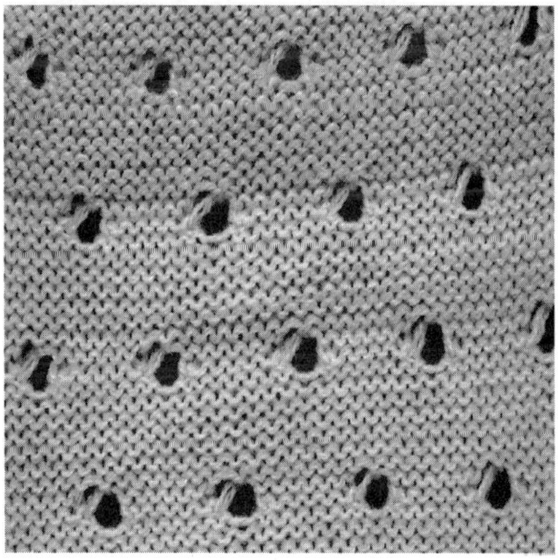

(b) 反面

图 2-4-27　空针辅助编织织物效果图

5. 单列线圈跨针距移圈

移圈时，线圈的长度在圈高与圈距间相互转移。如图 2-4-28 所示，移圈线圈 2 可以越过纵行Ⅱ转移到纵行Ⅰ上，受到线圈长度的限制，移圈线圈 2 移动应小于等于 2 倍的针距。

图 2-4-28 为单列线圈跨针距移圈的基本单元图，图 2-4-29 为其效果图，图 2-4-30 为其移圈方法图。

图 2-4-31、图 2-4-32 分别为一种挑孔组织的单列线圈跨针距移圈的意匠图和效果图。

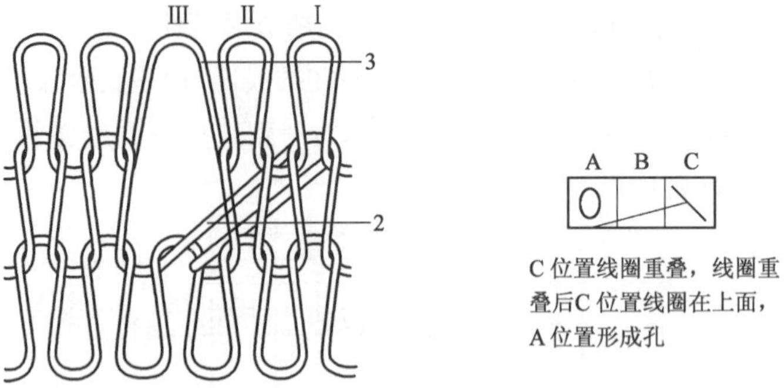

图 2-4-28　跨针距移圈基本单元图

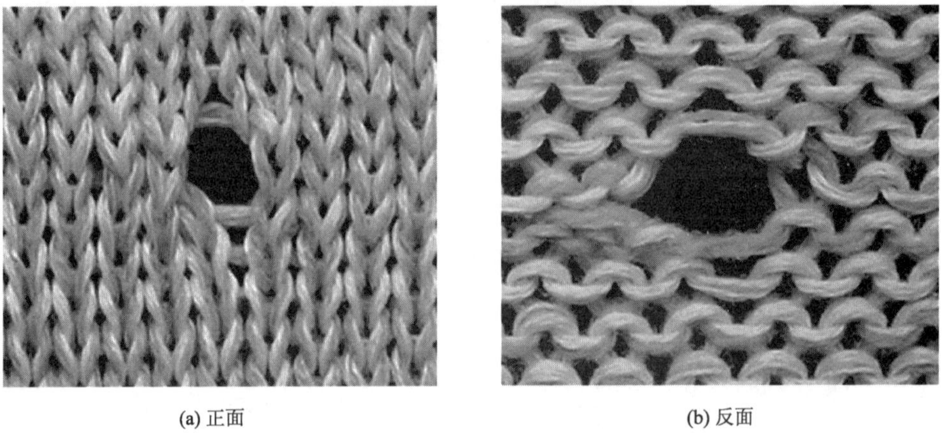

(a) 正面　(b) 反面

图 2-4-29　跨针距移圈织物效果图

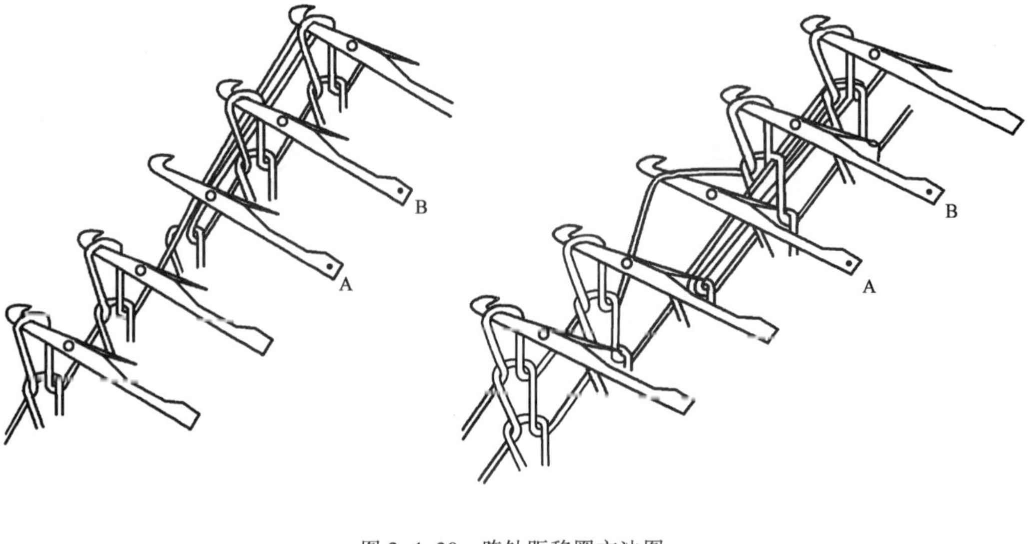

图 2-4-30　跨针距移圈方法图

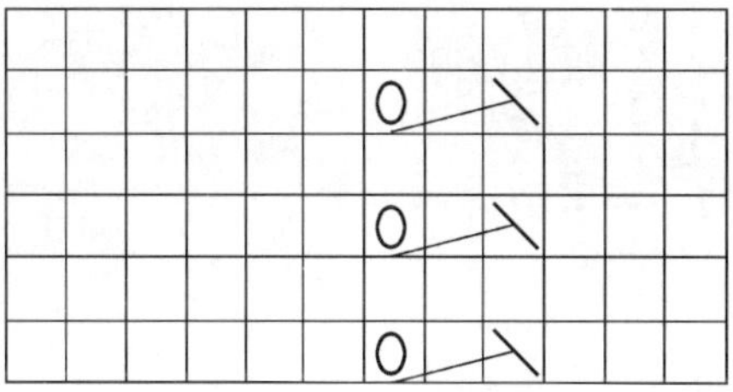

图 2-4-31　跨针距移圈织物意匠图

(a) 正面　　(b) 反面

图 2-4-32　跨针距移圈织物效果图

(二)多列线圈移圈

1. 线圈重叠方式一　普通线圈覆盖移圈线圈

图 2-4-33 为多列线圈移圈—普通线圈覆盖移圈线圈的基本单元图，图 2-4-34 为其效果图，图 2-4-35 为其移圈方法图。

(1)编织方法：如图 2-4-33 所示，孔眼的位置与重叠线圈不相邻，移圈线圈 2 在圈高与圈距在长度转移上受到限制，重叠线圈的圈高变短，重叠线圈在纵向上收缩，移圈线圈 4 倾斜。如图 2-4-34 图所示，重叠线圈纵向缩短，造成倾斜的移圈线圈 4 凸显倾斜的效果，在织物的表面，移圈线圈 2 被普通线圈覆盖。在编织此组织时，用两支扒(两针式收针柄)把织针 A、B 上的

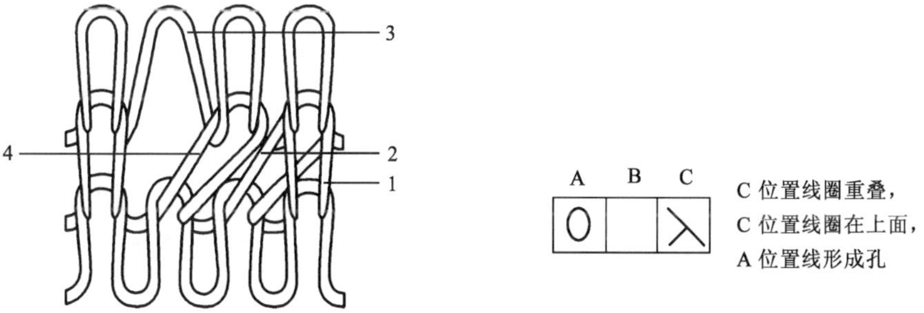

图 2-4-33　多列线圈移圈—普通线圈覆盖移圈线圈基本单元图

图 2-4-34　多列线圈移圈—普通线圈覆盖移圈线圈织物效果图

线圈向右并列移动一个针距，放入织针 B、C 的针钩上，织针 A 继续参加工作，在编织下一个横列时，织针 A 钩纱形成未封闭的线圈(即是孔眼)。该基本结构可以拓展为三列、四列等多列移圈。线圈向左移圈，其编织原理相同。

(2)花型变化织物：图 2-4-36、图 2-4-37 分别为一款应用两列线圈移圈—普通线圈覆盖移圈线圈织物的意匠图和效果图。

2. 线圈重叠方式二　移圈线圈覆盖普通线圈

图 2-4-38 为多列线圈移圈—移圈线圈覆盖普通线圈的基本单元图，图 2-4-39 为其效果图。

(1)编织方法：如图 2-4-38 所示，移圈线圈整列向右倾斜，覆盖了普通线圈，在织物的表面

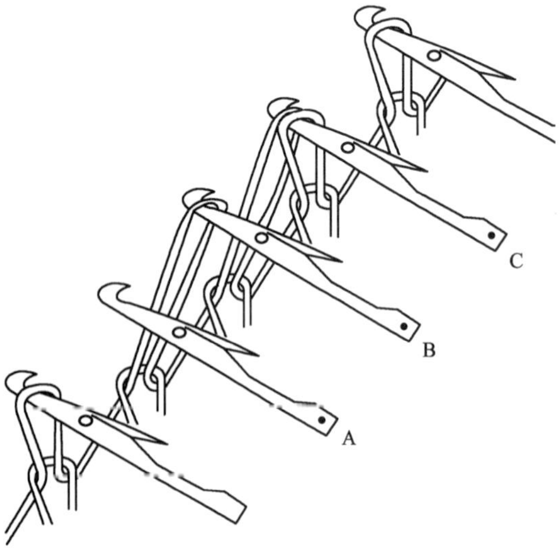

图 2-4-35　多列线圈移圈—普通线圈覆盖移圈线圈方法图

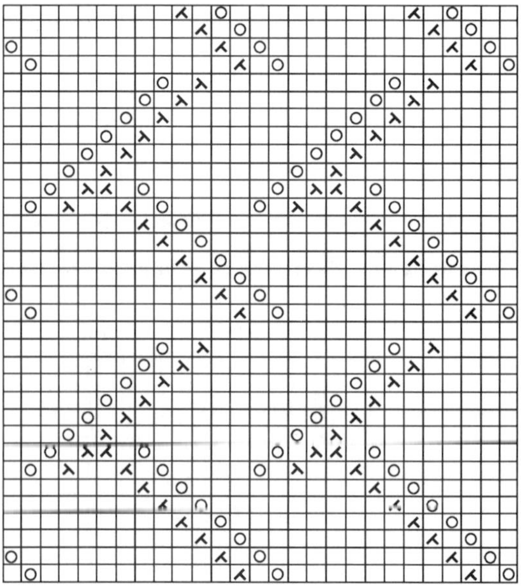

图 2-4-36　两列线圈移圈—普通线圈覆盖移圈线圈织物意匠图

(a) 正面　　　　(b) 反面

图 2-4-37　两列线圈移圈—普通线圈覆盖移圈线圈织物效果图

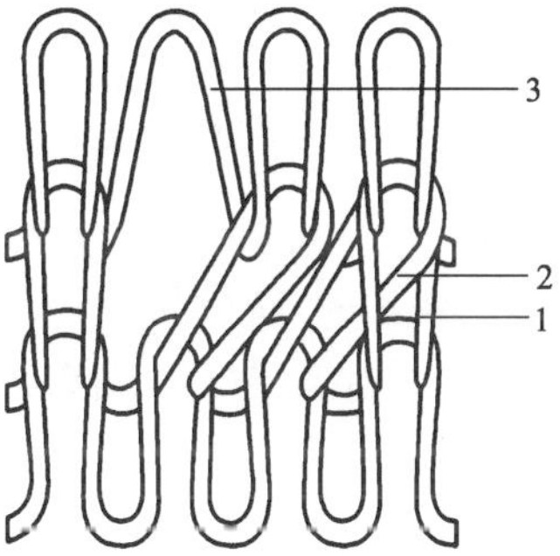

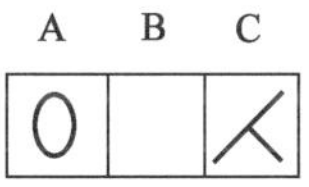

C 位置线圈重叠，
B 位置线圈在上面
A 位置形成孔，

图 2-4-38　多列线圈移圈—移圈线圈覆盖普通线圈基本单元图

图 2-4-39　多列线圈移圈—移圈线圈覆盖普通线圈织物效果图

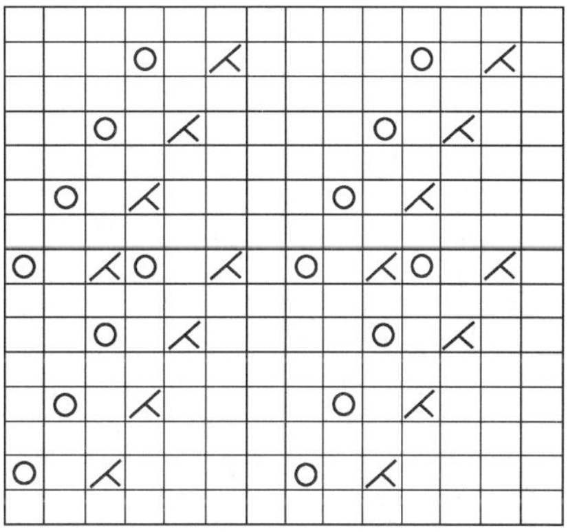

图 2-4-40　两列线圈移圈—移圈线圈覆盖普通线圈织物意匠图

产生了扭曲的移圈线圈的外观效果(图 2–4–39)。在横机上编织此类多列线圈移圈时,先用单针式的收针柄把线圈 1 移走,再用双针式的收针柄向右移动一个针距,然后再把线圈 1 移回原位即可。

(2)花型变化织物:图 2–4–40、图 2–4–41 分别为一款应用两列线圈移圈—移圈线圈覆盖普通线圈织物的意匠图和效果图。

(a) 正面　　(b) 反面

图 2–4–41　两列线圈移圈—移圈线圈覆盖普通线圈织物效果图

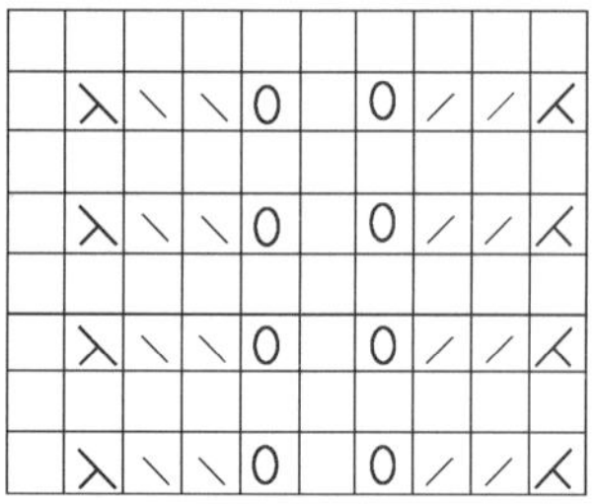

图 2–4–42　单面四列线圈移圈—移圈线圈覆盖普通线圈织物意匠图

图 2–4–42、图 2–4–43 分别为一款应用单面四列线圈移圈—移圈线圈覆盖普通线圈织物的意匠图和效果图。

图 2–4–44、图 2–4–45 分别为一款应用双面四列线圈移圈—移圈线圈覆盖普通线圈织物的意匠图和效果图。

3. 线圈重叠方式三　三线圈重叠

图 2–4–46 为多列线圈移圈—三线圈重叠的基本

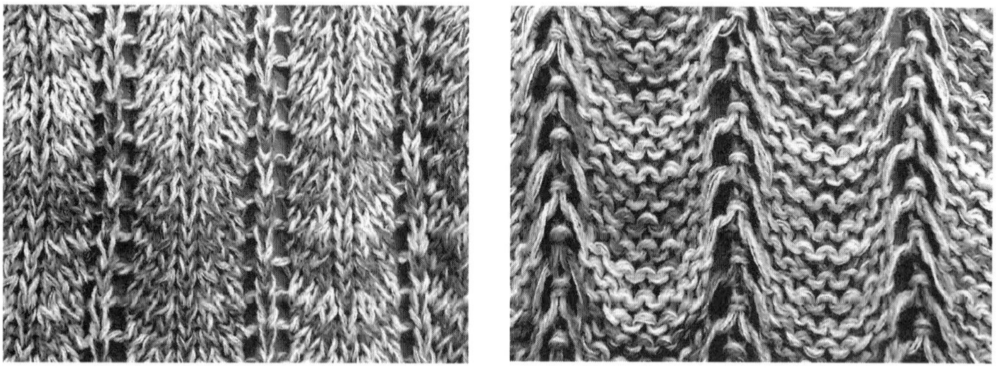

(a) 正面　　(b) 反面

图 2–4–43　单面四列线圈移圈—移圈线圈覆盖普通线圈织物效果图

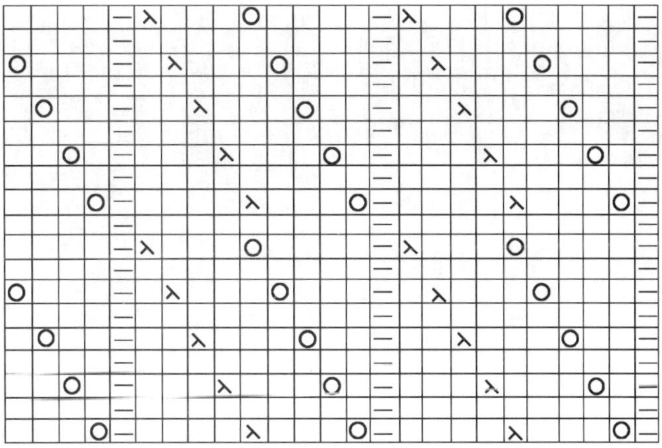

图 2-4-44　双面四列线圈移圈—移圈线圈覆盖普通线圈织物意匠图

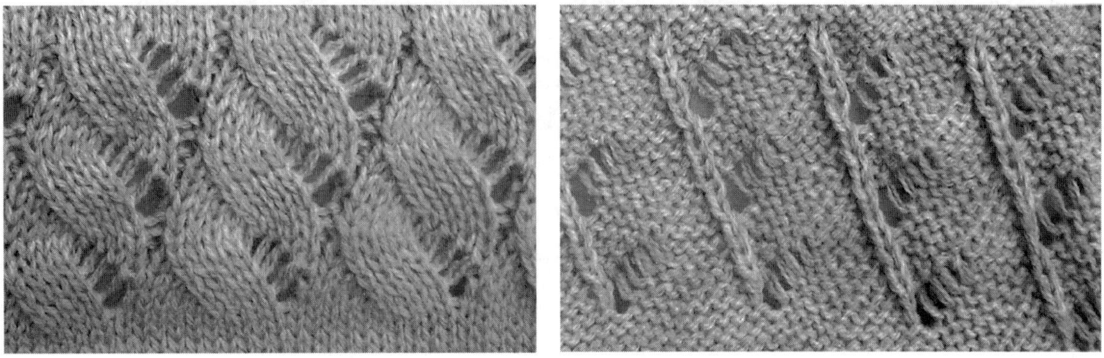

(a) 正面　　　(b) 反面

图 2-4-45　双面四列线圈移圈—移圈线圈覆盖普通线圈效果图

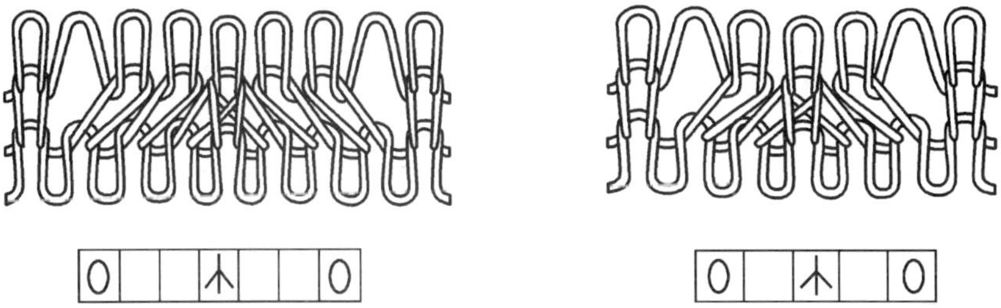

(a) 三列线圈移圈　　　(b) 两列线圈移圈

图 2-4-46　多列线圈移圈—二线圈重叠基本单元图

单元图，图 2-4-47 为其效果图。

(三)单列与多列组合移圈

图 2-4-48、图 2-4-49 为一种单列线圈移圈—普通线圈覆盖移圈线圈与移圈线圈覆盖普通线圈组合形成的织物意匠图和效果图。

图 2-4-50，图 2-4-51 分别为一款单列与多列组合移圈的意匠图和效果图。

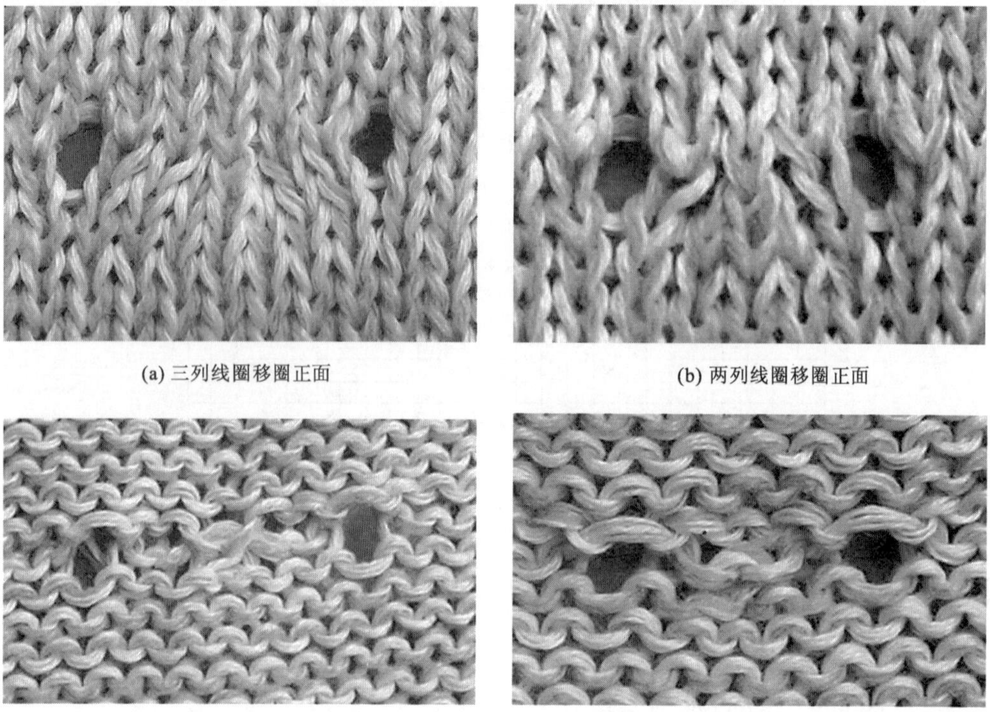

(a) 三列线圈移圈正面　(b) 两列线圈移圈正面

(c) 三列线圈移圈反面　(d) 两列线圈移圈反面

图 2-4-47　多列线圈移圈—三线圈重叠基本结构单元效果图

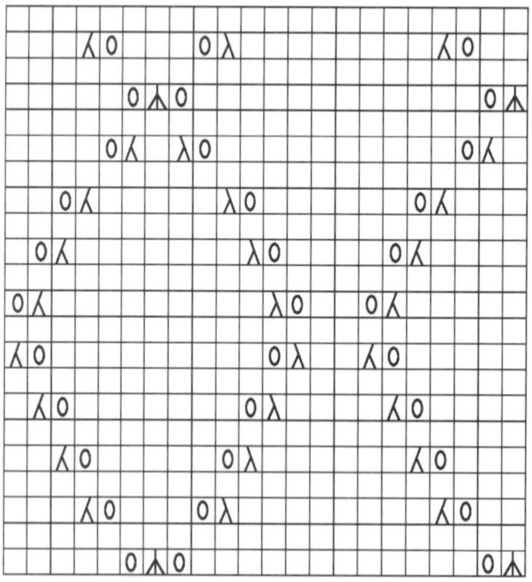

图 2-4-48　单列线圈移圈—普通线圈覆盖移圈线圈与移圈线圈覆盖普通线圈组合织物意匠图

图 2-4-52、图 2-4-53 分别为一款四列线圈移圈—普通线圈覆盖移圈线圈与移圈线圈覆盖普通线圈组合织物的意匠图和效果图。

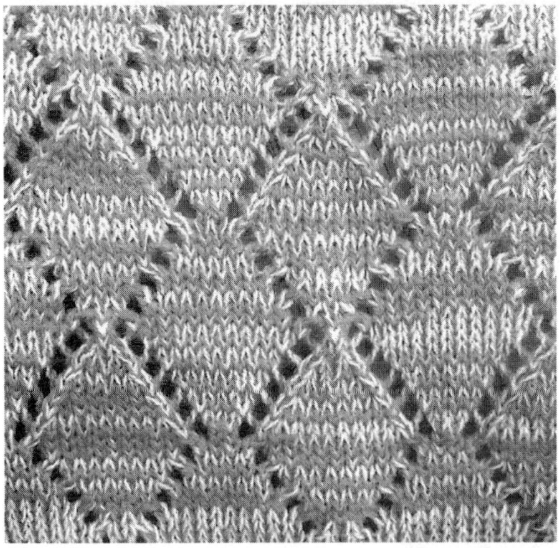

(a) 正面

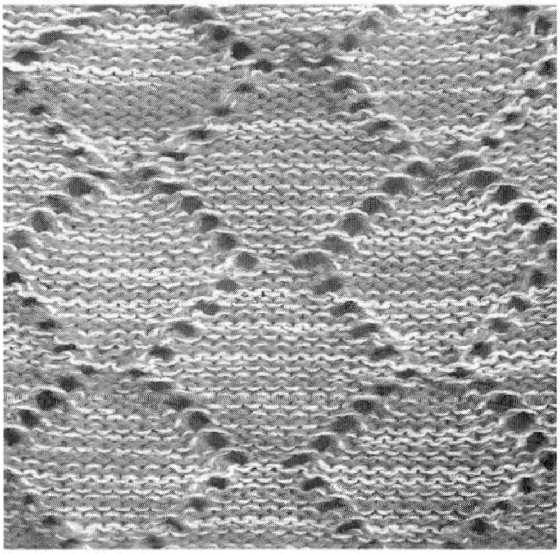

(b) 反面

图 2-4-49 单列线圈移圈—普通线圈覆盖移圈线圈与移圈线圈覆盖普通线圈组合织物效果图

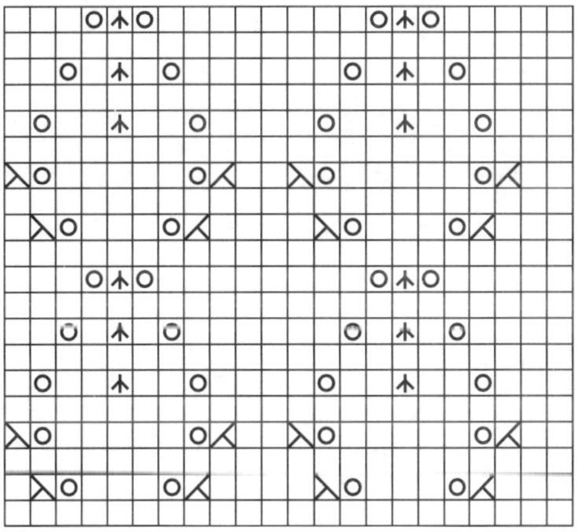

图 2-4-50 单列与多列移圈组合织物意匠图

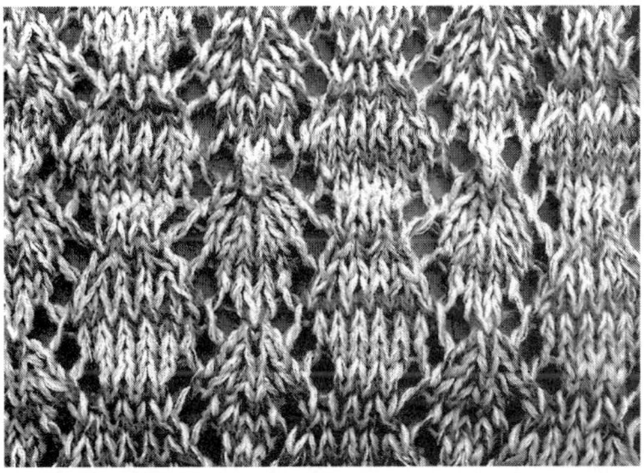

(a) 正面

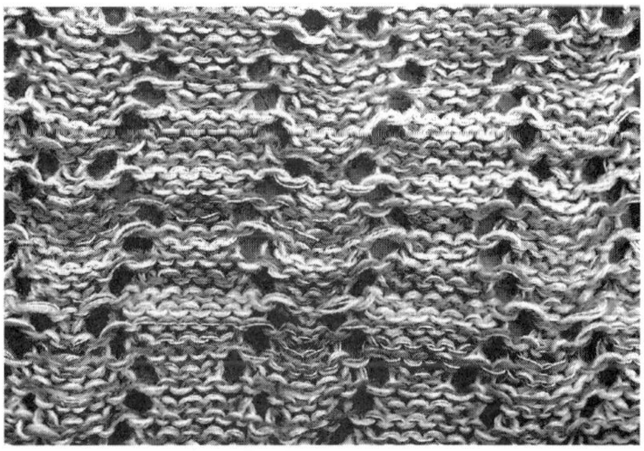

(b) 反面

图 2-4-51 单列与多列移圈组合织物效果图

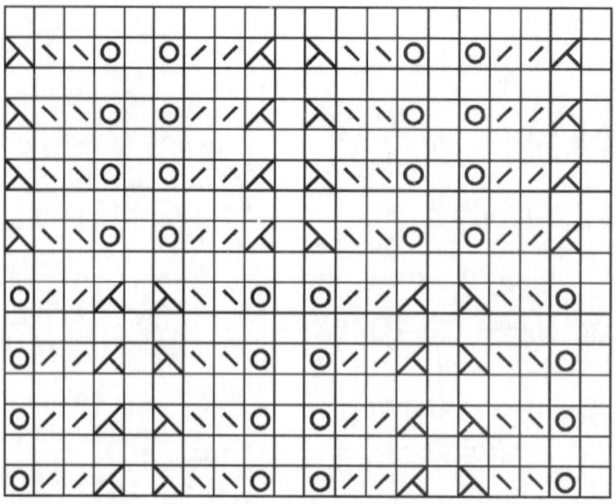

图 2-4-52　四列线圈移圈—普通线圈覆盖移圈线圈与移圈线圈覆盖普通线圈组合织物意匠图

(a) 正面　　(b) 反面

图 2-4-53　四列线圈移圈—普通线圈覆盖移圈线圈与移圈线圈覆盖普通组合织物效果图

图 2-4-54、图 2-4-55 分别为一种三线圈重叠右针在面织物意匠图和效果图。

图 2-4-56、图 2-4-57 分别为一款三线圈重叠左针在面与右针在面组合织物的意匠图和效果图。

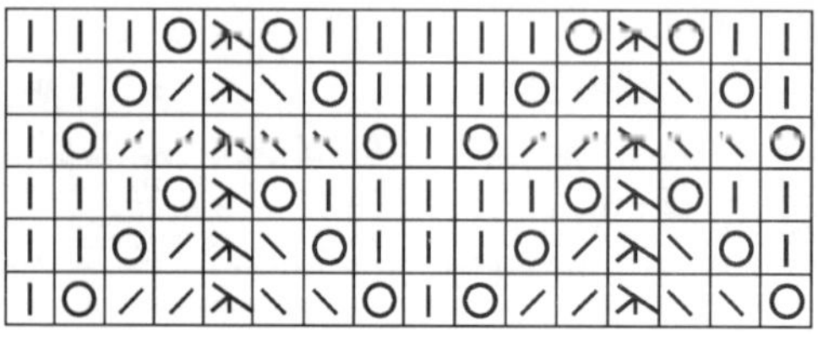

图 2-4-54　三线圈重叠右针在面组合织物意匠图

(a) 正面

(b) 反面

图 2-4-55　三线圈重叠右针在面组合织物效果图

图 2-4-56　三线圈重叠左针在上与右针在上组合织物意匠图

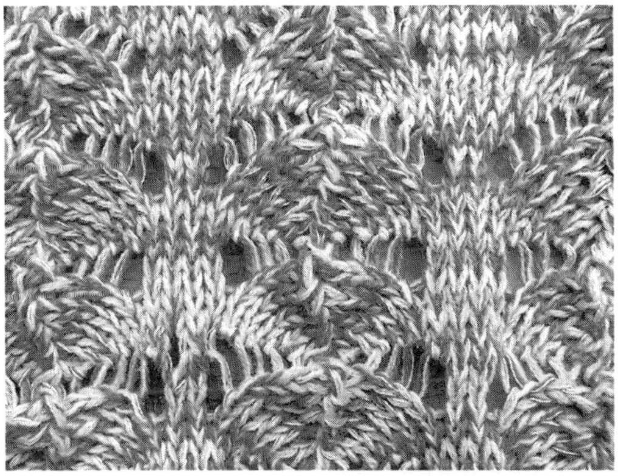

(a) 正面

(b) 反面

图 2-4-57　三线圈重叠左针在面与右针在面组合织物效果图

图 2-4-58、图 2-4-59 分别为一种单列线圈移圈与三线圈重叠右针在面组合织物的意匠图和效果图。

图 2-4-60、图 2-4-61 分别为一种三线圈重叠与单列线圈移圈组合织物的意匠图和效果图。

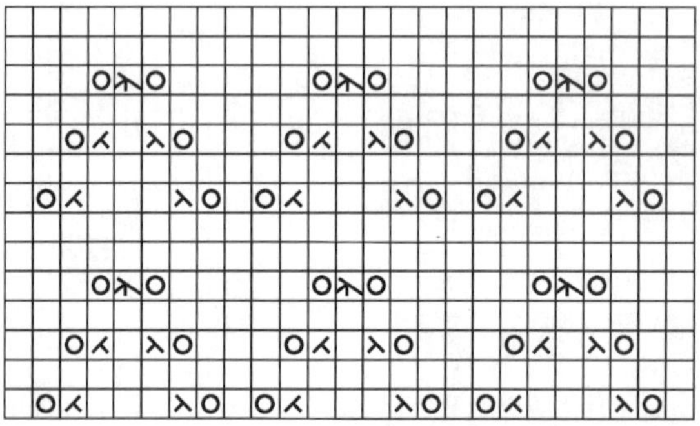

图 2-4-58 单列线圈移圈与三线圈重叠右针在面组合织物意匠图

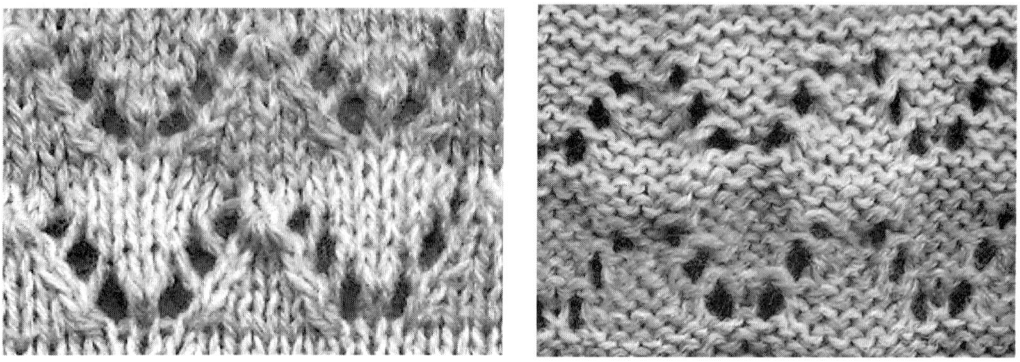

(a) 正面　　(b) 反面

图 2-4-59 单列线圈移圈与三线圈重叠右针在面组合织物效果图

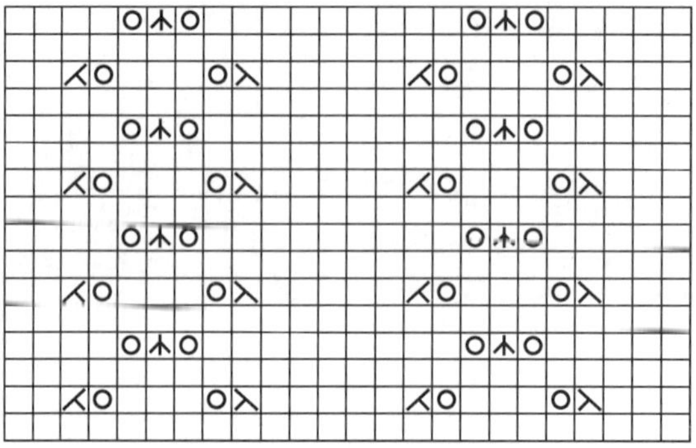

图 2-4-60 三线圈重叠与单列线圈移圈组合织物意匠图

(a) 正面　　(b) 反面

图 2-4-61　三线圈重叠与单列线圈移圈组合织物效果图

(四)挑孔与令士组合移圈织物

图 2-4-62、图 2-4-63 分别为一种单列线圈移圈三线圈重叠与方形令士组合织物的意匠图和效果图。

图 2-4-64 为在图 2-4-62 的基础上增加了一个纵行形成的单列线圈移圈三线圈重叠与方形令士组合织物的意匠图,图 2-4-65 为其效果图。

图 2-4-66、图 2-4-67 分别为一款单、多列线圈移圈与三角形令士组合织物的意匠图和效果图。

(五)孔雀尾(凤尾)织物

图 2-4-68 为一种孔雀尾织物的意匠图,图 2-4-69 为其线圈结构图,图 2-4-70 为效果图。

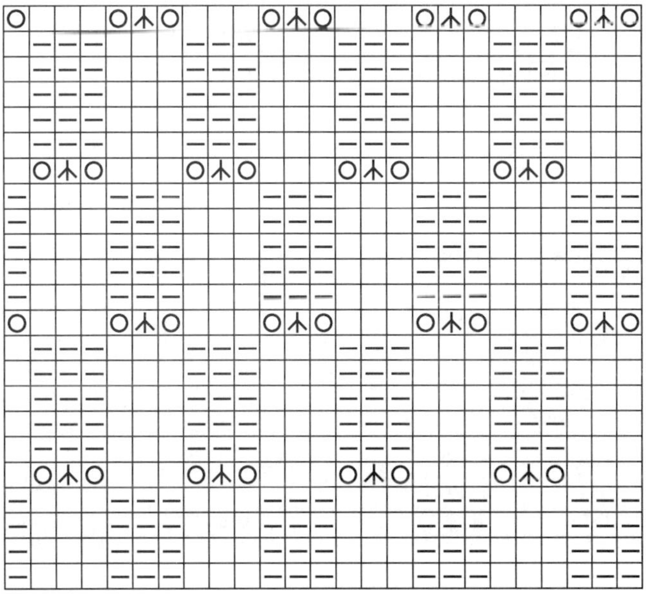

图 2-4-62　单列线圈移圈三线圈重叠与方形令士组合织物意匠图(1)

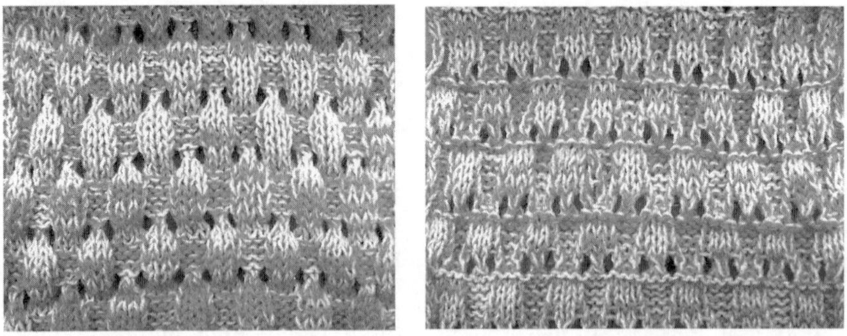

(a) 正面　　(b) 反面

图 2-4-63　单列线圈移圈三线圈重叠与方形令士组合织物效果图(1)

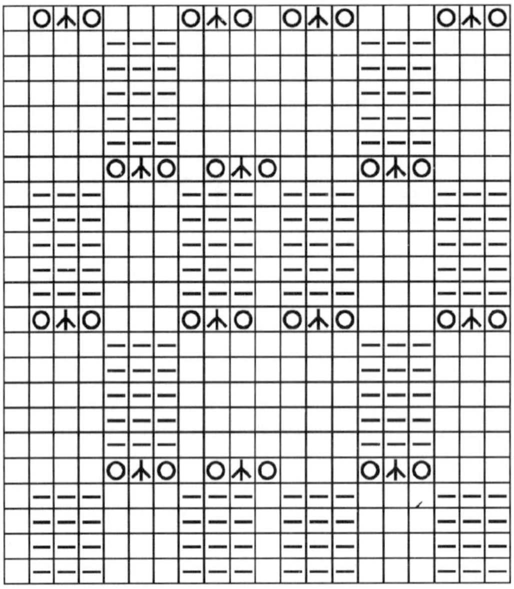

图 2-4-64　单列线圈移圈三线圈重叠与方形令士组合织物意匠图(2)

(a)正面　　(b)反面

图 2-4-65　单列线圈移圈三线圈重叠与方形令士组合织物效果图(2)

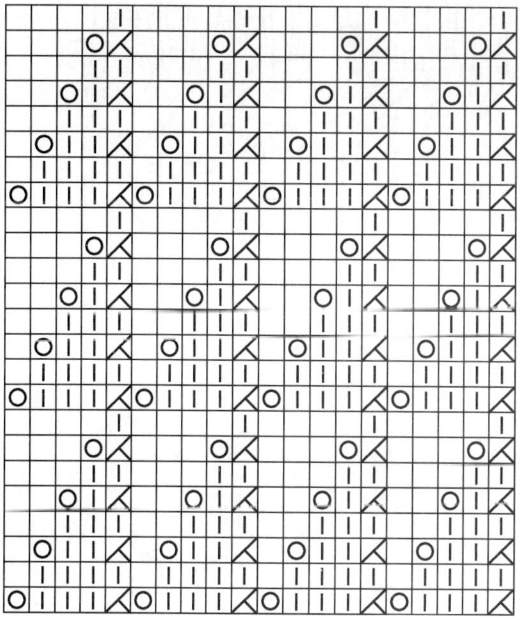

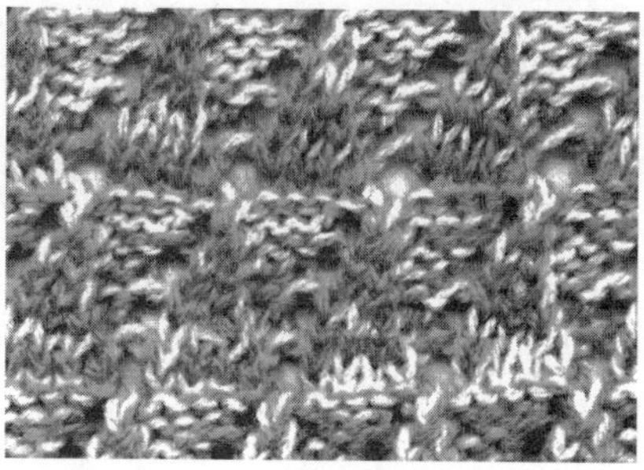

(a) 正面

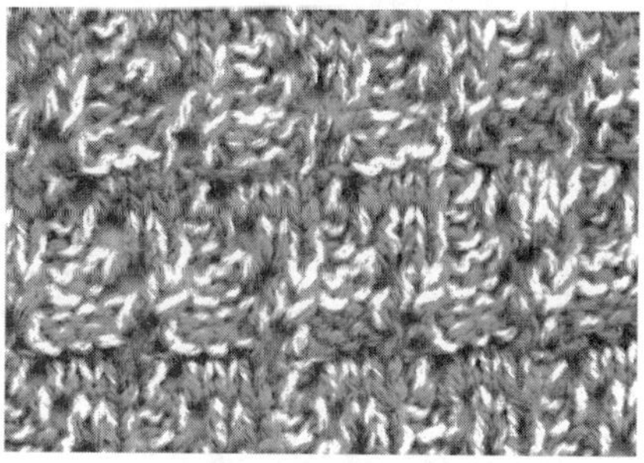

(b) 反面

图 2-4-66　单、多列线圈移圈与三角形令士组合织物意匠图

图 2-4-67　单、多列线圈移圈与三角形令士组合织物效果图

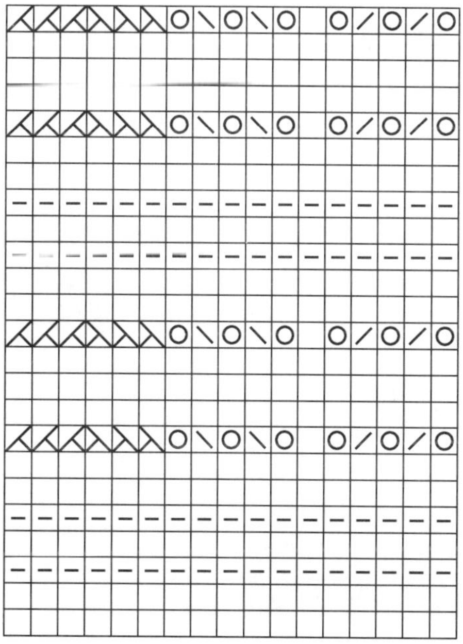

图 2-4-68　孔雀尾织物意匠图(1)

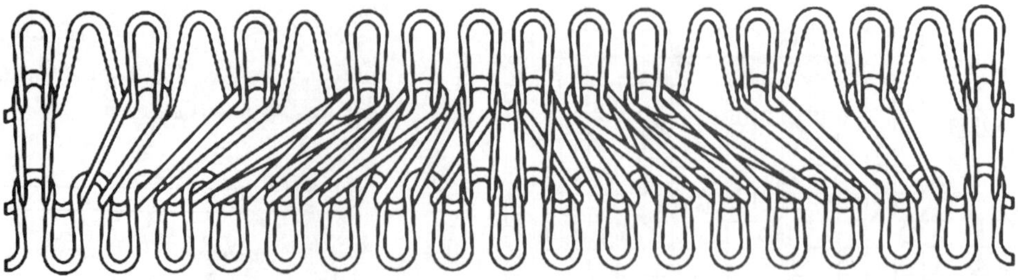

图 2-4-69 孔雀尾线圈结构图(1)

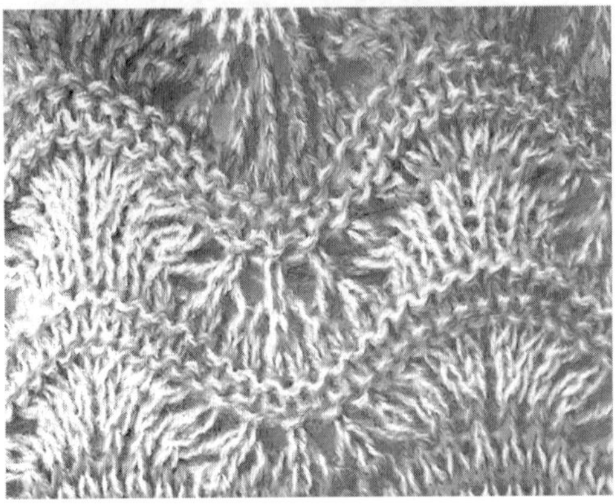

(a) 正面

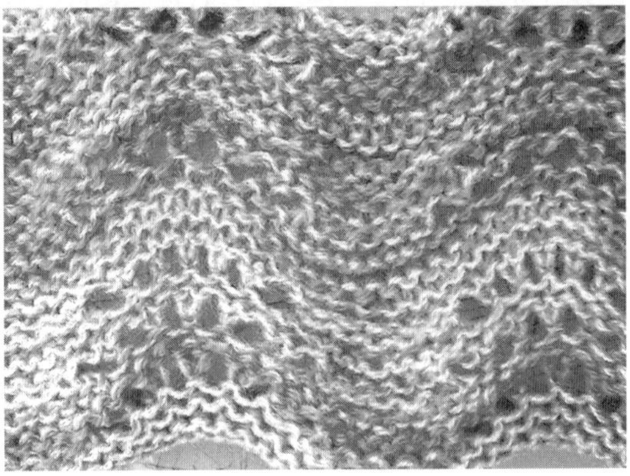

(b) 反面

图 2-4-70 孔雀尾织物效果图(1)

在羊毛衫的织物中合理配置间色,孔雀尾花型效果会更加突出。图 2-4-71 为在孔雀尾花型的基础上应用间色与珠片装饰的效果图。

图 2-4-72、图 2-4-73 分别为另一种孔雀尾织物的一种意匠图和效果图。

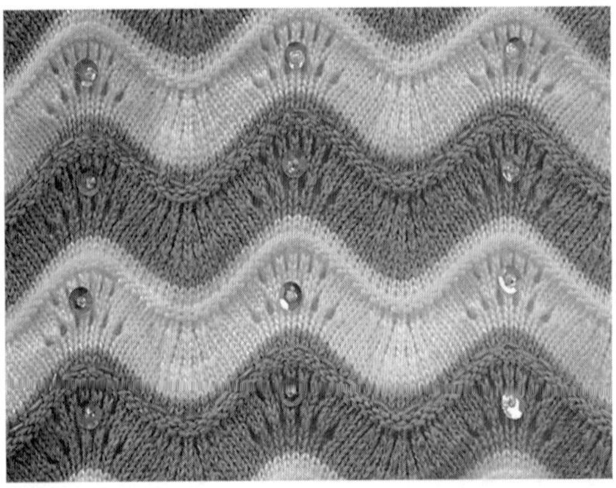

(a) 正面

(b) 反面

图 2-4-71 间色与珠片装饰的孔雀尾织物效果图

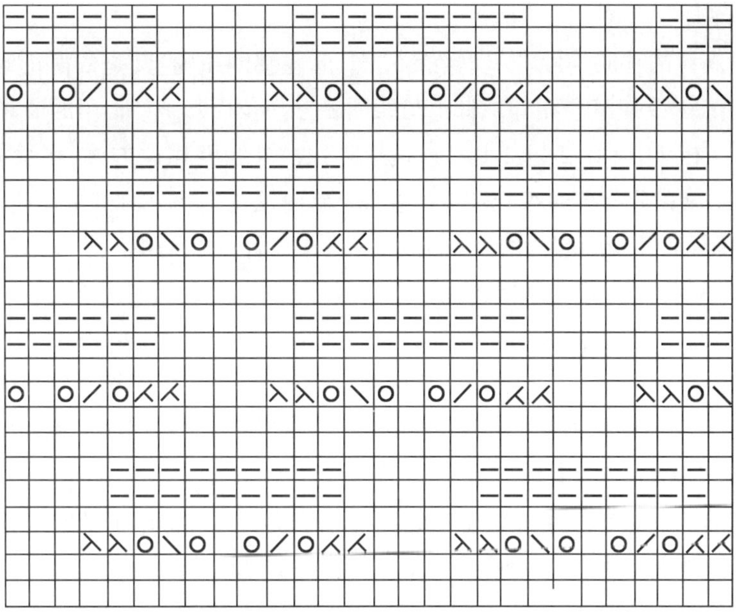

图 2–4–72　孔雀尾织物意匠图(2)

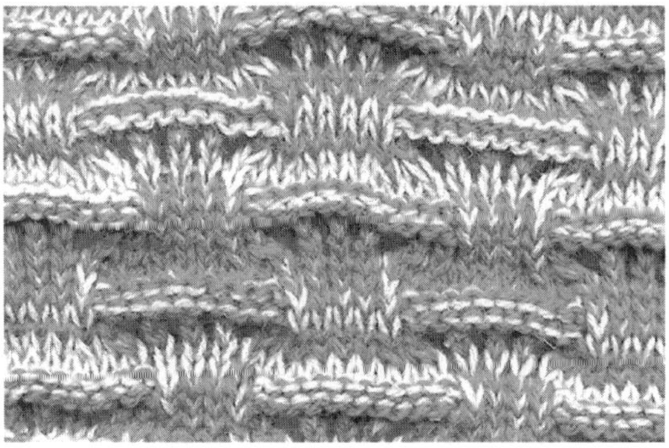

(a) 正面

(b) 反面

图 2–4–73　孔雀尾织物效果图(2)

二、绞花织物

绞花是有方向性的移圈。绞花织物俗称扭绳、麻花移圈织物，其是依据花型要求，把织针上的线圈自身旋转180°或把某些相邻织针上的线圈相互扭位而形成。常用的绞花织物有自扭(1×0)、1扭1(1×1)、2扭1(2×1)、2扭2(2×2)、3扭1(3×1)等线圈移位方式，在织物的表面形成如扭绳形状的花型。绞花分为单面绞花和双面绞花。单面绞花织物是具有单面线圈结构的绞花织物，双面绞花是具有双面线圈结构的绞花织物，一般在双针床上编织。若以单面排针进行，把收针柄上的线圈移回到针床时，先移回到针床上的线圈形成正面，后移回到针床上的线圈形成底面(先落者为织物的正面，后落者为织物反面)，其花型取决于线圈交换的针数、交换的组数、交换组数的配合、交换转数、交换次数等。在交换织针数较多时，常常需要进行放圈操作。同时，为了下一横列能够更好地进行退圈，还需要在下一横列编织之前利用收针柄(扒子)将交换后的线圈进行一些牵拉操作。

常用的绞花编织方法有线圈的相互移位绞花、借助于另一针床辅助编织分次移圈绞花、借助于另一针床辅助放圈移圈绞花、抽针后移圈绞花、完型缝绞花。

常用绞花织物见下表。

(一)线圈的相互移位绞花织物

1. 单针自扭绞花织物

单针自扭绞花是把一个线圈扭转180°。编织时使用单针式的收针柄把线圈从织针上转移

常用绞花织物

序号	参与绞花的总针数	移位的方式	名称	移位的符号	符号说明
1	一针	1×0	单针自扭		一针自己扭转
2	二针	1×1	1扭1		左边的一针在上 右边的一针在下
				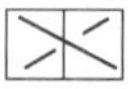	左边的一针在下 右边的一针在上
3	三针	1×2	1扭2		左边的一针在上 右边的二针在下
					左边的一针在下 右边的二针在上
		2×1	2扭1		左边的二针在下 右边的一针在上
					左边的二针在上 右边的一针在下

续表

序号	参与绞花的总针数	移位的方式	名称	移位的符号	符号说明
4	四针	1×3	1 扭 3	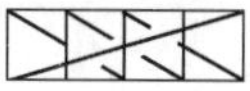	左边的一针在上 右边的三针在下
				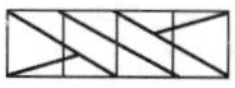	左边的一针在下 右边的三针在上
		2×2	2 扭 2		左边的二针在上 右边的二针在下
				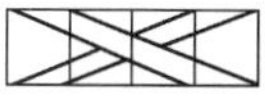	左边的二针在下 右边的二针在上
		3×1	3 扭 1	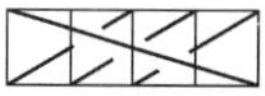	左边的三针在下 右边的一针在上
				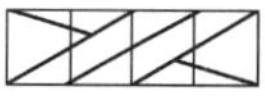	左边的三针在上 右边的一针在下

到收针柄上，收针柄旋转 180°后再把线圈放回在织针上。图 2–4–74 为一种单针自扭绞花织物意匠图，图 2–4–75 为其效果图。

图 2–4–76 是一种单针自扭绞花与移圈组合织物的意匠图，图 2–4–77 是其效果图。

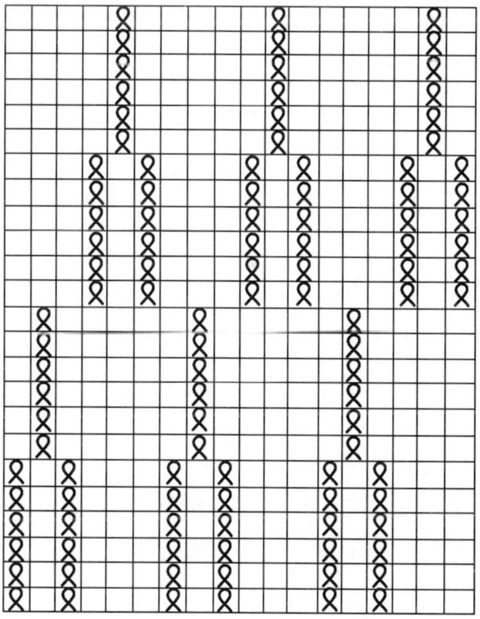

图 2–4–74　单针自扭绞花织物意匠图

(a) 正面

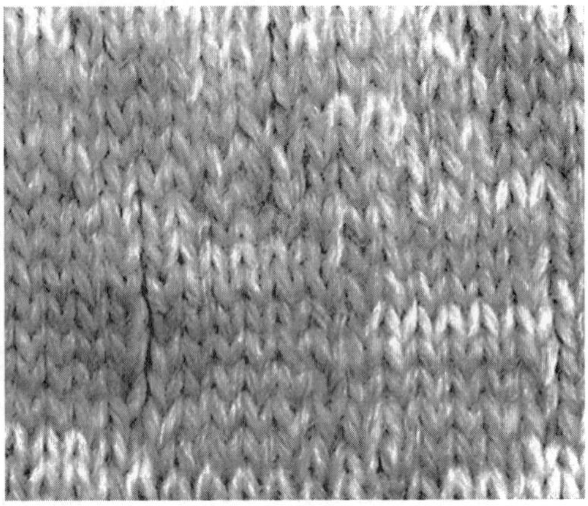

(b) 反面

图 2–4–75　单针自扭绞花织物效果图

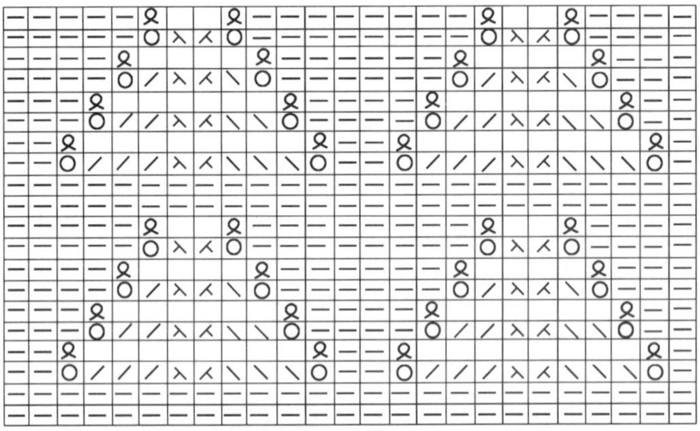

图 2–4–76　单针自扭绞花与移圈组合织物意匠图

(a) 正面

(b) 反面

图 2–4–77　单支自扭绞花与移圈组合织物效果图

2.1 扭 1 绞花织物

1 扭 1 绞花是由相邻两枚织针上的线圈相互移位而形成，其中有左一针在上、右一针在下。编织时，使用两个单针式的收针柄，分别把两枚线圈从织针上转移到收针柄上，两个收针柄交换位置，再把线圈移回到织针上，先落在织针上的线圈(编织成织物时)在上，后落的线圈为下。

图 2-4-78 是一种 1 扭 1(左一针在上)绞花织物的意匠图，图 2-4-79 是其效果图。

图 2-4-80 是一种 1 扭 1(右一针在上)绞花织物的意匠图，图 2-4-81 是其效果图。

图 2-4-82 是 1 扭 1(右一针在上与左一针在上组合)绞花织物的意匠图，图 2-4-83 为其效果图。

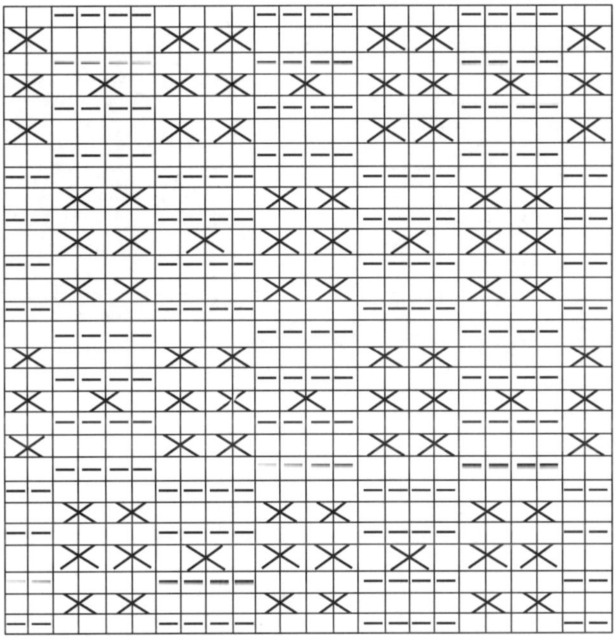

图 2-4-78　1 扭 1(左一针在上)绞花织物意匠图

(a) 正面　　(b) 反面

图 2-4-79　1 扭 1(左一针在上)绞花织物效果图

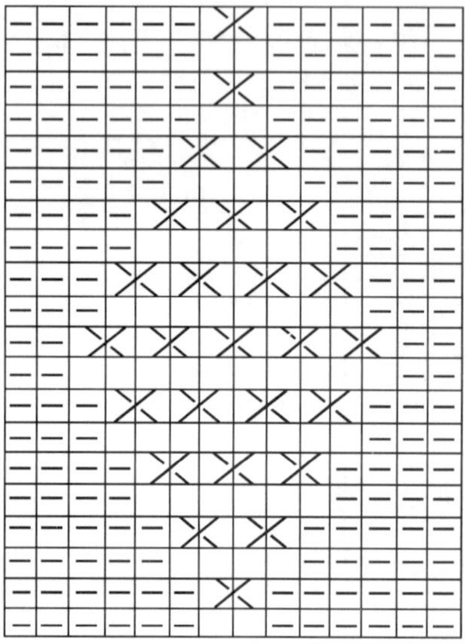

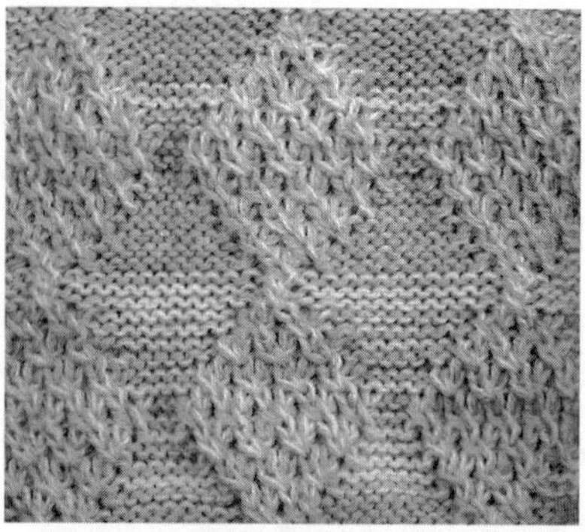

(a) 正面

(b) 反面

图 2-4-80　1 扭 1(右一针在上)绞花织物意匠图

图 2-4-81　1 扭 1(右一针在上)绞花织物效果图

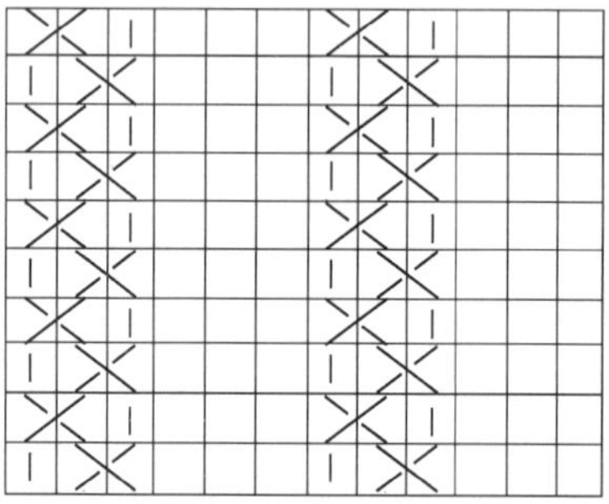

图 2-4-82　1 扭 1(右一针在上与左一针在上组合)绞花织物意匠图

(a) 正面

(b) 反面

图 2-4-83　1 扭 1(右一针在上与左一针在上组合)绞花织物效果图

3. 1 扭 2、2 扭 1 绞花织物

1 扭 2 和 2 扭 1 绞花是由相邻三枚织针上的线圈相互移位而形成，编织时使用单针式收针柄和两针式收针柄。

图 2-4-84 是一种 1 扭 2 和 2 扭 1 组合绞花织物的意匠图，图 2-4-85 为其效果图。

图 2-4-86 是一种 1 扭 2 与 2 扭 1 组合绞花织物意匠图，图 2-4-87 为其效果图。

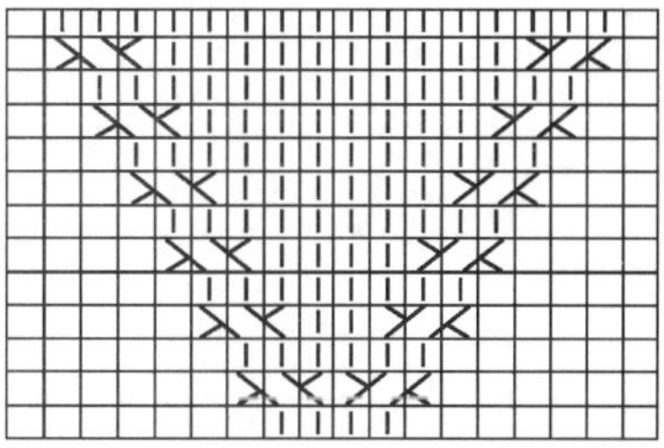

图 2-4-84 1 扭 2 和 2 扭 1 组合绞花织物意匠图

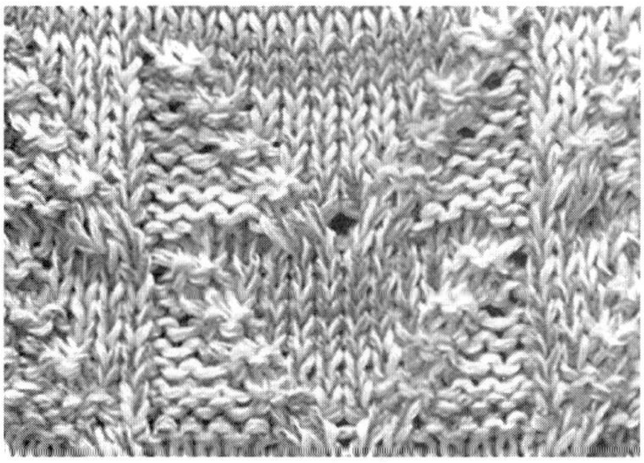

(a) 正面

(b) 反面

图 2-4-85 1 扭 2 和 2 扭 1 组合绞花织物效果图

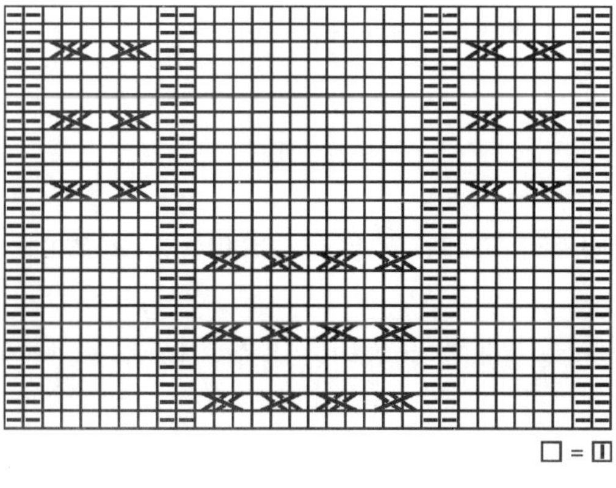

图 2-4-86 1 扭 2 与 2 扭 1 组合绞花织物意匠图

(a) 正面

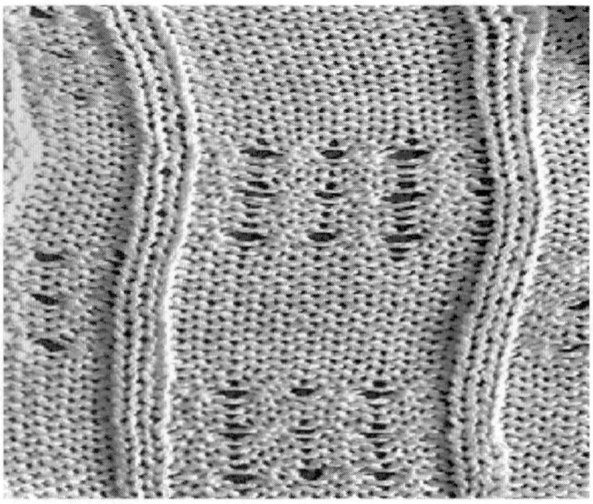

(b) 反面

图 2-4-87　1 扭 2 与 2 扭 1 组合绞花织物效果图

图 2-4-88 是一种 1 扭 1、2 扭 1 与 1 扭 2 组合绞花织物意匠图，图 2-4-89 为其效果图。

图 2-4-90 是一种 1 扭 2、2 扭 1、2 扭 2 组合绞花织物意匠图，图 2-4-91 为其效果图。

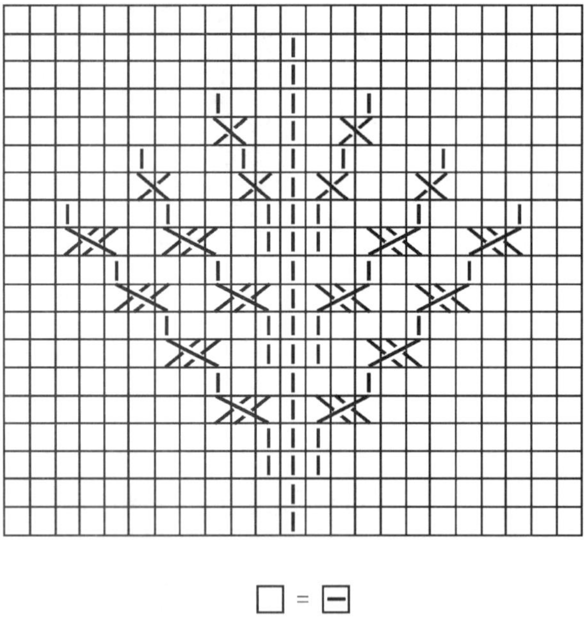

图 2-4-88　1 扭 1、2 扭 1 与 1 扭 2 组合绞花织物意匠图

图 2-4-92 是一种与意匠图 2-4-90 在 1 扭 2 和 2 扭 1 反方向的绞花织物意匠图；图 2-4-93 为其效果图。由图 2-4-91 与图 2-4-93 可见，绞花是有方向性的移圈织物，线圈在移圈的过程中的位置直接影响织物的外观效果。

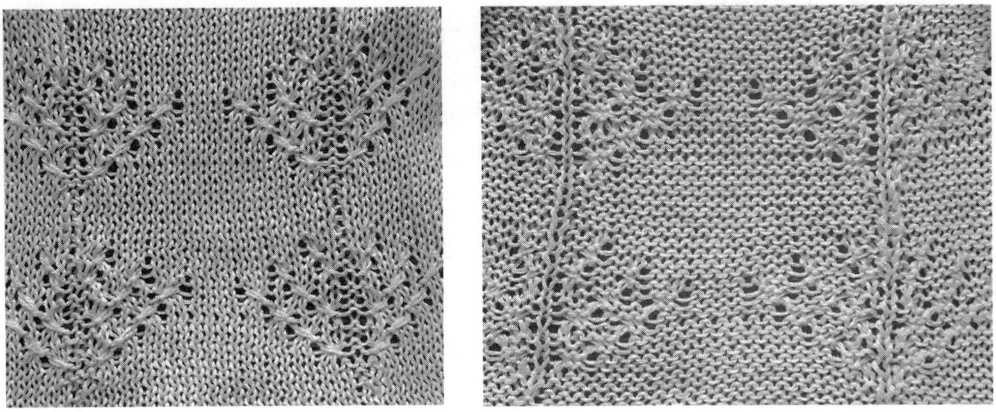

(a) 正面　　(b) 反面

图 2-4-89　1 扭 1、2 扭 1、与 1 扭 2 组合绞花织物效果图

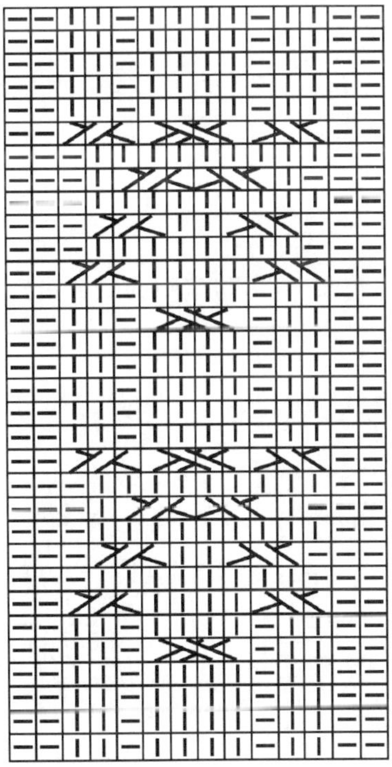

图 2-4-90　1 扭 2、2 扭 1、2 扭 2 组合绞花织物意匠图

(a) 正面

(b) 反面

图 2-4-91　1 扭 2、2 扭 1、2 扭 2 组合绞花织物效果图

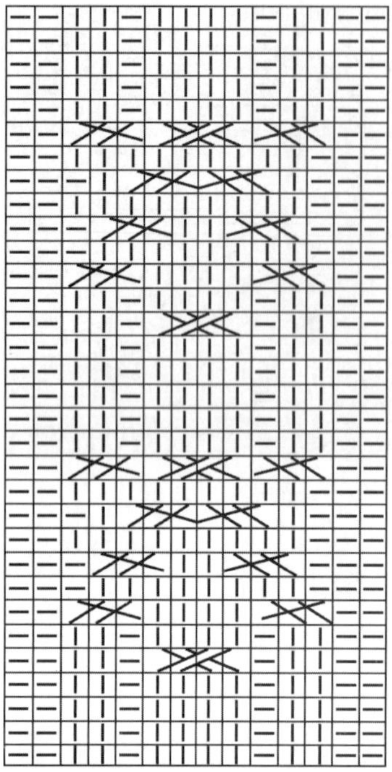

图 2-4-92　与图 2-4-90 在 1 扭 2 和 2 扭 1 反方向的绞花织物意匠图

(二)借助于另一针床辅助编织分次移圈绞花织物

借助于另一针床辅助编织，在两个横列上完成线圈移位形成扭绳的外观效果。在绞花的前一横列，将需要进行绞花的两组线圈中的一组转移到对面针床（通常将绞花时处于下面的一组转移）编织一个横列后，扳动针床横移相应的针距再将需要绞花的线圈进行移位。图 2-4-94 为分次移圈绞花织物效果图。

(三)借助于另一针床辅助放圈移圈绞花织物

在绞花的前一横列，将绞花部位相对应的另一针床上一枚或多枚织针推入工作状态进行一次钩纱，形成悬弧。然后悬弧脱掉，织针退到停针区，把悬弧的纱线转移到需要绞花的线圈上，使得进行绞花的局部线圈得到扩大，缓解过度的张力。此编织方法是由另一针床工作织针参与工作，通过辅助放圈来形成大线圈，因此便于有效进行绞花操作。

图 2-4-95 是一种应用辅助放圈移圈 2 扭 2(右两针在上)绞花织物的效果图。

图 2-4-96、图 2-4-97 分别为应用辅助放圈移圈 2 扭 2(右两针在上与左两针在上组合)绞花织物的意匠图和效果图。

图 2-4-98 为应用辅助放圈移圈 2 扭 3 与 3 扭 2 组合绞花织物的效果图。

(四)脱圈绞花织物

将绞花部位相邻的两边各增加一枚织针参与编织，在绞花前，将参与编织的织针脱圈，使得

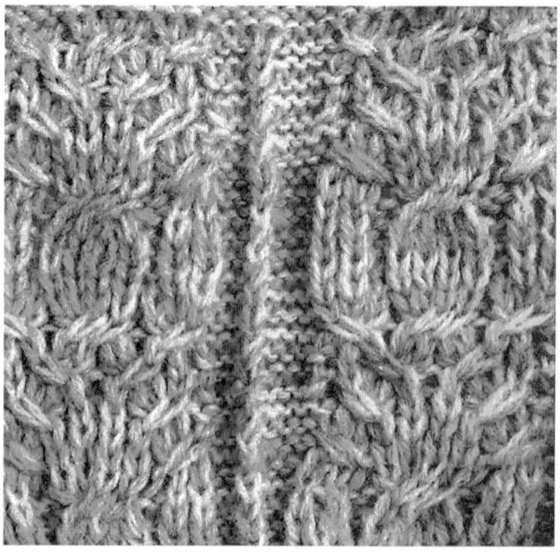

(a) 正面

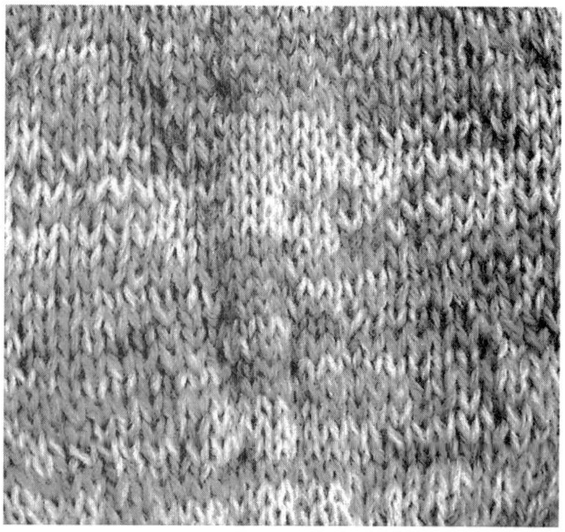

(b) 反面

图 2-4-93　与图 2-4-90 在 1 扭 2 和 2 扭 1 反方向的绞花织物效果图

(a) 正面　　　　(b) 反面

图 2-4-94　分次移圈绞花织物效果图

(a) 正面　　　　(b) 反面

图 2-4-95　2 扭 2(右两针在上)绞花织物效果图

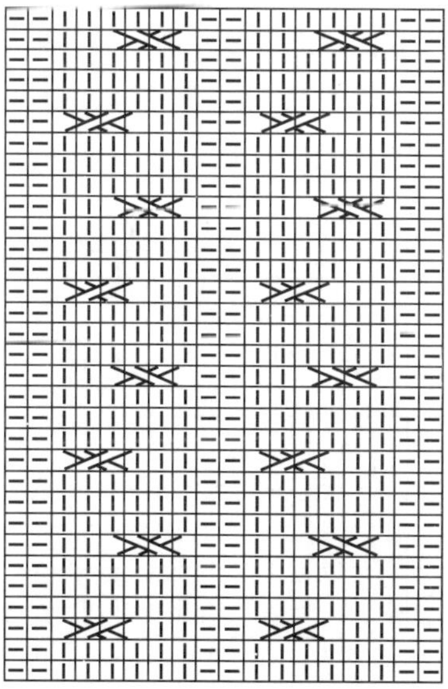

图 2-4-96　2 扭 2(右两针在上与左两针在上组合)绞花织物意匠图

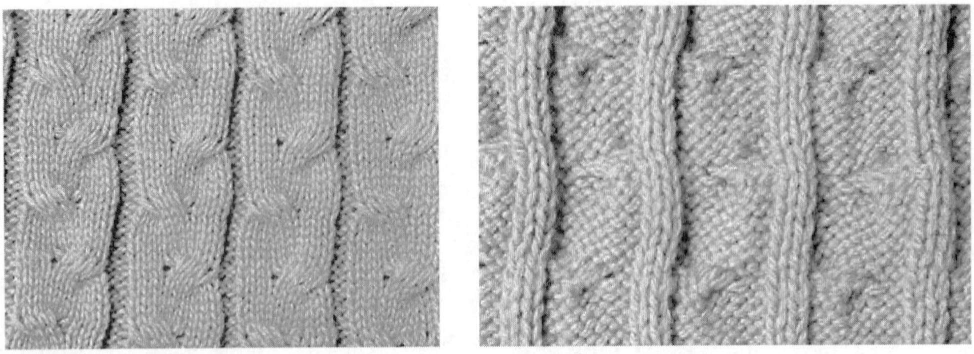

(a) 正面　　　　(b) 反面

图 2-4-97　2 扭 2(右两针在上与左两针在上组合)绞花织物效果图

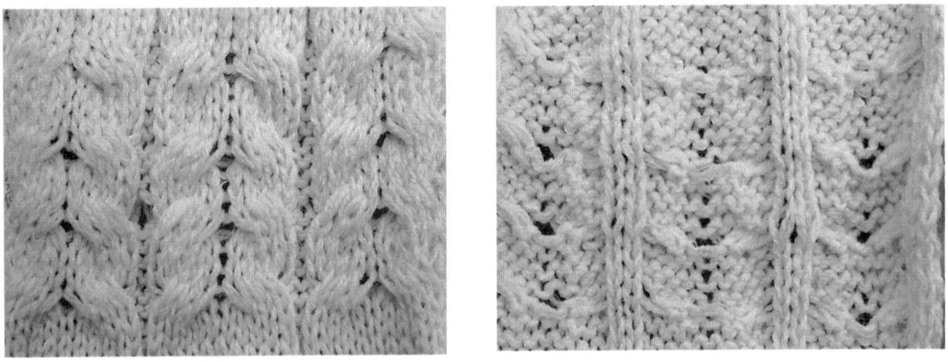

(a) 正面　　　　(b) 反面

图 2-4-98　2 扭 3 与 3 扭 2 组合绞花织物效果图

进行绞花的局部线圈得到扩大，便于有效进行绞花操作。一般单针床的横机采用此类型操作方式。图 2-4-99 是一种应用脱圈绞花织物的意匠图，图 2-4-100 为其效果图。该花型的一个循环为 13 针，在针床上编织时一个循环排 15 针，第 10 针与第 15 针是为了绞花时脱圈而增加的织针。

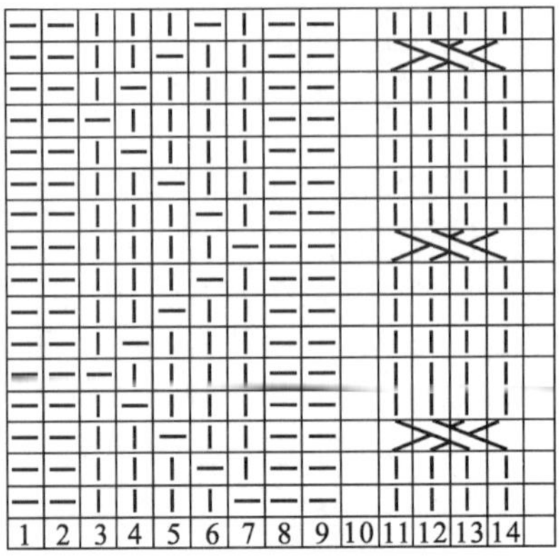

图 2-4-99　2 扭 2 脱圈绞花织物意匠图

图 2-4-101 是一种 1 扭 1 脱圈绞花织物的效果图。

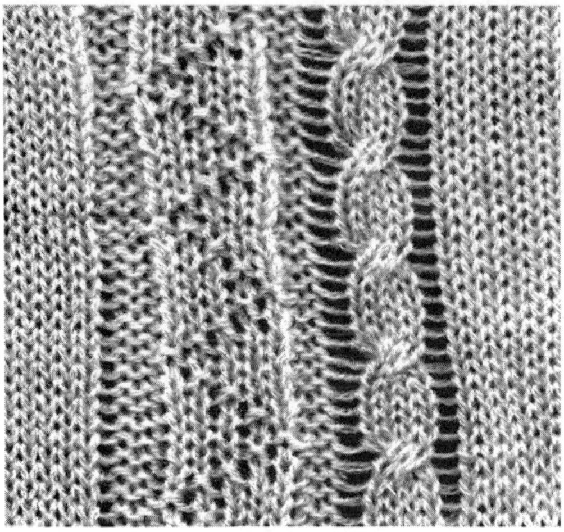

(a) 正面

(b) 反面

图 2-4-100　2 扭 2 脱圈绞花织物效果图

(a) 正面

(b) 反面

图 2-4-101　1 扭 1 脱圈绞花织物效果图

(五)完型缝绞花织物

一些粗犷、立体感强的“大麻花”(多针绞花),如 5 扭 5 绞花,线圈要移动 5 个针距,这种花型在编织机上用移圈的方法较难完成,往往采取手缝的方法。这样可以减少纱线和机头在强拉下的损伤,而且解决了在编织机上多针绞花难的问题。在绞花前要预备编织,如图 2-4-102 所示,在需要绞花的位置先间色编织,下机后采用手工完型缝即可。图 2-4-103、图 2-4-104 分别为 5 扭 5 完型缝绞花织物意匠图和效果图。

三、搬针(搬揽)织物

搬针同绞花一样是有方向性的移圈。搬针织物俗称揽针织物、搬揽织物。其是依据花型要

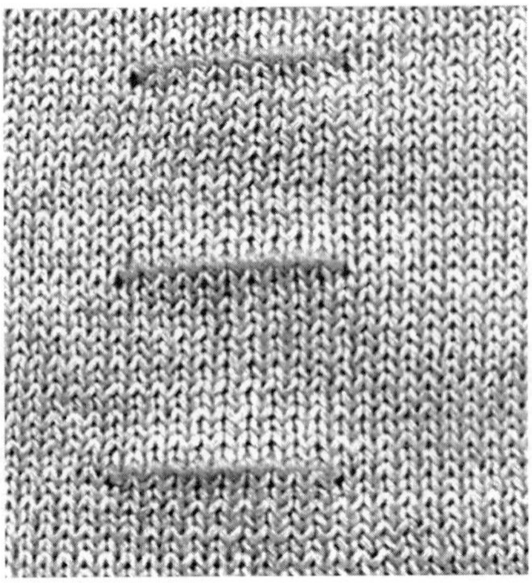

图 2-4-102　5 扭 5 绞花织物预备编织

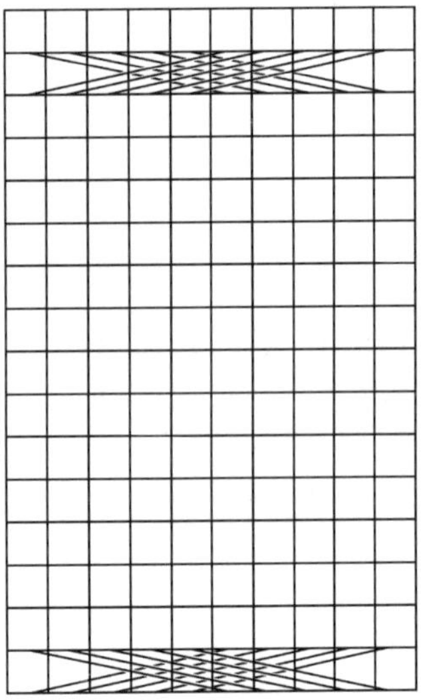

图 2-4-103　5 扭 5 完型缝绞花织物意匠图

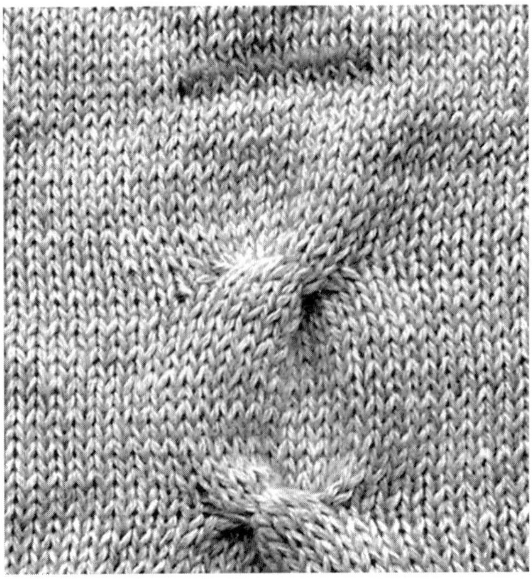

图 2-4-104　5 扭 5 完型缝绞花织物效果图

求，把某些相邻织针上的线圈，沿着相同的方向或者相反的方向在不同的纵行上相互移位而形成。其花型图案取决于线圈交换的针数、交换的组数、交换组数的配合、交换转数、交换次数等。

搬揽组织分为单面搬揽和双面搬揽。单面搬揽织物是具有单面线圈的搬揽织物；双面搬揽是具有双面线圈结构的搬揽织物。搬揽织物常用的有 2 枚针搬揽、4 枚针搬揽、6 枚针搬揽等线圈移位方式，在织物的表面形成如菱形、V 字形纵行花型图案。

双面搬揽又有两种形式：面针、底针同时搬揽和仅是面针搬揽。

(一)单面搬揽

1. 单面 2 枚针搬揽

图 2-4-105 是一种单面 2 枚针搬揽织物的意匠图，图 2-4-106 为其效果图。

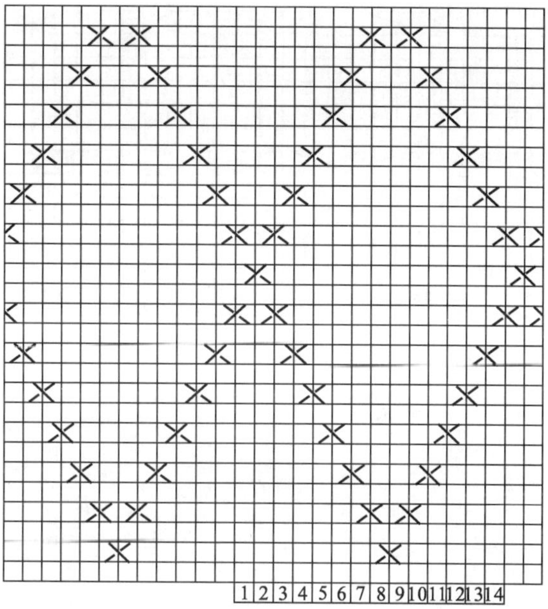

图 2–4–105　单面 2 枚针搬揽织物意匠图

(a) 正面

(b) 反面

图 2–4–106　单面 2 枚针搬揽织物效果图

该织物在单针床上编织，前针床纬平针起口。下面以一个花型为例介绍其编织方法：以第 9 针为面，将第 8 针、第 9 针上的线圈相互移位，编织一转。以第 8 针为面，将第 7 针、第 8 针上的线圈相互移位，以第 10 针为面，将第 9 针、第 10 针上的线圈相互移位，编织一转。依此类推，直至两菱形相交、两针重新汇合，才算完成花型。

2. 单面 6 枚针搬揽织物

图 2–4–107、图 2–4–108 分别为一种单面 6 枚针搬揽织物形成的意匠图和效果图。

该织物可以在单针床上编织，前针床纬平针起口。下面以一个花型为例介绍其编织方法：编织数转纬平针后开始搬揽，搬揽时使用三针式收针柄，6 枚织针为一组，先把 6 枚针扭绳（3 扭 3），编织 3 转。再把 6 枚针分 3 针向左，3 针向右扭绳（3 扭 3），编织 3 转，重复搬针操作，完成花

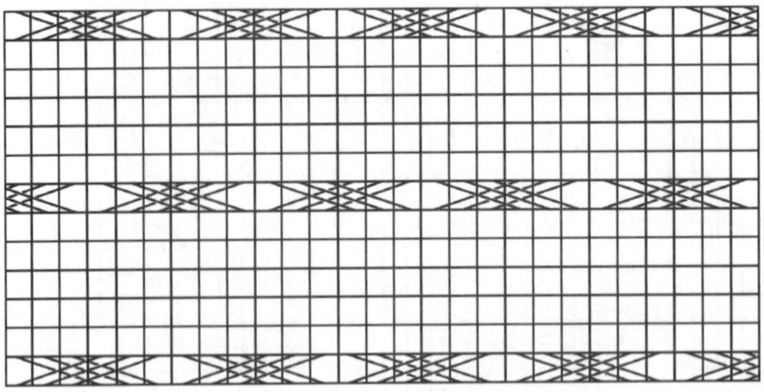

图 2-4-107 单面 6 针搬揽织物意匠图

(a) 正面　　(b) 反面

图 2-4-108 单面 6 枚针搬揽织物效果图

型图案一个循环的编织。

(二)双面搬揽织物

1. 双面 2 枚针搬揽织物

(1)双面 2 枚针搬揽织物(1):图 2-4-109 是一种双面 2 枚针搬揽织物意匠图,图 2-4-110 为其效果图。

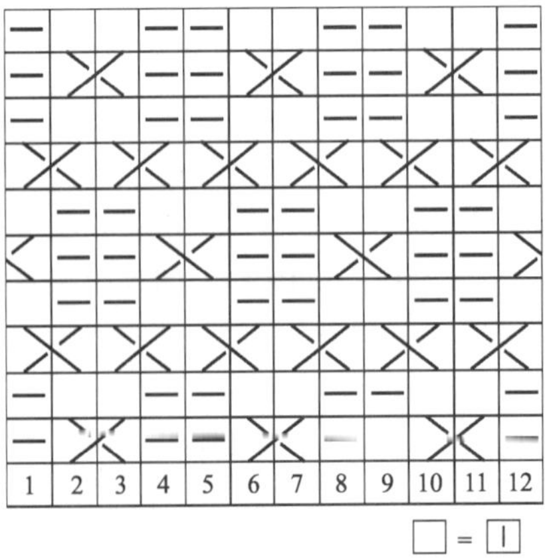

图 2-4-109 双面 2 枚针搬揽织物意匠图(1)

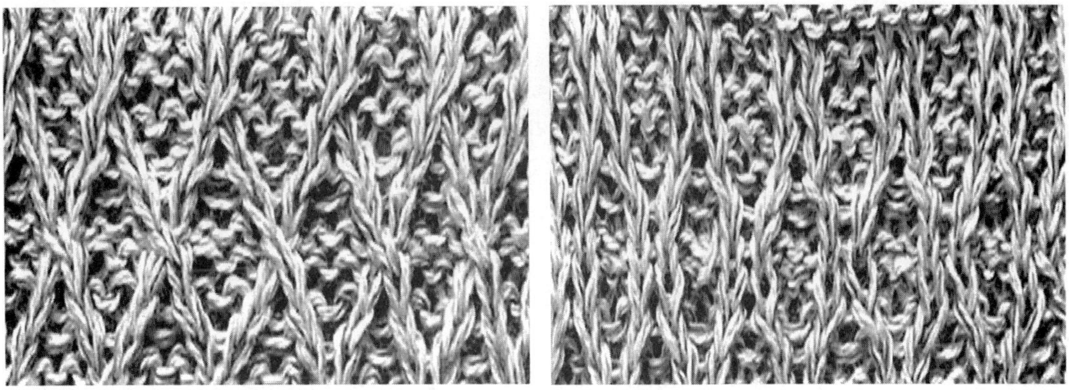

(a) 正面　　　(b) 反面

图 2–4–110　双面 2 枚针搬揽效果图(1)

编织方法:

该织物在双针床上编织,在前针床纬平针起口后,使用收针柄将 1 针、4 针、5 针、8 针、9 针、12 针上的线圈移到后针床织针里。将 2 针与 3 针,6 针与 7 针,10 针与 11 针, 以 2 针、6 针、10 针上的线圈为面,用单针式收针柄进行移圈,编织一转。将 1 针与 2 针,3 针与 4 针,5 针与 6 针,7 针与 8 针,9 针与 10 针,11 针与 12 针, 以 2 针、3 针,6 针、7 针,10 针、11 针上的线圈为面,进行移圈,编织一转。将 4 针与 5 针,8 针与 9 针,以 5 针、9 针上的线圈为面,用单针式收针柄移圈即可编织该织物。

(2)双面 2 枚针搬揽织物(2):图 2–4–111 是另一种双面 2 枚针搬揽织物的意匠图,图 2–4–112 为其效果图。

编织方法:

该织物在双针床上编织,在前针床纬平针起口后,将 2 针、3 针、4 针、5 针、7 针、8 针、11 针、12 针、14 针、15 针、16 针、17 针、19 针、20 针、23 针、24 针上的线圈移到后针床,编织一转。将 9

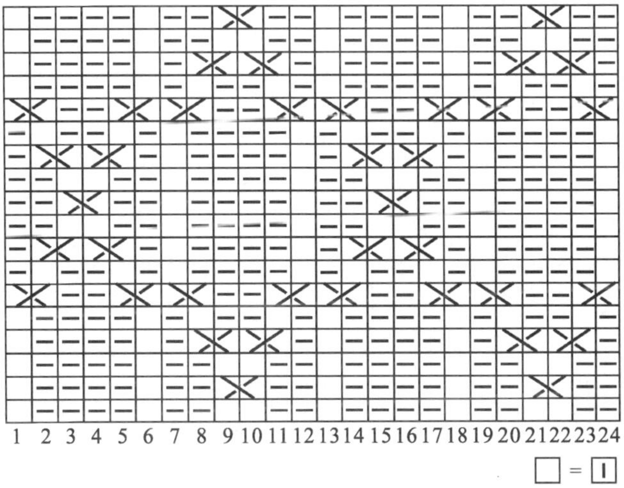

图 2–4–111　双面 2 枚针搬揽织物意匠图(2)

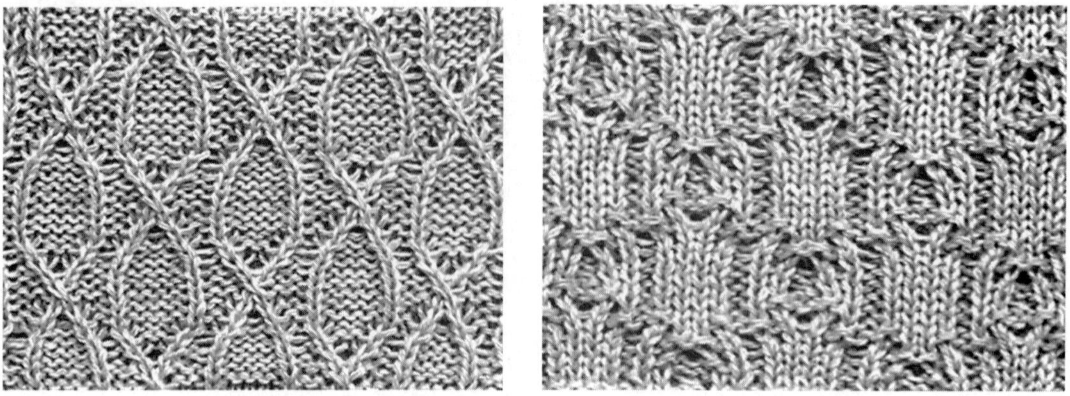

(a) 正面　　　　(b) 反面

图 2-4-112　双面 2 枚针搬揽织物效果图(2)

针与 10 针、21 针与 22 针上的线圈以 10 针、22 针为面进行移圈，编织一转。将 8 针与 9 针、10 针与11 针、20 针与 21 针、22 针与 23 针上的线圈以 9 针、10 针、21 针、22 针为面进行移圈，编织一转。按意匠图进行绞花直至两菱形相交，然后往回移动，到 2 枚针在中间重新汇合，才算完成花型。

(3)两枚针搬揽织物：图 2-4-113 是一种 2 枚针(移动两个针距)搬揽织物意匠图，图 2-4-114 为其效果图。

编织方法：

该织物在双针床上编织，在前针床纬平针起口后，使用收针柄将 7 针、15 针、23 针上的线圈移到后针床上，6 针与 8 针，14 针与 16 针，22 针与 24 针，以 8 针、16 针、24 针上的线圈为面，用单针式收针柄进行移圈，编织一转。5 针与 6 针，8 针与 9 针，13 针与 14 针，16 针与 17 针，21 针与 22 针上的线圈以 6 针、8 针、14 针、16 针、22 针、24 针为面，进行移圈，编织一转。1 针与 2 针，

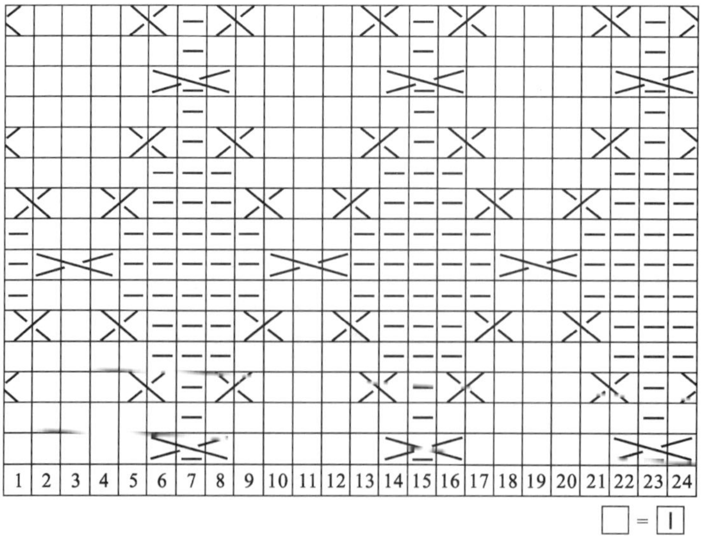

图 2-4-113　2 枚针(移动两个针距)搬揽织物意匠图

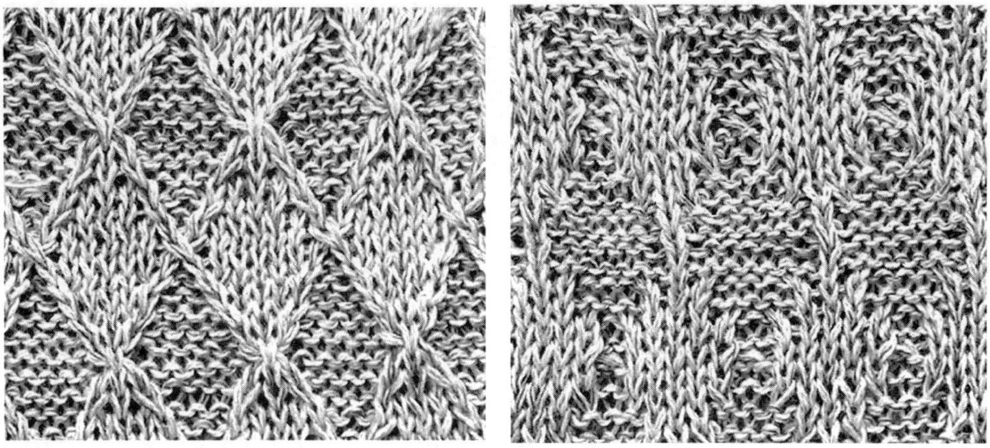

(a) 正面　　(b) 反面

图 2-4-114　2 枚针(移动两个针距)搬揽织物效果图

4 针与 5 针,9 针与 10 针,12 针与 13 针,17 针与 18 针,20 针与 21 针上的线圈以 1 针、5 针,9 针、13 针,17 针、21 针为面，用单针式收针柄移圈,编织一转。将 2 针与 4 针,10 针与 12 针,18 针与 20 针，以 4 针、12 针、20 针为面进行移圈,编织一转。

2. 双面 3 枚针搬揽织物

图 2-4-115 是一款双面 3 枚针搬揽织物的意匠图,图 2-4-116 为其效果图。

编织方法：

该织物在双针床上编织，前针床纬平针起口。下面以一个花型为例介绍其编织方法:编织一转纬平针后,先把前针床中间的 4 枚针扭绳(2 扭 2)。编织一转后开始搬揽,搬揽时使用双针式收针柄(2 支爪),把中间的 4 枚面针分两针向左、两针向右,分别将线圈套移在相邻的空针上，每次移动一个针距，脱套线圈的空针退出工作区不继续编织。同时,把后针床上的相对应的上述两枚针间的一枚上的线圈套出，向与面针相反的方向移动一个针距，保持两枚针相应的底针是空针,搬揽第一次,编织一转后,按照意匠图所示重复搬揽操作,至左右

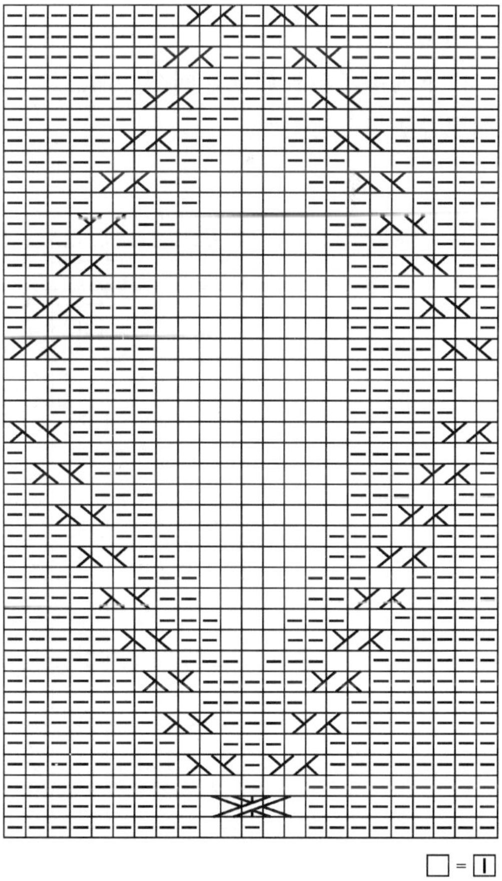

图 2-4-115　双面 3 枚针搬揽织物意匠图

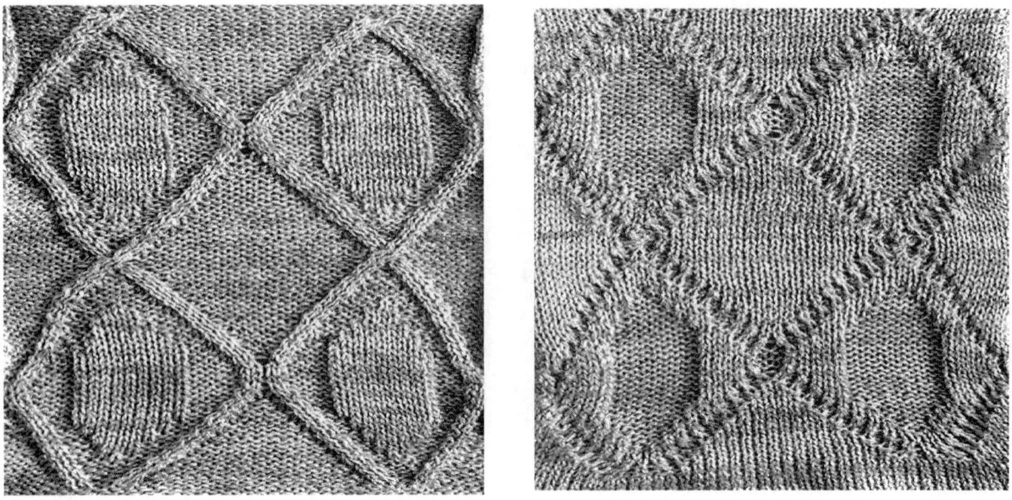

(a) 正面　　　　(b) 反面

图 2-4-116　双面 3 枚针搬揽织物效果图

两边各余一枚空针，然后往回移动，至两枚针在中间重新汇合，再扭绳一次，完成花型图案一个循环的编织。

以下列举了四种搬揽移圈织物的意匠图和效果图(图 2-4-117~图 2-4-124)供编织参考，其编织方法与上述类似。

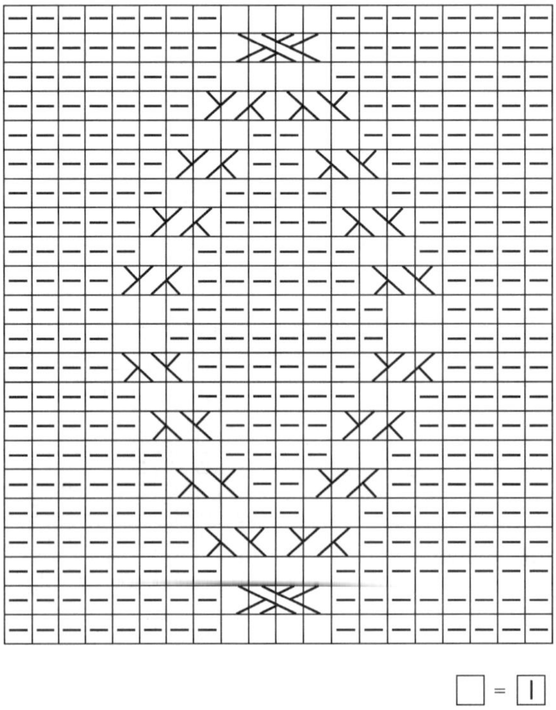

图 2-4-117　双面 3 枚针(面 2 枚针、底 1 枚针)搬揽织物意匠图

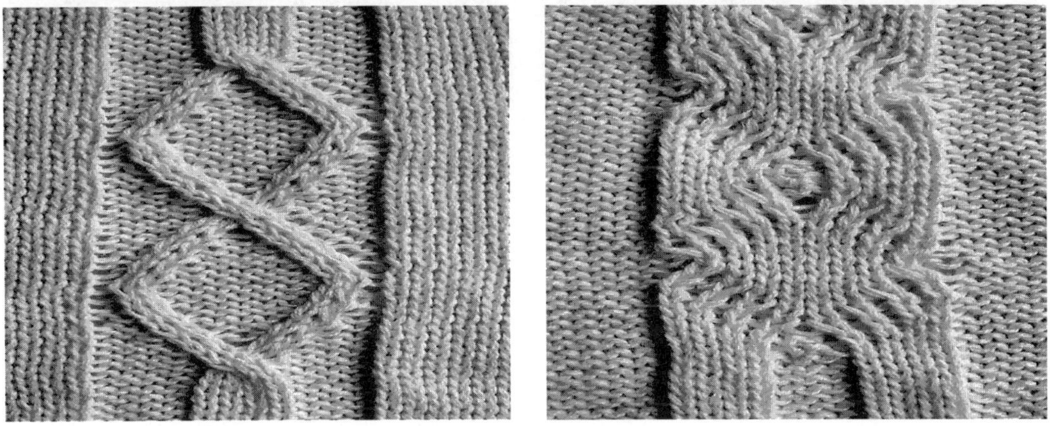

(a) 正面　　　　　　(b) 反面

图 2-4-118　双面 3 枚针(面 2 枚针、底 1 枚针)搬揽织物效果图

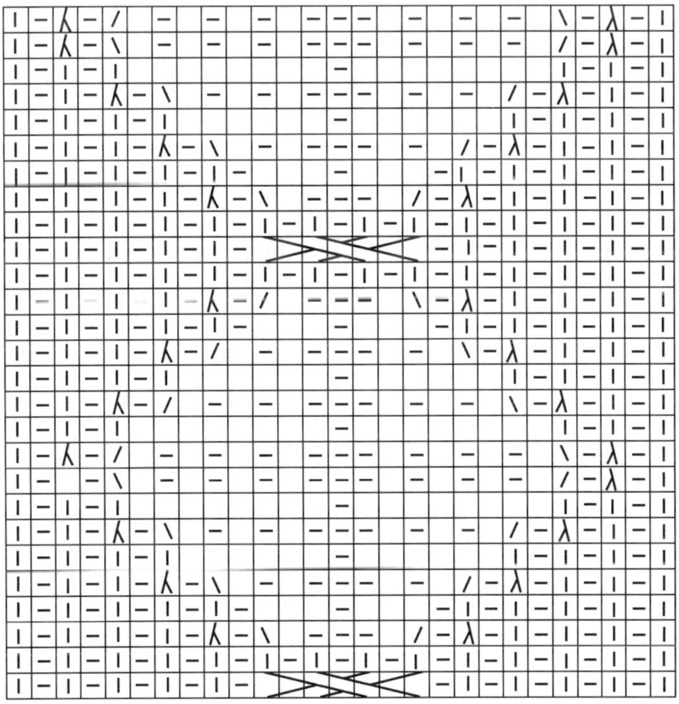

□ = 不织部分

图 2-4-119　2 枚针搬揽织物意匠图

(a) 正面　　(b) 反面

图 2-4-120　2 枚针搬揽织物效果图

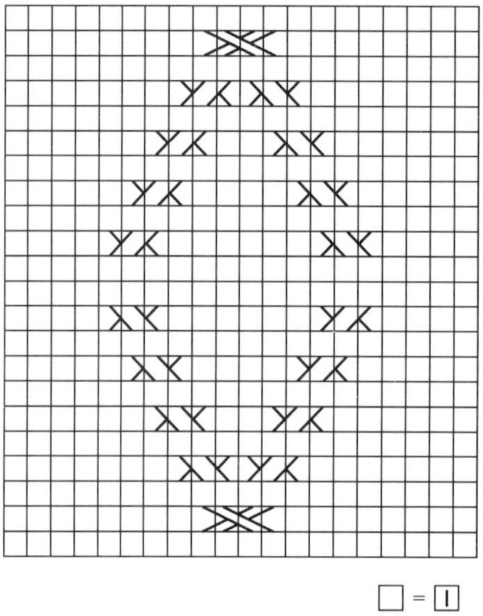

图 2-4-121　单面 3 枚针(面 2 枚针、底 1 枚针)搬揽织物意匠图

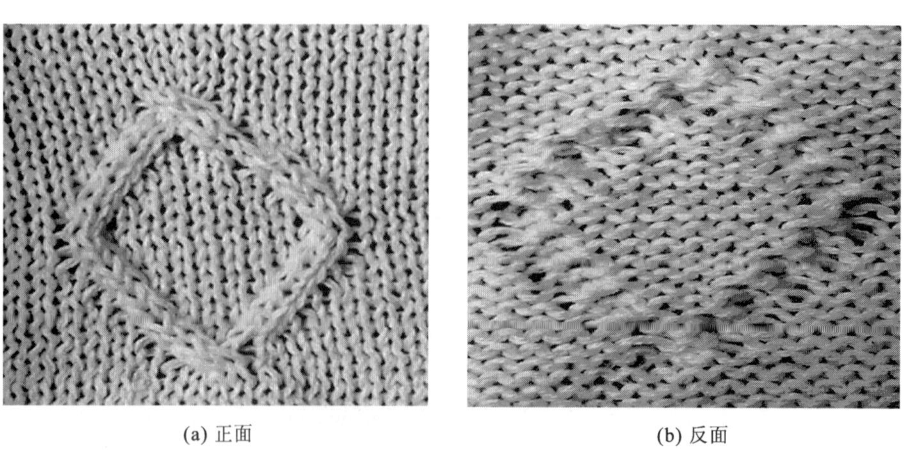

(a) 正面　　(b) 反面

图 2-4-122　单面 3 枚针(面 2 枚针、底 1 枚针)搬揽织物效果图

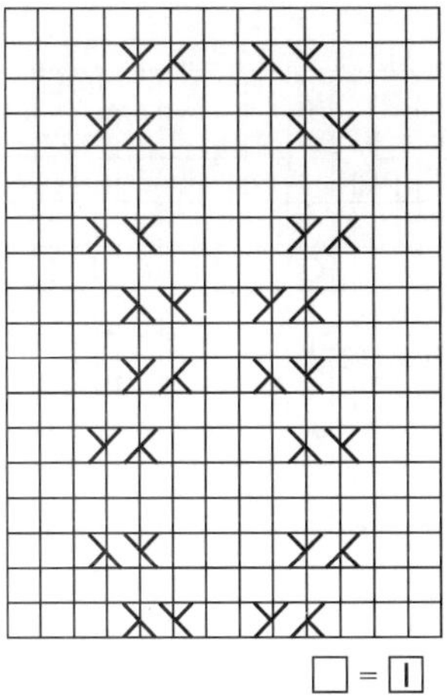

图 2-4-123　单面 3 枚针搬揽织物意匠图

(a) 正面

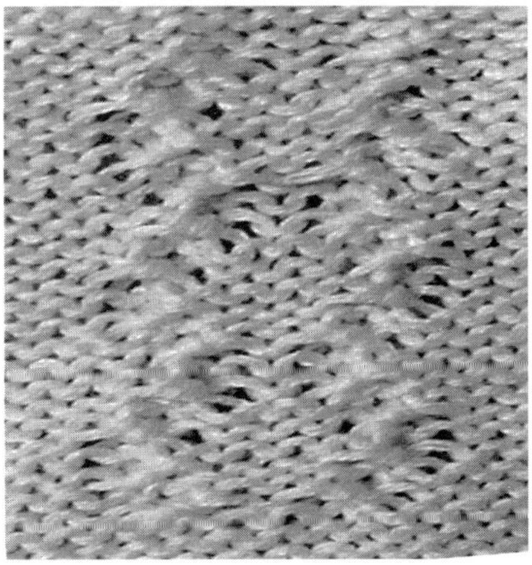

(b) 反面

图 2-4-124　单面 3 枚针搬揽织物效果图

四、空格移圈织物

空格移圈是指在原有线圈横列的基础是上加入织针或减少织针进行编织的移圈织物，是一种新的移圈形式，其是依据花型要求，在某些织针中间加入新的织针或让工作中的织针退出工作区，使织物在边缘位置变宽或变窄的一种移圈织物。

空格移圈在手摇横机上编织虽然有些繁杂，但是在电脑横机上编织则容易实现。空格移圈花型图案取决于空格的针数、编织的横列数。空格移圈可在织物的表面边缘形成各种花型图案。图 2-4-125、图 2-4-126 分别为一种应用空格移圈编织的扇形织物意匠图和效果图。

图 2-4-127、图 2-4-128 分别为一种应用空格移圈在边缘形成波纹形织物的意匠图及效果图。

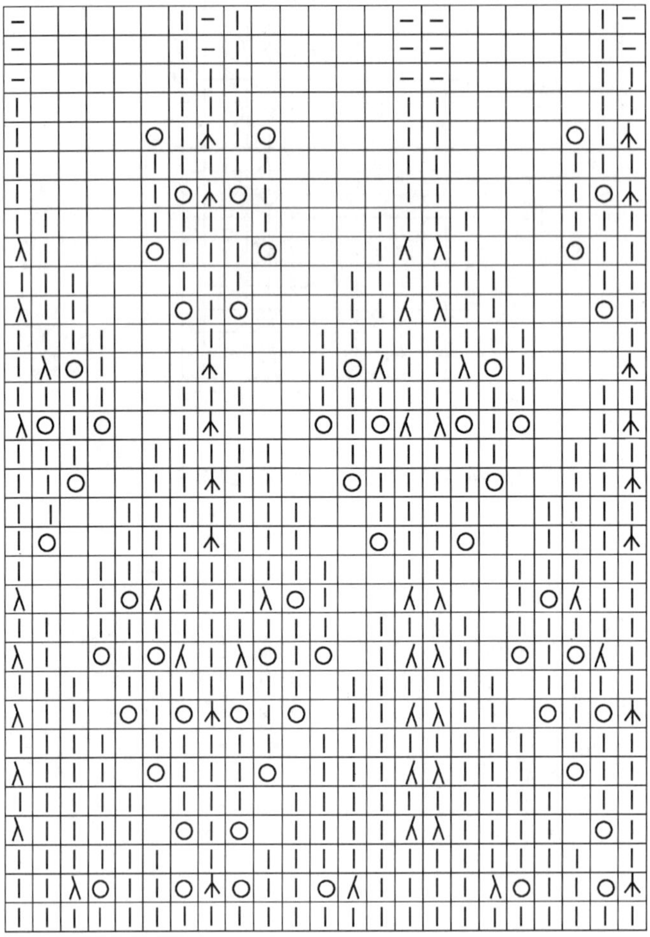

□=不织部分

图 2-4-125　扇形织物意匠图

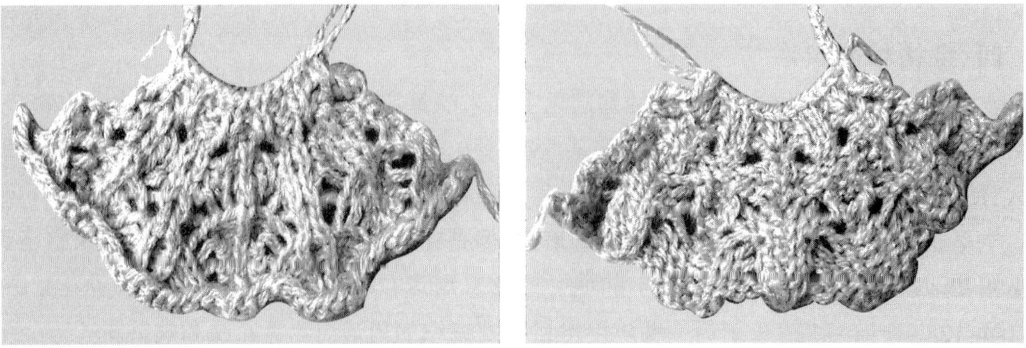

(a) 正面　　(b) 反面

图 2-4-126　扇形织物效果图

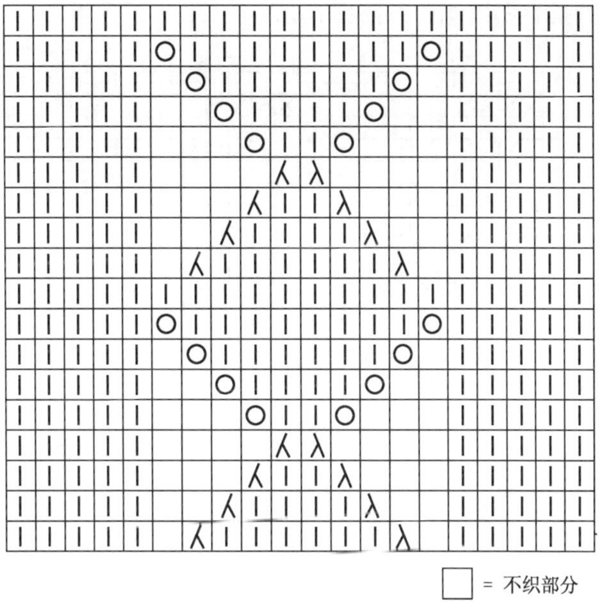

图 2-4-127　波纹形织物意匠图

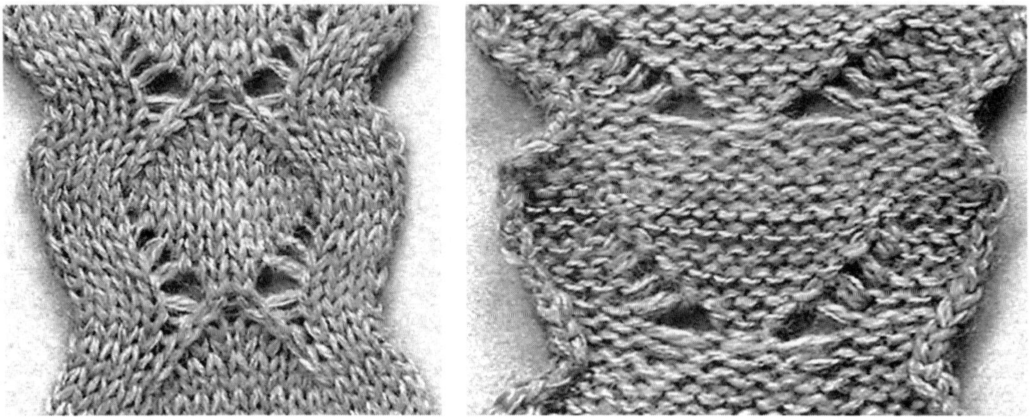

(a) 正面　　(b) 反面

图 2-4-128　波纹形织物效果图

五、挑针移圈织物

挑针移圈也称挑针编弧移圈，是在原有线圈横列的基础上挑起相邻一枚织针上的针编弧，放入到无线圈的织针里进行编织的移圈织物。其是一种新的移圈形式，常配置挑孔组织以增加其花型效果。挑针移圈在手摇横机上编织并不繁杂，其花型图案取决于挑针的针数、编织的横列数。

挑针移圈可在织物的表面形成各种花型图案。在单、双针床上都可以编织。

挑针移圈有使织物变宽的特点，适当的在织物的边口配置挑针移圈可编织出花边形的织物形状。

图 2-4-129 是一种挑针移圈织物意匠图，图 2-4-130 为其效果图。

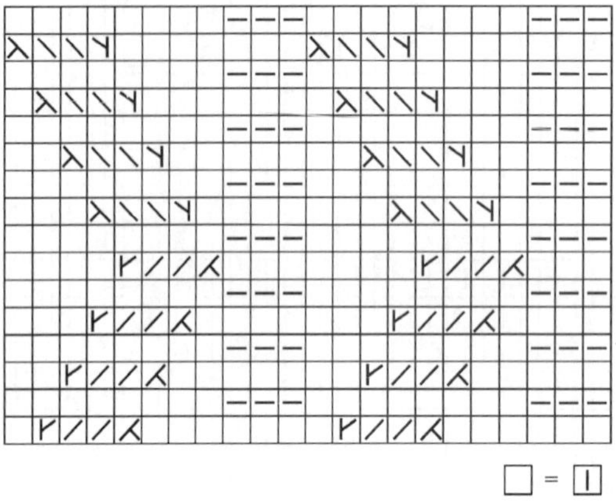

图 2-4-129 挑针移圈织物意匠图

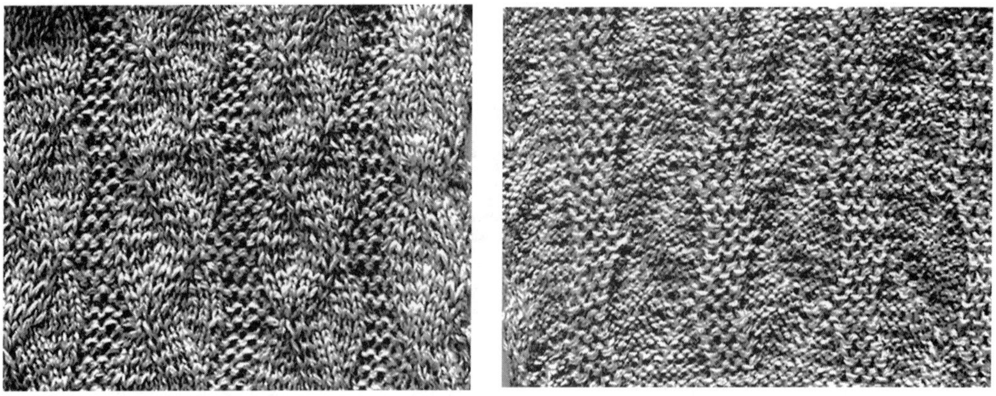

(a) 正面　　(b) 反面

图 2-4-130 挑针移圈织物效果图

六、套收针移圈织物

套收针移圈是在原有线圈横列的基础上采用套收针的方法进行编织的一种移圈织物，是一种新的移圈形式。其是依据花型要求，在某些织针中以套收针形成孔眼的一种移圈形式。套针移圈可在织物的表面形成各种花型图案，其花型图案取决于套收的针数、编织的横列数，在单、双针床上都可以编织。图 2-4-131、图 2-4-132 分别为一种套收针移圈织物的意匠图及效果图。

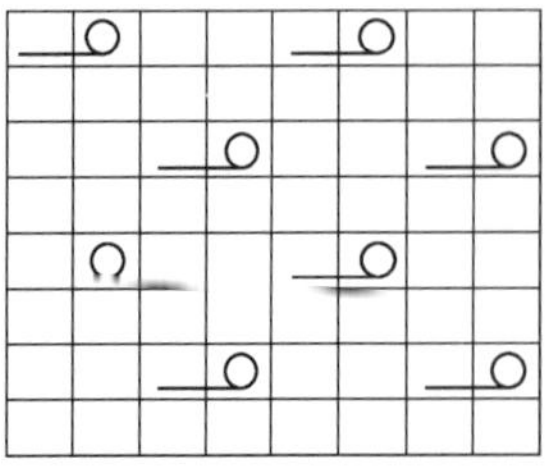

图 2-4-131 套收针移圈织物意匠图

七、浮线在前移圈织物

浮线在前移圈是在纬平组织的基础上，采用暂停某些织针编织而形成的一种织物。

(a) 正面　　(b) 反面

图 2-4-132　套收针移圈织物效果图

(1)浮线在前(半转)移圈织物：图 2-4-133 和 2-4-134 分别为浮线在前(半转)移圈织物的意匠图和效果图。

编织方法：

该织物在双针床上编织，前针床纬平针起口，编织两转后，把前针床的每隔一针转移到后针床三针，关闭前针床起针三角(不工作)，后针床编织半转。把所有线圈转到前针床，在前针床编织两转。循环以上步骤即可编织出该织物。

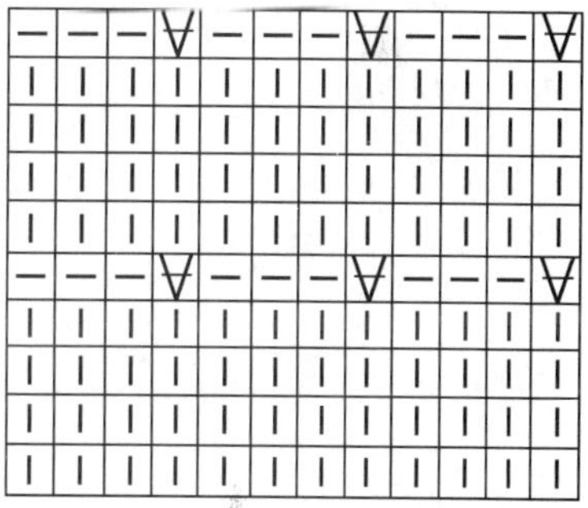

图 2-4-133　浮线在前(半转)移圈织物意匠图

(a) 正面　　(b) 反面

图 2-4-134　浮线在前(半转)移圈织物效果图

(2)浮线在前(3 转)移圈织物：图 2-4-135 和图 2-4-136 分别为浮线在前(3 转)移圈织物的意匠图和效果图。

编织方法：

该织物在双针床上编织，前针床纬平针起口，所有织针在前针床织 1 转。从织物的第一针开

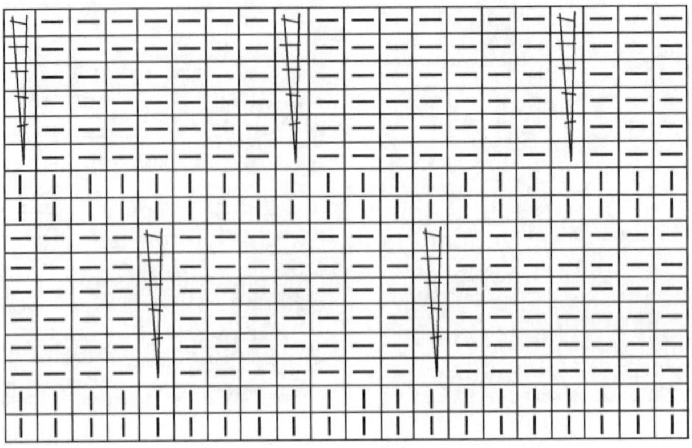

图 2-4-135　浮线在前(3 转)移圈织物意匠图

(a) 正面

(b) 反面

图 2-4-136　浮线在前(3 转)移圈织物效果图

始,每隔7针把1针的线圈留在前针床,其余织针转移到后针床。关闭前针床起针三角(不工作),后针床织3转。把所有织针转到前针床,编织1转。从织物的第4针开始,每隔7针把1针的线圈留在前针床,其余织针转移到后针床。关闭前针床三角(不工作),后针床织3转。如此循环便可编织出该织物。

(3) 单针床编织的浮线在前移圈织物:图2-4-137、图2-4-138分别为一种单针床编织的浮线在前移圈织物的效果图。

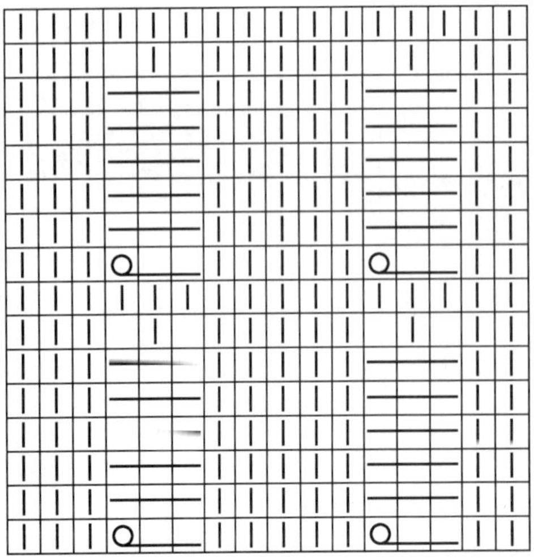

图 2-4-137　单针床编织浮线在前移圈织物意匠图

八、复合移圈织物

复合移圈是根据花型要求，把各种移圈方式

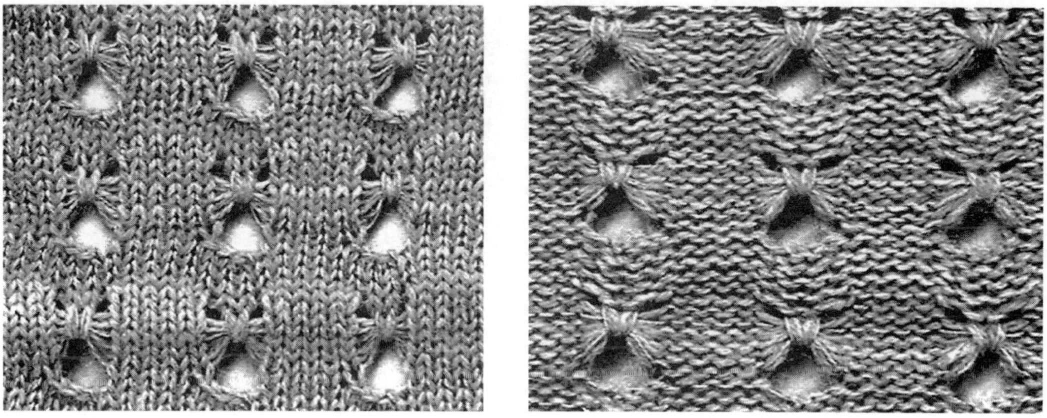

(a) 正面　　(b) 反面

图 2-4-138　单针床编织浮线在前移圈织物效果图

相互组合进行的一种编织方式。

(1)挑孔与正反面组合移圈织物：图 2-4-139 和图 2-4-140 分别为一种挑孔与正反面组合移圈织物的意匠图和效果图。

编织方法：

该织物在双针床上编织，前针床纬平针起口，第一横列左边 8 针中有 4 针挑孔，将第 2 针、4 针、6 针、8 针分别移动到第 1 针、3 针、5 针、7 针上，右边 8 针正常编织；第二横列左边正常编

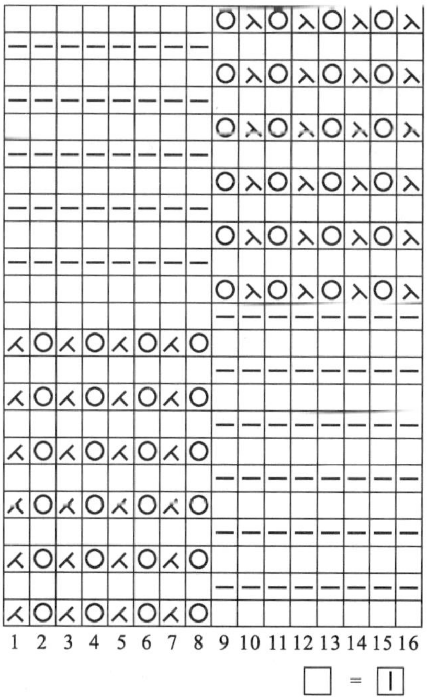

图 2-4-139　挑孔与正反面组合移圈织物意匠图

(a) 正面　　(b) 反面

图 2-4-140　挑孔与正反面组合移圈织物效果图

织，右边 8 枚织针全部转移到后针床，同时把前针床的织针退出工作区。第三横列左边挑孔，右边的织针从后针床转移到前针床，后针床不编织，恢复到第一横列的编制状态。依此编织六个循环。编织完六个循环后，将左右两边的编织调换，左边进行前后针床的编织转移，右边则进行挑孔，把第 9 针、11 针、13 针、15 针分别转移到第 10 针、12 针、14 针、16 针上，再编织六个循环，则完成花型编织。

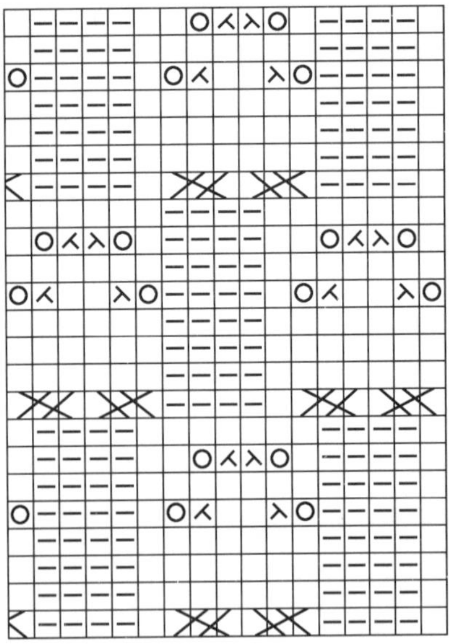

图 2-4-141　挑孔、令士与绞花组合织物意匠图

(2)挑孔、令士与绞花组合移圈织物：图 2-4-141 和图 2-4-142 分别为一种挑孔、令士与绞花组合移圈织物的意匠图和效果图。

(3)绞花与挑孔组合移圈织物：图 2-4-143 是一种绞花与挑孔组合移圈织物意匠图，图 2-4-144 为其效果图。

编织方法：

该织物在双针床上编织，在前针床纬平起口。下面以一个花型为例介绍其编织方法：先将 13~18 针上的线圈转移到后针床，该位置前针床织针退出工作区，编织一转，然后用单针式收针柄把第 5 针上的线圈转移到后针床上，用双针式收针柄把第 3 针、4 针转移到第 4 针、5 针上，再把转移到后针床上的线圈移回到第 5 针上，编织半转；把后针床 13~18 针相对应的前针床推上三枚织针，辅助编织半转，把之前推上去的织针线圈退掉，以便扩大线圈，为后针床的绞花做准备。第二转把第 6 针上的线圈转移到后针床上，同时用双针式收针柄把第 4 针、5 针上的线圈转移到第 5 针、6 针上，把移到后针床上的线圈移回到第 6 针上，并用三针式的收针柄对后针床 13~18 织针进行 3 扭 3 绞花，编织一转。下一个横列与第一、二横列的编织类似，只是把移圈的位置往前推进一针，直到完成第五个循环后，把后针床 13~18 织针相对应的前针床推上三枚织针，编织半转，把之前推上去的织针线圈退掉，以便扩大线圈，为后针床的下一个绞花做准

(a) 正面

(b) 反面

图 2-4-142　挑孔、令士与绞花组合织物效果图

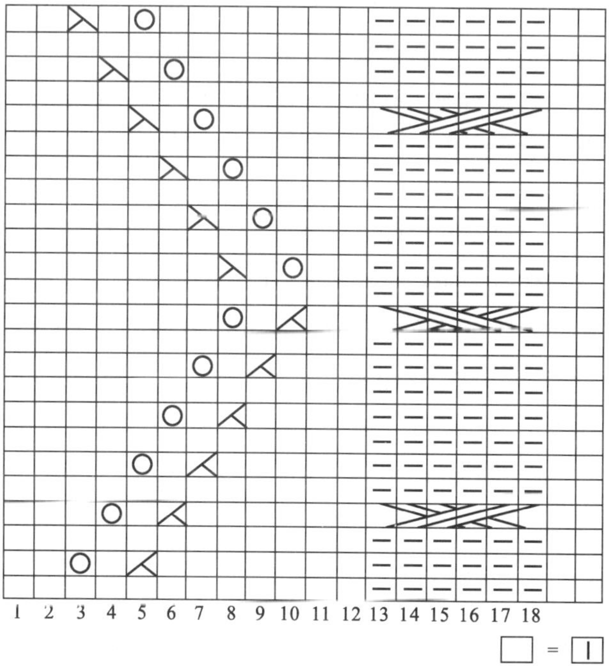

图 2-4-143　绞花与挑孔组合移圈织物意匠图

备。下一横列把第 10 针上的线圈转移到后针床上，同时用双针式收针柄把第 8 针、9 针的线圈移到第 9 针、10 针上，把后针床位置的线圈移回到 10 织针上，同时在后针床 13~18 进行 3 扭 3 绞花。完成绞花后再把往右移的线圈往左移，与之前的方向相反。如此循环便可编织出该织物。

(a) 正面

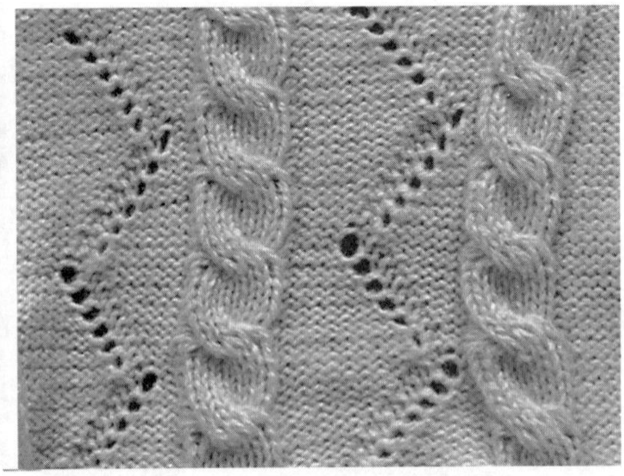
(b) 反面

图 2-4-144　绞花与挑孔组合移圈织物效果图

第五节　集圈类织物编织实际操作

在针织物的某些线圈上，除套有一个封闭的旧线圈外，还有一个或几个悬弧，这种组织称为集圈组织，由这种组织编织成的织物称为集圈织物。依据形成集圈的方法不同，集圈又分畦编和胖花。畦编有半畦编、全畦编两种。我国南方把胖花称之为打花。

在羊毛衫生产中，常在罗纹组织的基础上编织畦编织物。采用不脱圈集圈方法：把弯纱三角调节到不脱圈的位置，套圈后织针沿针槽下降的深度不足以使旧的线圈脱套，仍然在织针的针钩里，新纱线作了部分的弯曲或含在织针的针钩里，待下一个成圈循环开始一起退到针杆上，在针钩外集合，新线圈形成时穿过旧线圈与作了部分的弯曲或含在织针的针钩里纱线，形成集圈。

编织时，弯纱三角处于不脱圈的位置称为集圈位置。在横机上集圈位置有一个范围，在集圈位置的范围内都可以编织集圈组织，在集圈位置与成圈位置的临界点新线圈弯纱，旧线圈在不脱圈的临界点上，可以编织集圈。在集圈位置的最高点上，新的纱线含在织针的针钩里，呈直线条，可以编织集圈。在不同的集圈位置，编织的集圈织物的外观有所不同。因此，在编织前机头要带纱进行集圈位置的调试。

一、全畦编织物

全畦编又称柳条、双鱼鳞、双元宝。编织全畦编是以罗纹组织为基础，两个针床上的工作织针编织与集圈交替而成。下面分别介绍 1+1 罗纹全畦编、满针罗纹全畦编、2+2 罗纹全畦编的编织方法。

1. 1+1 罗纹全畦编织物

1+1 罗纹全畦编是以 1+1 罗纹组织为基础，前针床与后针床的工作织针编织与集圈相互交替而成。图 2-5-1 为 1+1 罗纹全畦编织物的线圈结构图，图 2-5-2 为其编织图，图 2-5-3 为其效果图。

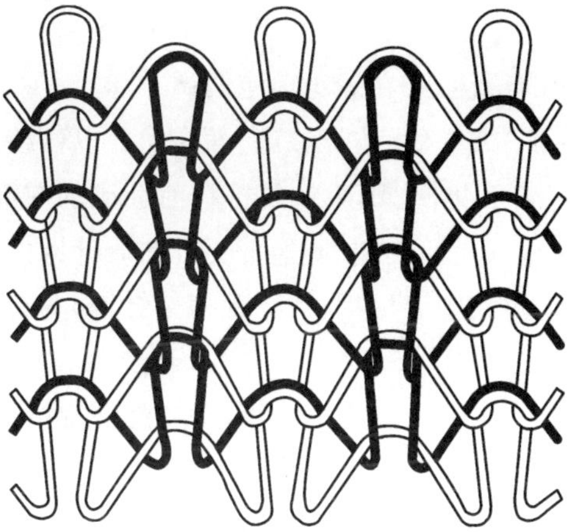

图 2–5–1　1+1 罗纹全畦编线圈结构图

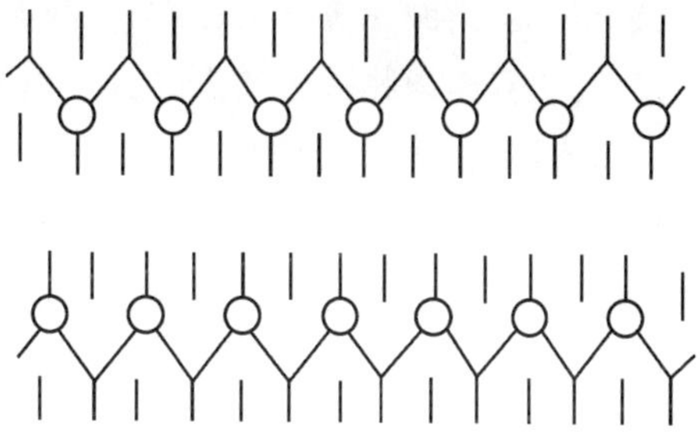

图 2–5–2　1+1 罗纹全畦编编织图

(a) 正面

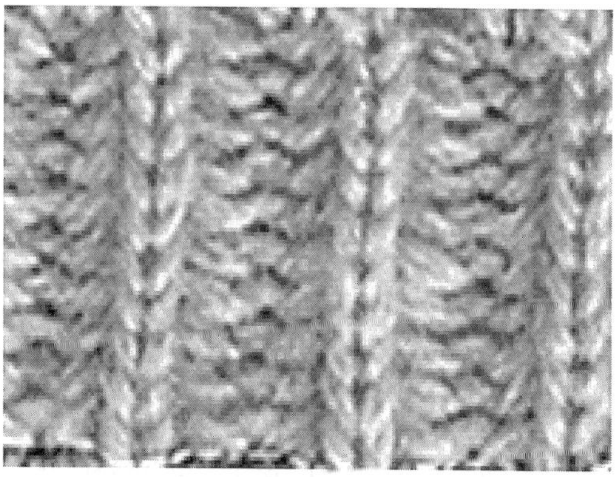

(b) 反面

图 2–5–3　1+1 罗纹全畦编织物效果图

编织方法：

该织物在横机的双针床上编织，排针方式如图 2–5–2 所示，把对角线上的两个弯纱三角 1、3(或者弯纱三角 2、4)置于最佳集圈位置，开启全部起针三角。机头自右向左移动，后针床的织针在弯纱三角 2 的作用下弯纱成圈编织线圈，而前针床的织针，由于弯纱三角 1 在集圈位置，因此使织针退圈并在垫上新的纱线后，不能脱圈，进而编织集圈。当机头自左向右移动时，前针床的织针在起针三角 1 的作用下起针，旧线圈与前一横列刚垫入的纱线(部分弯曲的或含在织针的针钩里纱线)一起退到织针的针杆上，织针垫上新纱线，在弯纱三角 4 的作用下弯纱成圈，这时后针床的织针编织成圈，这样就编织了一个循环的全畦编组织。编织时，交替在一个针床的织针上形成集圈，在另一个针床的织针上形成成圈。如此循环，即可编织 1+1 罗纹全畦编织物。1+1 罗纹全畦编织物的底与面结构相同。

编织附加说明：

(1)横机上集圈位置有最佳点，不同的纱线有不同的最佳点，在编织前应调试。

(2)对于双面织物排针的方式有一个原则：边针在面，底先织；边针在底，面先织。以弯纱三角1编织集圈，则边针要排在后针床的左边；以弯纱三角2集圈，则边针要排在前针床的左面；以弯纱三角3集圈，则边针要排在前针床的右边；以弯纱三角4集圈，则边针要排在后针床的右边。这样的排针方式可以有效的防止边针的脱落，否则每编织一横列，边针漏掉一针，影响编织的顺利进行。

(3)若采用弯纱三角2、4集圈，适宜调低弯纱三角1、3，且放松1、3的弯纱三角，以减小纱线的张力。

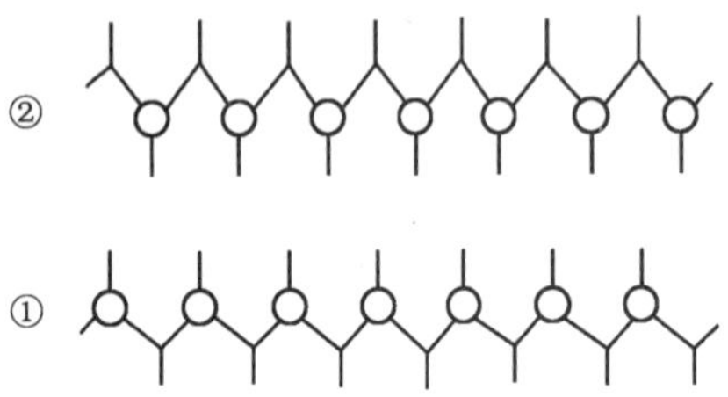

图 2-5-4　满针罗纹全畦编编织图

2. **满针罗纹全畦编织物**

满针罗纹全畦编又称为满针柳条，是以满针罗纹组织为基础，前针床与后针床的工作织针编织成圈线圈与集圈线圈相互交替而成。图 2-5-4 为满针罗纹全畦编织物的编织图，图 2-5-5 为其效果图。

编织方法：

满针罗纹全畦编编织方法与1+1罗纹全畦编基本相同，不同点在于排针：满针罗纹全畦编以满针方式排针。

(a) 正面　　(b) 反面

图 2-5-5　满针罗纹全畦编织物效果图

3. **2+2 罗纹全畦编织物**

2+2罗纹全畦编是以2+2罗纹组织为基础，前针床与后针床的工作织针编织与集圈相互交替而成。图 2-5-6 为其编织图，图 2-5-7 为其效果图。

其编织方法与满针罗纹全畦编、1+1罗纹全畦编基本相同，不同点在于排针：排针方式如图 2-5-6 所示。

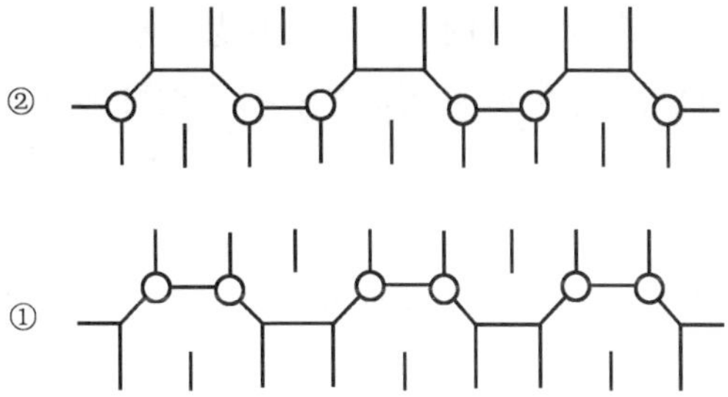

图 2–5–6　2+2 罗纹全畦编编织图

图 2–5–7　2+2 罗纹全畦编织物效果图

4. 荷叶边织物

全畦编织物的底与面结构相同，每一正、反面线圈上都有一个悬弧，线圈与悬弧在织物的正、反面一隔一交替排列。由于悬弧的横向扩张作用，畦编织物比罗纹织物具有较大的幅宽。应用畦编扩张而罗纹收缩的织物特性可以编织荷叶边织物。图 2–5–8 为荷叶边织物的编织图，图2–5–9 为其效果图。

编织方法：

编织时，先编织满针罗纹全畦编数转，然后翻针移圈编织罗纹即可。

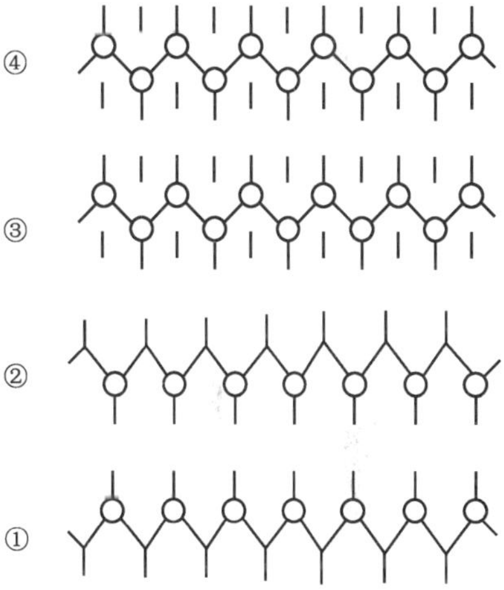

图 2–5–8　荷叶边织物编织图

图 2–5–9　荷叶边织物效果图

二、半畦编织物

横机上编织半畦编织物是以罗纹组织为基础，一个针床上的工作织针在某些横列集圈，另一个针床工作织针正常编织而形成。依据含有的悬弧数不同，常用的半畦编有两种形式：珠地和菠萝花。

1. 珠地织物

珠地(又称为单元宝、单鱼鳞)俗称半转打花半转平，即编织半转集圈再编织半转罗纹，循环编织而成。图 2-5-10 为其编织图，图 2-5-11 为其效果图。

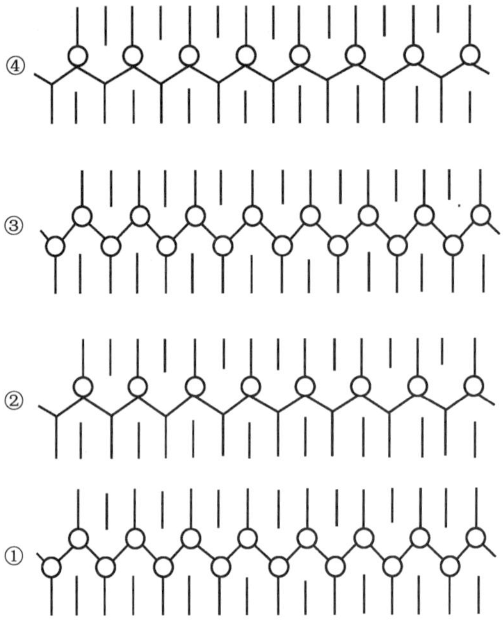

图 2-5-10　珠地织物编织图

(a) 正面　　(b) 反面

图 2-5-11　珠地织物效果图

编织方法：

编织方法一：该组织在横机的双针床上编织，把弯纱三角 1(或 4)置于最佳集圈位置，开启全部起针三角。机头自右向左移动，这时后针床的织针编织成圈线圈，由于弯纱三角 1 在集圈位置，前针床的织针退圈并在垫上新的纱线后不能脱圈，进而编织集圈。当机头自左向右移动时，前针床的织针在起针三角 1 的作用下起针，旧线圈与前一横列刚垫入的纱线(部分弯曲的或者含在织针的针钩里纱线)一起退到织针的针杆上，织针垫上新纱线，在弯纱三角 4 的作用下成为成圈线圈。后针床的织针编织成圈线圈，这样编织了一个循环的半畦编组织。按此方法编织，即可编织集圈织物珠地。半畦编织物的底与面结构不相同。

编织附加说明：

编织珠地组织时，如弯纱三角 1 的字码调紧，则把弯纱三角 4 的字码相对调松，则珠地的效果更加明显。

编织方法二：采用打花的形式编织。面包底开针，在后针床一隔一排高脚(高踵)短舌针、在前针床一隔一排矮脚(低踵)短舌针，针床相对，织针以面包底的开针形式呈现(参见第三章第一节)。将弯纱三角 1 字码调紧，弯纱三角 4 字码相对调松，把打花手柄向右扳，编织半转，再把打花手柄向左扳回，编织半转，即可编织珠地组织。

2. *菠萝花织物*

菠萝花俗称一转打花一转转平，即编织一转集圈再编织一转罗纹重复循环编织而成。图 2-5-12 为其编织图、图 2-5-13 为其效果图。

编织方法：

编织方法一：在后针床一隔一排高脚(高踵)短舌针，在前针床一隔一排矮脚(低踵)短舌针，针床相对，织针以面包底的排针形式呈现(参见第三章第一

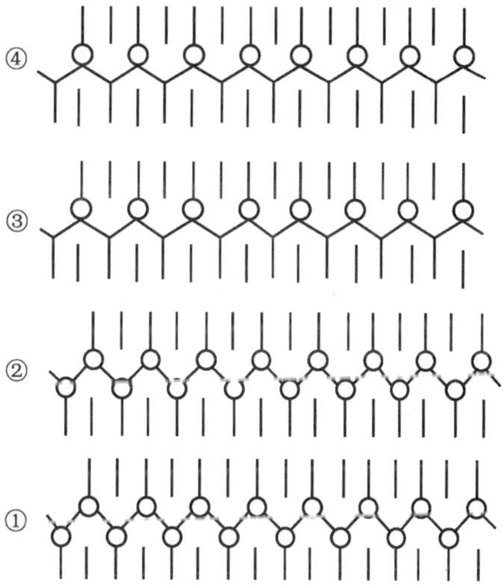

图 2-5-12　菠萝花编织图

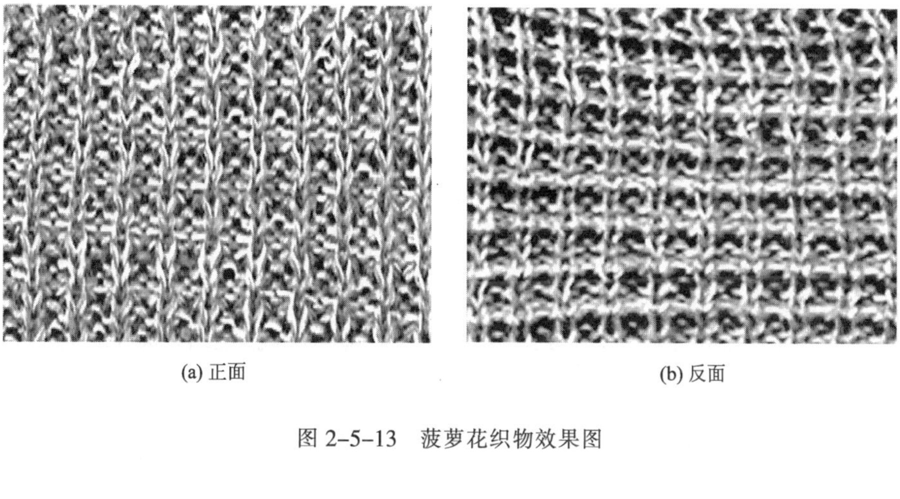

(a) 正面　　(b) 反面

图 2-5-13　菠萝花织物效果图

节)。将弯纱三角1字码调紧,弯纱三角4字码相对调松,把打花手柄向右扳,编织一转,再把打花手柄向左扳回编织一转,即可编织菠萝花。

编织方法二:在前、后针床一隔一排普通织针,针床相对,织针以面包底的排针形式呈现(参见第三章第一节)。将弯纱三角1、4字码调紧,编织一转;将弯纱三角1、4字码调为正常,编织一转,也可编织菠萝花。

三、打花(胖花)织物

打花织物在横机上是采用无退圈法编织成的集圈织物。根据线圈不退圈垫纱的次数,打花组织分为单列、双列以及多列等集圈形式。在横机上可选用高踵针(高脚短舌针)、低踵针(矮脚短舌针)、高踵长舌针(高脚长舌),然后通过各种排列,以及调整各三角的不同位置,可以编织各种花色的打花织物。在横机上编织的打花组织有单面和双面之分,应用最多的为单面打花织物。单针床单面集圈织物,一般以前针床编织最多,其花型变化较多,是应用最为广泛的花色之一。横机上通过控制打花手柄的位置和编织转数进行打花,打花有两种方式:二级打花、三级打花。

1. 二级打花织物

(1)单面二级打花织物:在针床上除了可以排有普通的织针外,还排有高脚短舌针,控制打花手柄的位置使普通织针集圈,高脚短舌针成圈。

图2-5-14为一种单面二级打花织物的效果图。

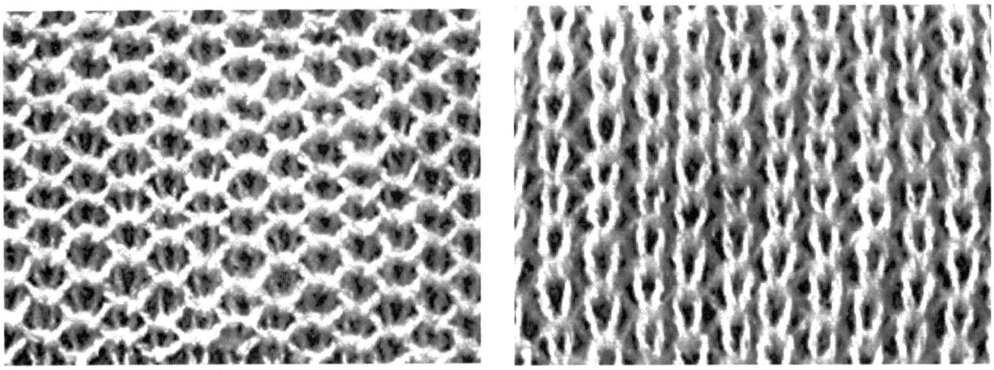

(a) 正面　　(b) 反面

图2-5-14　单面二级打花织物效果图(1)

编织方法:

该组织在单针床上编织,前后针床均可编织,此处在前针床上进行编织。织针的排针为:高脚短舌针、矮脚短舌针间隔排针,织针2、4、6、8为矮脚短舌针,织针1、3、5、7为高脚短舌针。编织时开启起针三角1、4,关闭起针三角2、3,或者把后针床的织针全部置于停针区。把打花手柄向右扳,高脚短舌针编织纬平针线圈,矮脚短舌针集圈,编织半转,再把打花手柄向左扳回,高脚织针、矮脚织针都编织成圈线圈,编织半转。如此循环即可编织此组织织物。此组织织物通常底做面来使用。为了防止在编织集圈时出现掉边针,影响编织的顺利进行,通常把边针排成高脚短舌针。

图 2-5-15 为另一种二级打花织物的效果图。

(a) 正面　　(b) 反面

图 2-5-15　二级打花织物效果图(2)

(2)间色打花织物：打花编织时应用集圈的排列和使用不同的色纱，可使织物的表面具有图案花色效应。图 2-5-16、图 2-5-17 分别为一种间色打花织物意匠图和效果图。

编织方法：

间色打花在前针床上进行编织。织针的排针为：高脚短舌针和矮脚短舌针间隔排针，织针 2、4、6、8 为矮脚短舌针，织针 1、3、5、7 为高脚短舌针。编织时开启起针三角 1、4，关闭起针三角 2、3，或者把后针床的织针全部置于停针区。把打花手柄向右扳，机头导纱嘴带 A 色纱，编织一转集圈，再把打花手柄向左扳回，机头导纱嘴带 B 色纱，编织 2 转。如此循环即可编织此组织织物。此组织织物通常底作面来使用。

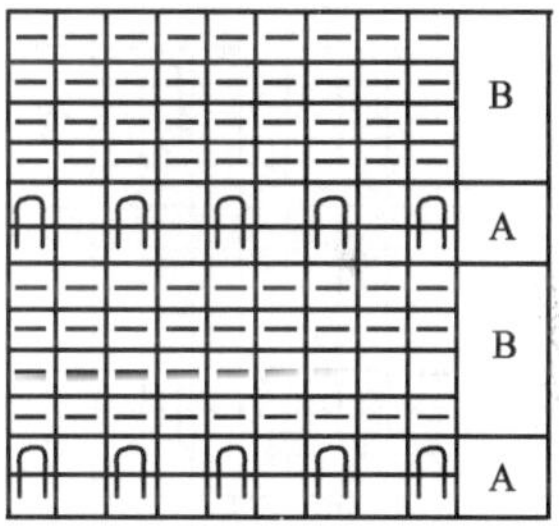

AB两色

图 2-5-16　间色打花织物意匠图

(a) 正面　　(b) 反面

图 2-5-17　间色打花织物效果图

(3)打花纵条织物：应用打花可以编织纵条织物，图 2–5–18 为应用打花间色编织的一种打花纵条织物的效果图。

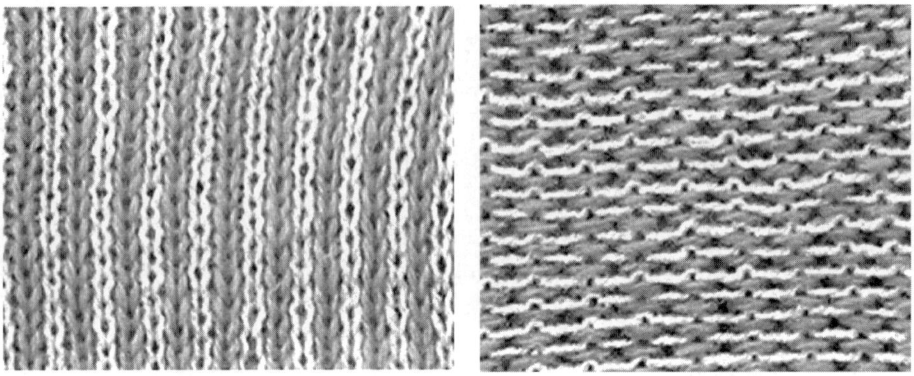

(a) 正面　　(b) 反面

图 2–5–18　打花纵条织物效果图

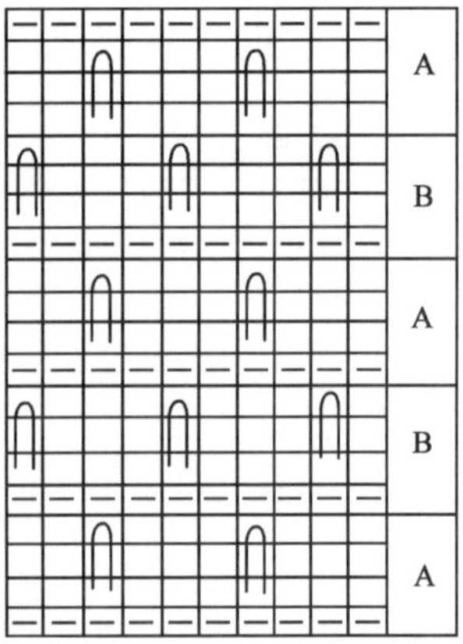

图 2–5–19　三级打花织物意匠图

2. 三级打花织物

在针床上除了排有普通的织针外，还排有高脚短舌针和高脚长舌织针，控制打花手柄的位置使普通织针、高脚长舌织针集圈，高脚短舌针成圈。

图 2–5–19 为一种三级打花织物的意匠图，图 2–5–20 为其效果图。

编织方法：

此织物在前针床上进行编织。织针的排针为：高脚短舌针、矮脚短舌针、高脚长舌间隔排针，把打花手柄置于中间的位置，机头导纱嘴带 A 色纱线，编织一个横列的纬平针组织，

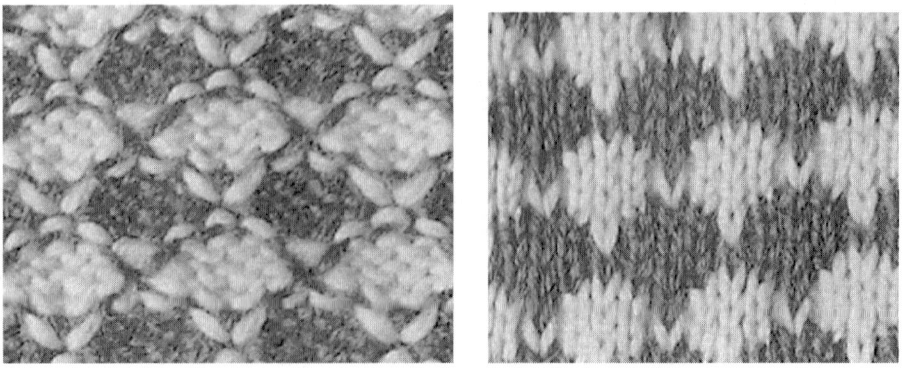

(a) 正面　　(b) 反面

图 2–5–20　三级打花织物效果图

把打花手柄置于右边的位置，仍然带A色纱线编织三个横列。把打花手柄置于中间的位置机头导纱嘴带B色纱线编织一个横列的纬平针，把打花手柄置于左边的位置，带B色纱线编织三个横列。循环操作即可编织出如图2-5-20所示的三级打花织物。

3. 三种织针的作用

(1)普通织针(矮脚短舌)：在二级打花时起集圈的作用。把打花手柄置于右边的位置时，普通织针集圈，高脚短舌织针成圈编织。

(2)高脚长舌织针：在三级打花时起集圈的作用。把打花手柄置于左边的位置时，高脚长舌织针集圈，高脚短舌织针、普通织针成圈编织。

(3)高脚短舌织针：在二级、三级打花起成圈作用，把打花手柄置于任何的位置时，高脚短舌织针都成圈。

4. 编织打花注意事项

(1)打花最多编织一转半，即最多编织三个横列。

(2)编织单面打花时，相邻的织针不可以打花。

(3)编织双面打花时，如前针床的一枚织针打花，后针床上其相邻的织针也不可以打花。

(4)无论是二级打花或者是三级打花，相同的编织横列，打花的外观效果一样，仅是打花图案的位置不同。

(5)二级打花是直型式的，三级打花不是直型式，三级打花取决于打花手柄的位置。

第六节 抽条类织物编织实际操作

抽条是在某些组织编织时，根据需要抽掉一枚、几枚或者更多枚织针，使织物的表面呈现纵行凹槽外观效果。常采用抽条组织的有满针罗纹、畦编、打花、空气层波纹等。

一、四平抽条织物

四平抽条是以四平组织为基础抽掉一枚、几枚织针后编织形成的组织。

图2-6-1、图2-6-2分别为一种四平抽条的编织图和效果图。

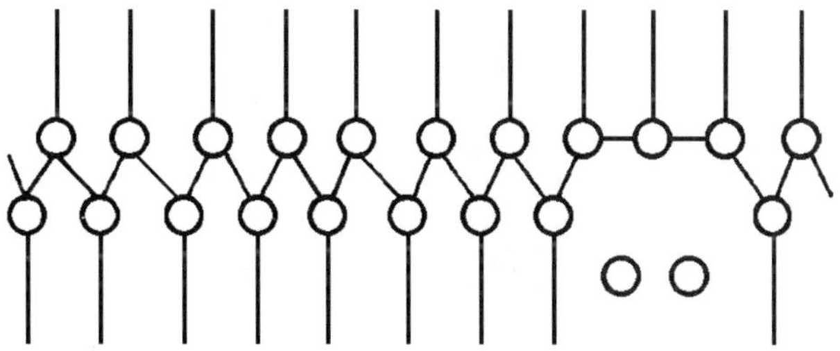

图2-6-1 四平抽条织物编织图

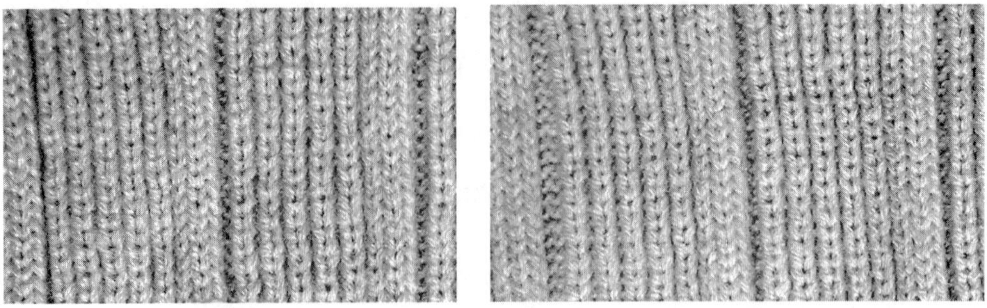

(a) 正面　　(b) 反面

图 2-6-2　四平抽条织物效果图

编织方法：

该组织在横机的双针床上进行编织，编织方法与满针罗纹相同，按照花型图案在针床上抽掉一枚或几枚织针即可。抽条织物一般具有皱褶的外观效果。其他组织的抽条与四平抽条编织方法基本相同。

二、畦编抽条织物

畦编抽条是以畦编组织为基础抽掉一枚、几枚织针编织形成的组织。图 2-6-3 和图 2-6-4 分别为一种畦编抽条的编织图和效果图。

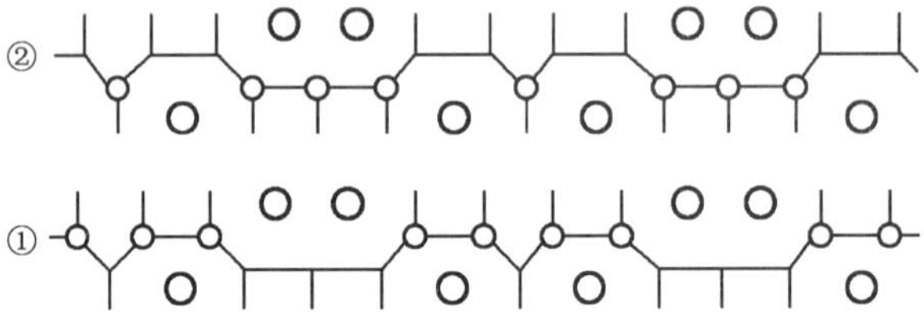

图 2-6-3　畦编抽条织物编织图

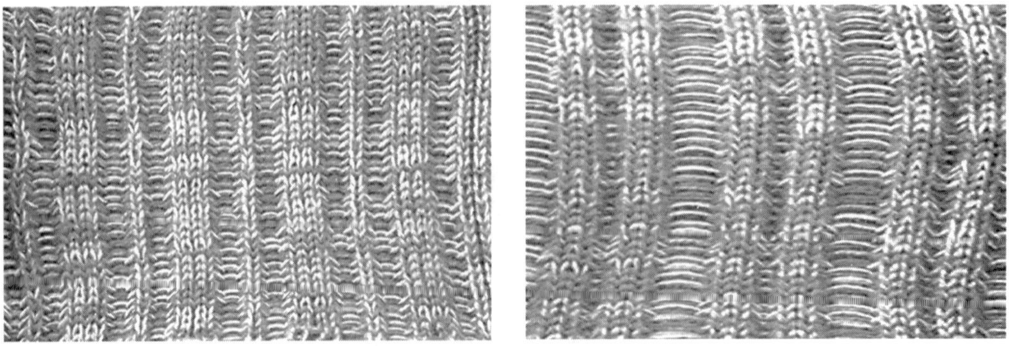

(a) 正面　　(b) 反面

图 2-6-4　畦编抽条织物效果图

三、四平抽条谷波织物

图 2-6-5 为一种四平抽条间色谷波织物编织图，图 2-6-6 为其效果图。

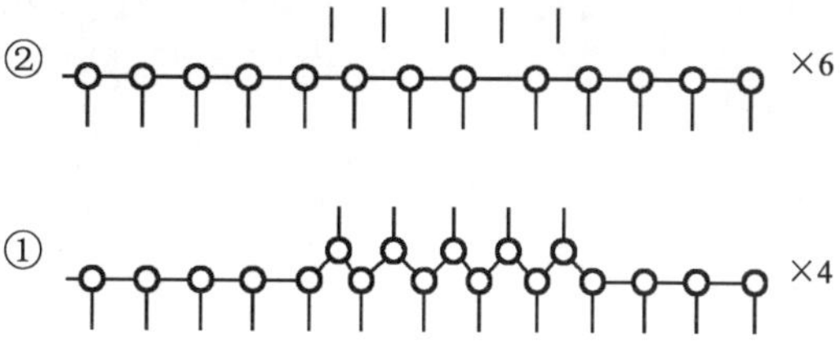

图 2-6-5　四平抽条间色谷波织物编织图

(a) 正面　　(b) 反面

图 2-6-6　四平抽条间色谷波织物效果图

编织方法：

该织物在横机的双针床上进行编织，排针时按照花型图案抽掉几枚织针。编织 2 转后，关闭起针三角 2、4(或 1、3)编织 3 转。如此循环即可编织该织物。

四平抽条谷波织物具有凹凸不平的外观效果。其他组织的抽条谷波与四平抽条谷波编织方法基本相同。

图 2-6-7、图 2-6-8 所示为两种四平抽条谷波织物的效果图。

(a) 正面　　(b) 反面

图 2-6-7　四平抽条谷波织物效果图(1)

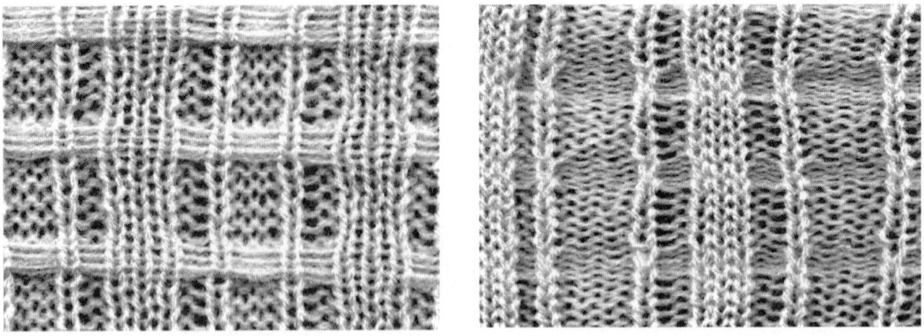

(a) 正面　　　　(b) 反面

图 2-6-8　四平抽条谷波织物效果图(2)

第七节　波纹类织物编织实际操作

波纹组织是横机上编织的一种独特的双面组织。波纹组织又称扳花组织，织物的倾斜线圈是根据波纹花型的要求，在横机上移动针床所形成，倾斜线圈按照各种方式排列在织物的表面，得到各种曲折的花型。

横机上编织波纹类织物的条件：

设备：具有横移机构的双针床横机，国产普通横机的后针床一般可以左右横移 4 个针距，称为动床；前针床固定在机座上，不能横向移动，但可以上下移动，称为定床。

基础组织：双面纬编组织。在双面纬编组织编织时，针床反复横移才能形成波纹。

排针：采用抽针排针时，某枚织针成圈后针床横移，若该针有相邻、相对的织针（即相对针床上与该针对应的左或右针位），则移动针床后，该枚织针上的线圈倾斜；若该针没有相邻、相对的织针，则移动针床后该针上的线圈不倾斜。

编织条件：针床横移的操作必须在机头离开编织区后进行。纱线应具有足够的强力。

工艺说明：移动针距数、移动针床间隔时间（转数）分别用“几扳”与“几转几扳”描述。如“1 转 2 扳、左右交替”，则表示后针床在每编织来回一转后都要横移 2 个针距，移动针床的方向为左右交替进行，可记为后$\overset{2}{\leftarrow}$，后$\overset{2}{\rightarrow}$。

波纹类的织物可以采用不同的基础组织，如罗纹、三平、四平、畦编、抽条等。

波纹类的织物还可以采用不同的花型组织编织得到不同的图案，如扳波等。

一、罗纹波纹织物

罗纹波纹织物是以罗纹组织为基础，针床在同一个方向连续横移的波纹织物。几乎所有的罗纹组织都可以作为波纹的基础组织。最为常用的基础组织是 1+1 罗纹、2+1 罗纹、畦编。在一个花型循环中，针床可以移动一个针距、二个针距、三个针距、四个针距等。

1. 1+1 罗纹波纹织物

图 2–7–1 所示为一种移动四个针距的 1+1 罗纹波纹织物的效果图。

编织方法：

此织物在双针床横机上编织，采用 1+1 的排针方式。每编织一个横列，后针床向左移动一个针距，共移动四次；然后每编织一个横列，后针床向右移动一个针距，共移动四次。如此循环即可编织出该织物。

2. 四平柳条波纹织物

图 2–7–2 是一种四平柳条波纹织物的效果图。

图 2–7–1　罗纹波纹织物效果图

图 2–7–2　四平柳条波纹织物效果图

编织方法：

此织物的编织方法与 1+1 罗纹波纹织物基本相同，不同点是采用满针的排针方式。

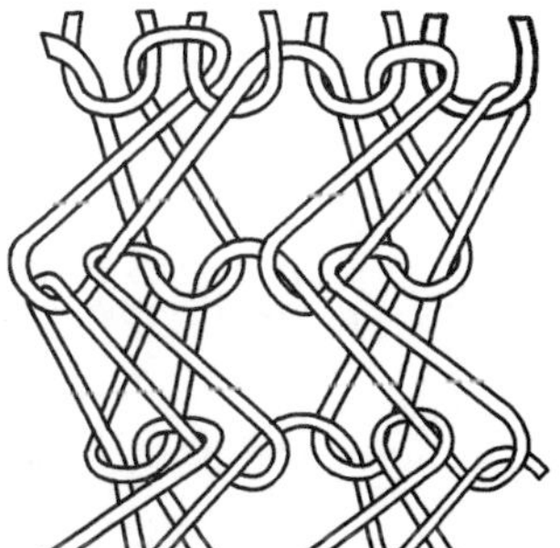

图 2–7–3　四平波纹线圈结构图

二、四平、三平波纹织物

四平、三平波纹分别是以四平、三平组织为基础的波纹织物。

1. 四平波纹织物

图 2–7–3 和图 2–7–4 分别为四平波纹织物的线圈结构图和效果图。

编织方法：

此织物在双针床横机上编织，前针床、后针床都满针排针。机座左端面定位销设置在后针床左右横移一个针距。开启起针三角 1、2、3、4。机头自左向右编织一个横列的四平线圈，机头放置于横机的右侧编织区外，后针床向右移位一个针距（扳

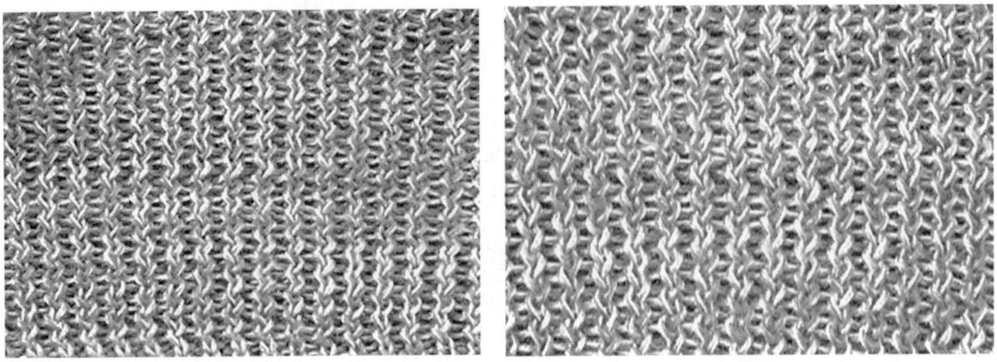

(a) 正面　　(b) 反面

图 2-7-4　四平波纹织物效果图

波)，机头自右向左移动再编织一个横列，机头放置于横机的左侧编织区外，后针床向左移位一个针距(扳回)，重复循环即可编织此组织织物。也即是半转一扳，后针床左右交替移动一个针距。

2. 三平波纹织物

图 2-7-5、图 2-7-6 分别为面三平波纹织物线圈结构图和效果图。图 2-7-7 是底三平波纹

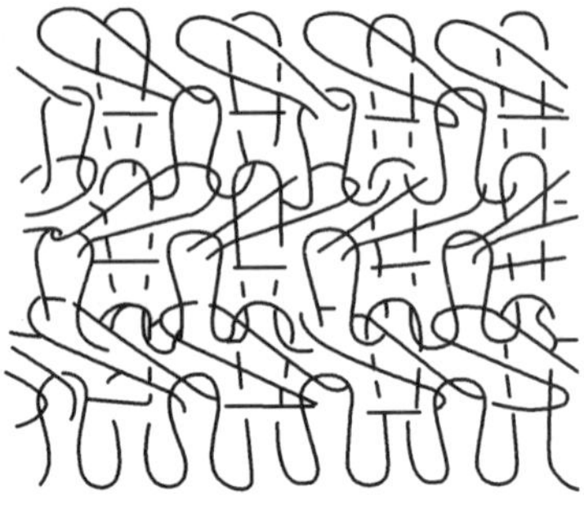

图 2-7-5　面三平波纹织物线圈结构图

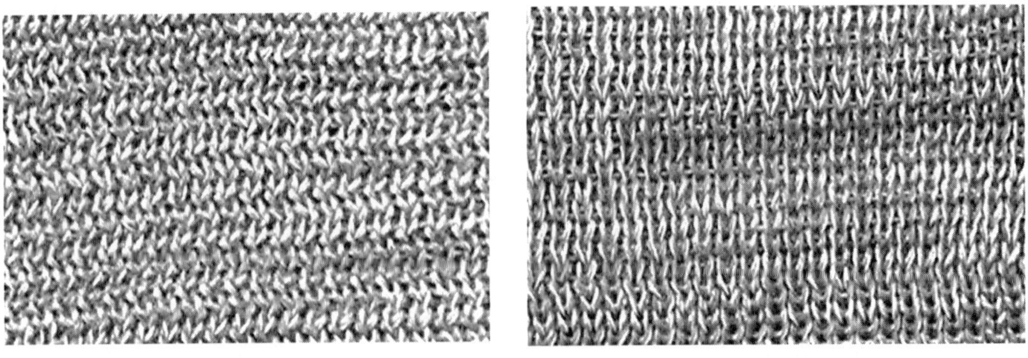

(a) 正面　　(b) 反面

图 2-7-6　面三平波纹织物效果图

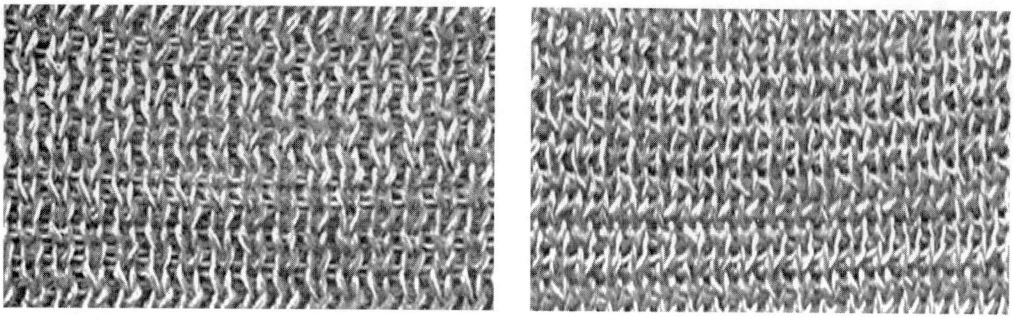

(a) 正面　　(b) 反面

图 2-7-7 底三平波纹织物效果图

织物效果图。

编织方法：

此织物在双针床横机上编织，前针床、后针床满针排针。机座左端面定位销设置在后针床左右横移一个针距。开启起针三角 2、3、4。关闭起针三角 1。机头自左向右移动，前针床织针不起针，后针床编织一横列的纬平线圈，机头放置于横机的右侧编织区外，后针床向右移位一个针距（扳波），机头自右向左移动编织一个横列四平线圈，机头再次自左向右移动，后针床编织一横列的纬平线圈，后针床向左移位一个针距（扳回）。如此循环（即一转一扳，后针床左右交替移动一个针距）即可编织底三平波纹组织织物。关闭起针三角 2，采用同样的方法可以编织面三平波纹。

三、畦编波纹织物

畦编波纹织物是以畦编组织为基础的波纹织物，其分为半畦编波纹织物和全畦编波纹织物两类。畦编扳花针床移动的时机有两种形式：一种是在横列成圈时移动针床，另一种是在横列集圈时移动针床。

1. 半畦编波纹织物

半畦编波纹织物是以半畦编组织为基础的织物。根据针床移动的时机、针床移动的方向以及移动针床间隔的转数不同，可以编织不同的半畦编波纹组织。

（1）横列成圈时移动针床形成的织物：图 2-7-8 是一种四平半畦编波纹在横列成圈时移动针床形成的织物效果图。

编织方法：

此织物在双针床横机上编织，前针床、后针床满针排针。机座左端面定位销设置在后针床左右横移一个针距，开启起针三角 1、2、3、4。把弯纱三角 2 放置于集圈的位置，以前针床编织纬平针为基本坯布，后针床编织集圈线圈或成圈线圈。机头自左向右编织一个横列的四平线圈，机头放置于横机的右侧编织区外，后针床向右移位一个针距（扳波），机头自右向左移动，前针床正常编织，后针床由于弯纱三角 2 的作用，而形成集圈悬弧，机头再次自左向右编织一个横列的四平线圈，后针床向左移位一个针距（扳回）。如此循环（即一转一扳，后针床左右交替移动一个针距）即可编织此组织织物。

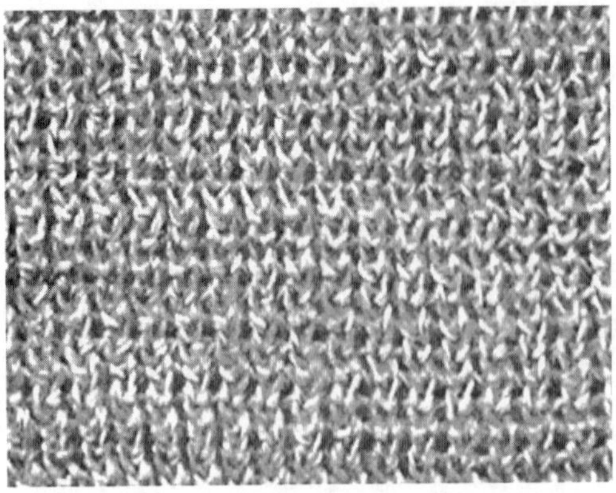

(a) 正面

(b) 反面

图 2-7-8　四平半畦编波纹在横列成圈时移动针床形成的织物效果图

(2)横列集圈时移动针床形成的织物：图 2-7-9 是一种四平半畦编波纹在横列集圈时移动针床形成的织物效果图。

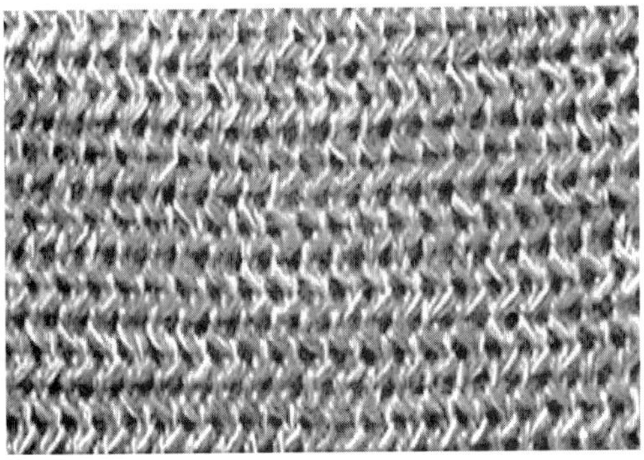

(a) 正面

(b) 反面

图 2-7-9　四平半畦编波纹在横列集圈时移动针床形成的织物效果图

编织方法：

开启起针三角 1、2、3、4。把弯纱三角 3 放置于集圈的位置，以前针床编织纬平针为基本坯布，后针床编织集圈悬弧或成圈线圈。机头自左向右移动，前针床正常编织一个横列的纬平针线圈，后针床织针由于弯纱三角 3 作用形成集圈悬弧；机头放置于横机的右侧编织区外，后针床向右移位一个针距（扳波），机头自右向左移动，前、后针床正常编织，机头再次自左向右，前针床编织一横列纬平线圈，后针床编织集圈悬弧，后针床向左移位一个针距（扳回）。如此循环（即一转一扳，后针床左右交替移动一个针距）即可编织此组织织物。

编织附加说明：

开针的方式要考虑边针的排列配置，可以斜角的开针配置，不然边针掉线（参见第三章开针）。在把弯纱三角 2 放置于集圈位置时，要相应地开松弯纱三角 3；反之，弯纱三角 3 放置于集圈位置时，要相应地开松弯纱三角 2，以利于编织。在实际操作中，把在横列成圈时移动针床称为扳线圈，把在横列集圈时移动针床称为扳悬弧。扳线圈和扳悬弧所形成的织物的外观不同。

2. 全畦编波纹织物

以四平为基础的全畦编波纹，依据移动针床的时机不同可以编织结构不同的全畦编波纹织物。

图 2-7-10、图 2-7-11 分别为两种四平全畦编波纹织物的效果图。

(a) 正面

(b) 反面

图 2-7-10　四平全畦编波纹织物效果图(1)

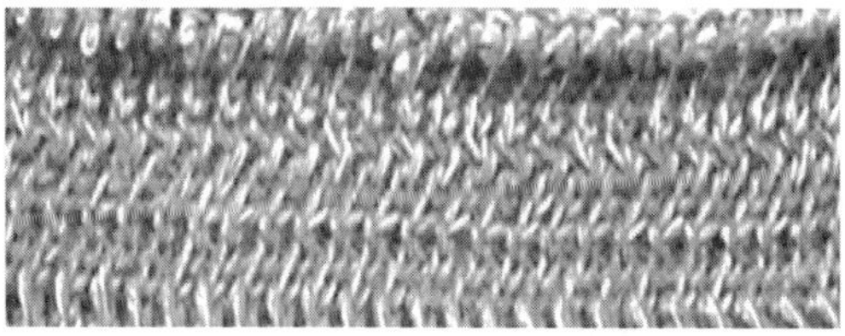

(a) 正面

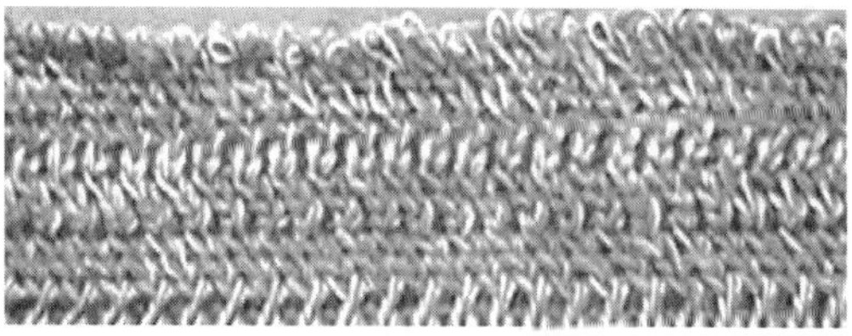

(b) 反面

图 2-7-11　四平全畦编波纹织物效果图(2)

全畦编波纹织物编织方法见下页表。表中序号 1 编织的效果图为图 2-7-10，序号 2 编织的效果图为图 2-7-11。

四、四平抽条波纹织物

四平抽条波纹织物(俗称四平扳花)是以四平抽条组织为基础的波纹织物，几乎所有的抽条组织都可以作为波纹的基础组织。图 2-7-12、图 2-7-13 分别为一种四平抽条波纹织物编织图与效果图。

编织方法：

横机的后针床呈满针排列，前针床采用 3+3 的抽针方式排针(即每三枚织针后排空三枚针位)，开启全部机头三角。每编织一个横列线圈后，后针床向右移动一个针距，共四次。然后换向

全畦编波纹编织方法

序号	机头移动方向	编织 前床	编织 后床	针床移动方向	线圈条纹 前床	线圈条纹 后床	线圈条纹 花纹	集圈三角	编织工艺
1				后←^{1}	||| |||	\\\\\\ ///	单面曲折波纹	1、3	1转1扳
	4←	集圈	成圈						
	3→	成圈	集圈						
				后^{1}→					
	2←	集圈	成圈						
	1→	成圈	集圈						
2				后←^{1}	///	///	双面同向倾斜波纹	2、4	半转1扳
	2←	成圈	集圈						
				后^{1}→					
	1→	集圈	成圈						

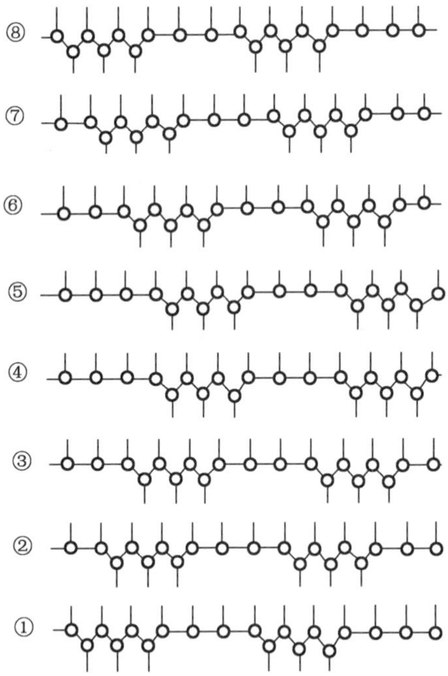

图 2-7-12　四平抽条波纹织物编织图(1)

移动后针床四次,重复循环。

编织附加说明:

针床横移的操作必须在机头离开编织区后进行,以防止前后针床的织针相撞。此花型以单面纬平为地组织,前针床使用3枚织针起花,经后针床的移位而织得。前针床成圈三角1、4应以

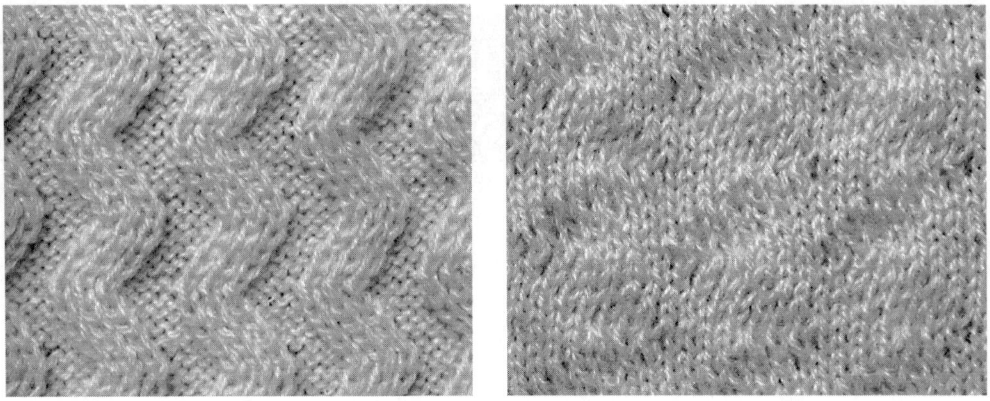

(a) 正面　　(b) 反面

图 2-7-13　四平抽条波纹织物效果图(1)

纬平针织物的密度为准则,后针床成圈三角 2、3 可稍微调紧,以免产生松弛现象,适度为宜。四平抽条组织可采用空转、半畦编等,还可采用排针的不同间距、针床移位的针距与次数等方法编织较多的花色效应。四平抽条波纹组织可以获得凹凸不平的波纹状外观。

图 2-7-14、图 2-7-16 分别为另外两种四平抽条波纹织物编织图,图 2-7-15、图 2-7-17 分别为其相应效果图。

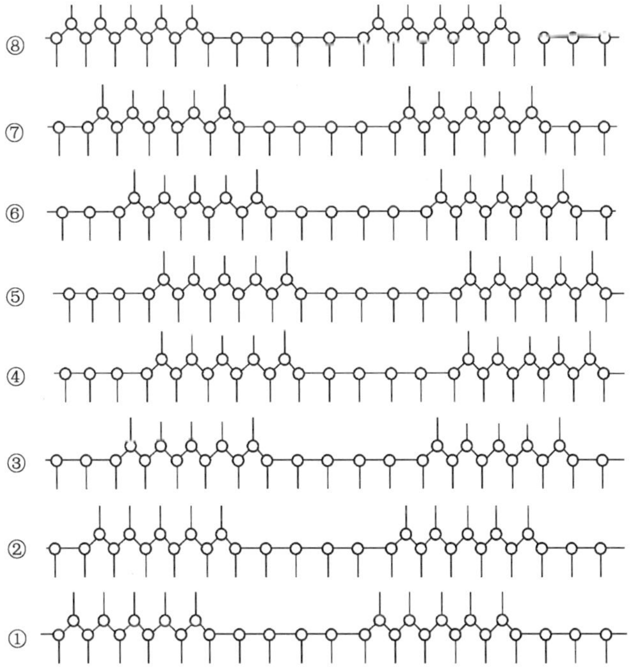

图 2-7-14　四平抽条波纹织物编织图(2)

(a) 正面

(b) 反面

图 2-7-15　四平抽条波纹织物效果图(2)

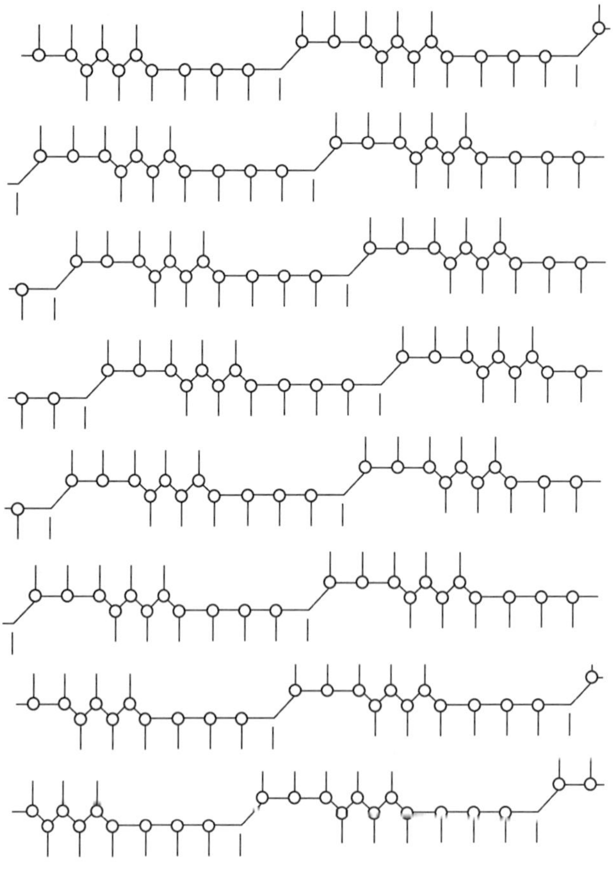

图 2-7-16　四平抽条波纹织物编织图(3)

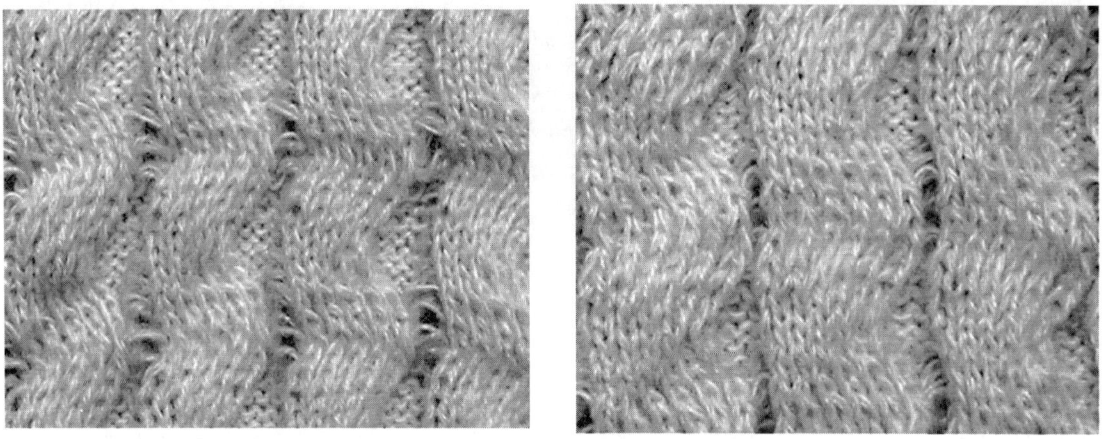

(a) 正面　　　　(b) 反面

图 2-7-17　四平抽条波纹织物效果图(3)

五、抽针波纹、方格波纹织物

抽针排针时,某针成圈后所在的针床(如后针床)移位(如右移),若该针具有相邻相对的针(如 F 针),如图 2-7-18 所示,则移床后,该针上的线圈倾斜,倾斜方向与移床方向相同;若该针没有相邻相对的针(如 E 针),则移床后该针上的线圈不会倾斜。

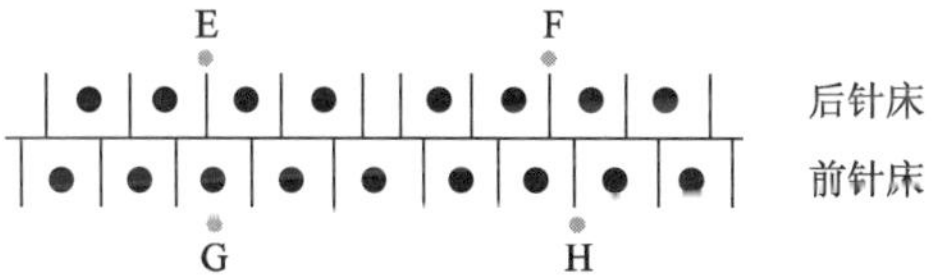

图 2-7-18　抽针排针图(1)

相邻相对的针是指在该针所在针床移动方向上,对面针床上与该针相对的针位上有针,称为有相邻相对的针。如 F 针所在后针床向右移动的方向上,前针床上的 H 针是 F 针的相邻相对的织针,则 F 针编织的线圈倾斜。若该针相邻相对的针位上没有织针,则称为该针没有相邻相对的织针。如 E 针所在后针床向右移动的方向上,在前针床上 G 的针位没有织针,则 E 针编织的线圈不倾斜。针位是移床前与移床后分别处于该针的两侧,即移床时该针移动针距中间为这个特定的针位。抽针条波纹、方格波纹、间隔波纹即是应用这一原理编织形成,其常用的基础组织有罗纹、半畦编、全畦编。以下将分别介绍其编织方法。

1. 抽针波纹织物

(1)1+1 罗纹抽针波纹织物:图 2-7-19 为 1+1 罗纹的一种抽针波纹织物效果图。

编织方法:

此组织在横机的双针床上编织。前针床、后针床排针如图 2-7-18 所示。机座左端面定位销设置在后针床左右横移一个针距。开启全部起针三角,机头自左向右往返编织一转,机头放置于横机的左侧编织区外,后针床向右移位一个针距(扳波);机头再次自左向右往返编织一转,后

图 2-7-19　1+1 罗纹抽针波纹织物效果图

针床向左移位一个针距(扳回)。重复循环(即一转一扳,后针床左右交替移动一个针距)即可编织此组织织物。该条形波纹织物的左右结构不同。织物的左边由于没有相邻相对的织针,即便移动针床,也无倾斜的线圈,因此仍然是罗纹织物;织物的右边由于有相邻相对的织针,而呈现波纹的外观,且波纹倾斜线圈都是出现在织物的右侧。

(2)半畦编抽针波纹织物:图 2-7-20 为一种半畦编抽针波纹织物效果图。

(a) 正面　　(b) 反面

图 2-7-20　半畦编抽针波纹织物效果图

编织方法:

此组织在横机的双针床上编织。前针床、后针床排针如图 2-7-18 所示。机座左端面定位销设置在后针床左右横移一个针距。开启全部起针三角。弯纱三角 1 或 4 置于集圈位置,机头自左向右往返编织一转,机头放置于横机的左侧编织区外,后针床向右移位一个针距(扳波);机头再次自左向右往返编织一转,后针床向左移位一个针距(扳回)。重复循环(即一转一扳,后针床左右交替移动一个针距)即可编织此组织织物。该半畦编波纹织物的左右结构不同。织物的左边由于没有相邻相对的织针,即便移动针床,也无倾斜的线圈,因此仍然是半畦编织物;织物的右边由于有相邻相对的织针,故呈现波纹的外观,且波纹倾斜线圈都是出现在织物的右侧。

(3)全畦编抽针波纹织物:图 2-7-21 为一种全畦编抽针波纹织物效果图。

编织方法:

此组织在横机的双针床上编织。前针床、后针床排针如图 2-7-18 所示。机座左端面定位销

图 2–7–21　全畦编抽针波纹织物效果图

设置在后针床左右横移一个针距。开启全部起针三角。弯纱三角 1、3 置于集圈位置，机头自左向右往返编织一转，机头放置于横机的左侧编织区外，后针床向右移位一个针距（扳波）；机头再次自左向右往返编织一转，后针床向左移位一个针距（扳回）。重复循环（即一转一扳，后针床左右交替移动一个针距）即可编织此组织织物。该波纹织物的左右结构不同，织物的左边是全畦编织物；织物的右边由于有相邻相对的织针，故呈现波纹的外观，且波纹倾斜线圈都是出现在织物右侧。

2. *方格波纹织物*

在图 2–7–22 所示的抽针排针配置中，织针 E 的相邻相对的织针为织针 I，织针 F 的相邻相对的针位上无织针。因此，在此种排针的方式下，移动后针床，织针 E 编织的线圈倾斜，而织针 F 编织的线圈无倾斜。在图 2–7–22 所示的排针配置下，移动后针床所编织的织物左侧具有波纹的外观效果，这样即可编织对角线位置的方格波纹织物。

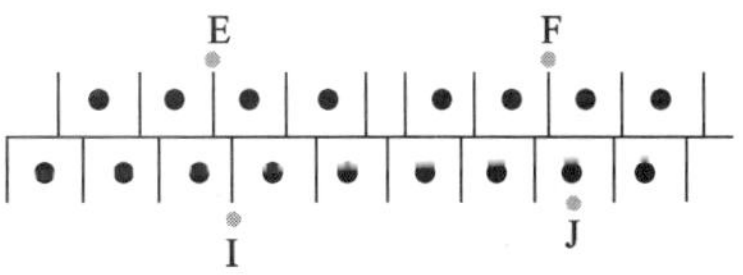

图 2–7–22　抽针排针图（2）

图 2–7–23 为一种 1+1 罗纹方格波纹织物效果图。图 2–7–24 为一种 1+1 罗纹半畦编方格

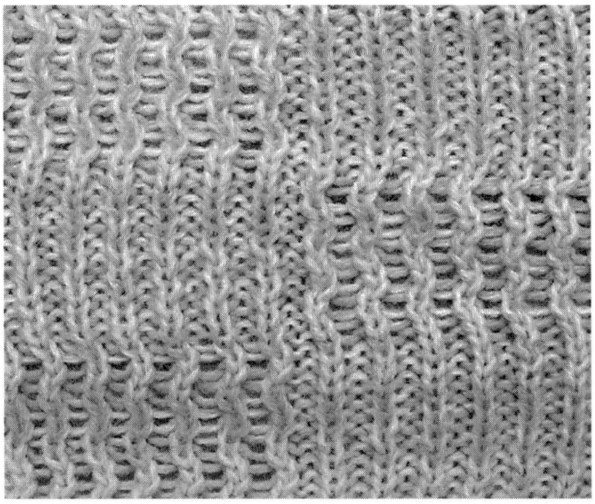

图 2–7–23　1+1 罗纹方格波纹织物效果图

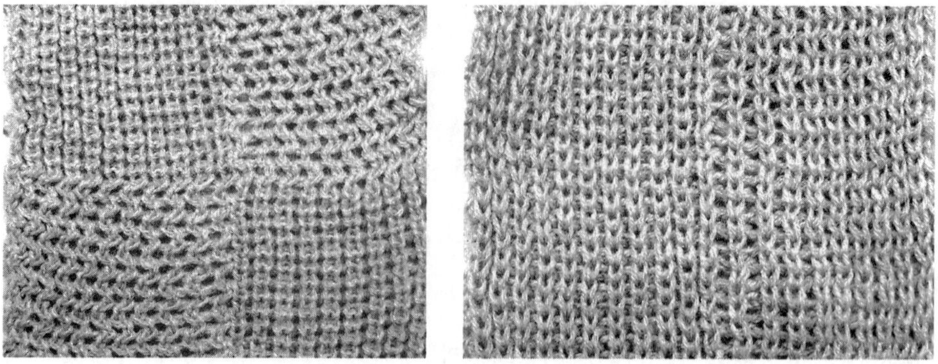

(a) 正面　　(b) 反面

图 2-7-24　1+1 罗纹半畦编方格形波纹织物效果图

波纹织物效果图，图 2-7-25 为一种全畦编方格波纹织物效果图。

方格波纹可以多次循环，其排针方式如图 2-7-26 所示。

图 2-7-25　全畦编方格形波纹织物效果图

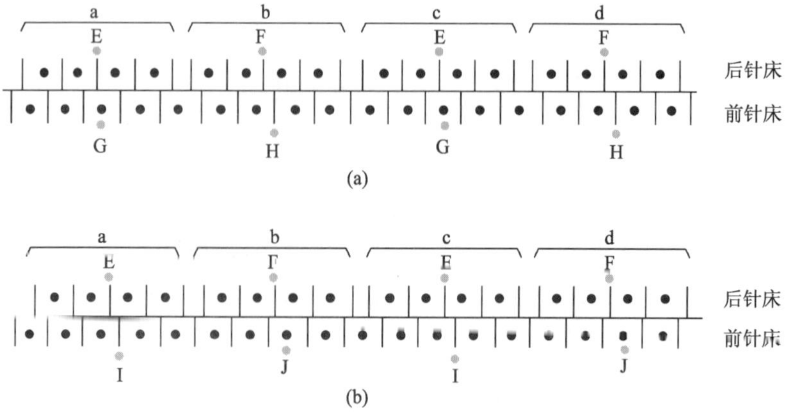

图 2-7-26　抽针排针图(3)

在图 2-7-26(a)所示的排针方式中,移动后针床可以形成倾斜线圈的为 b、d 两组排针;在图 2-7-26(b)所示的排针方式中,移动后针床可以形成倾斜线圈的为 a、c 两组排针。因此,合理的排针可以编织多个循环方格波纹。

图 2-7-27 为一种 1+1 罗纹循环方格波纹织物效果图，图 2-7-28 为一种半畦编循环方格波纹织物效果图,图 2-7-29 为一种全畦编循环方格波纹织物效果图。

采用不同的抽针排针方式编织的波纹织物呈现不同的外观效果,不同的抽针排针方式及其相应的织物效果如图 2-7-30~图 2-7-39 所示。

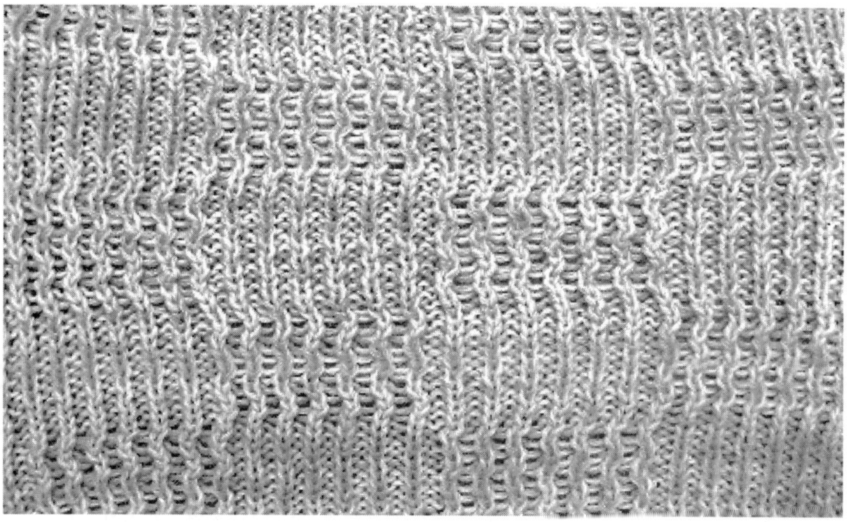

图 2-7-27　1+1 罗纹循环方格波纹织物效果图

图 2-7-28　半畦编循环方格波纹织物效果图

图 2-7-29 全畦编循环方格波纹织物效果图

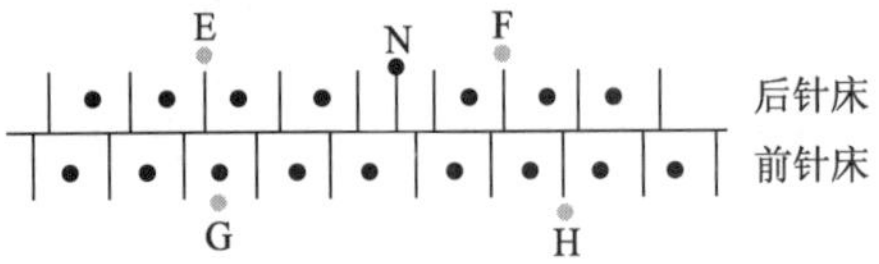

图 2-7-30 抽针排针图(4)

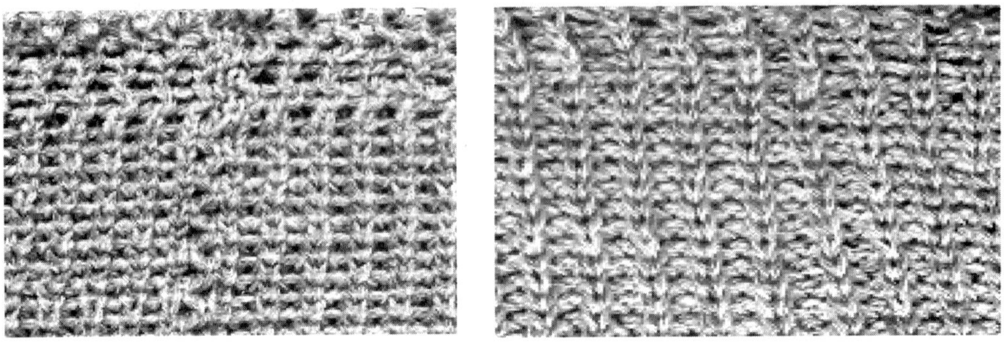

(a) 正面

(b) 反面

图 2-7-31 抽针排针图(4)的效果图

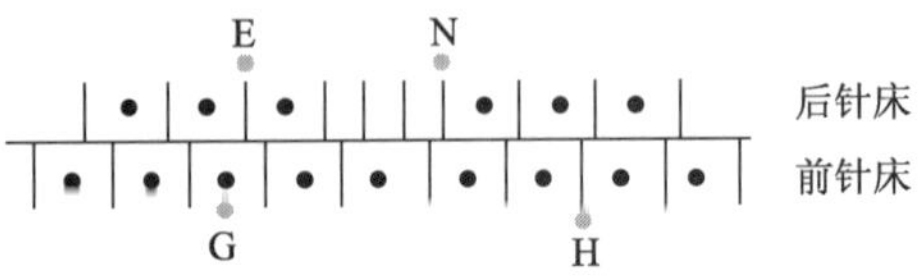

图 2-7-32 抽针排针图(5)

(a) 正面　　(b) 反面

图 2-7-33　抽针排针图(5)的效果图

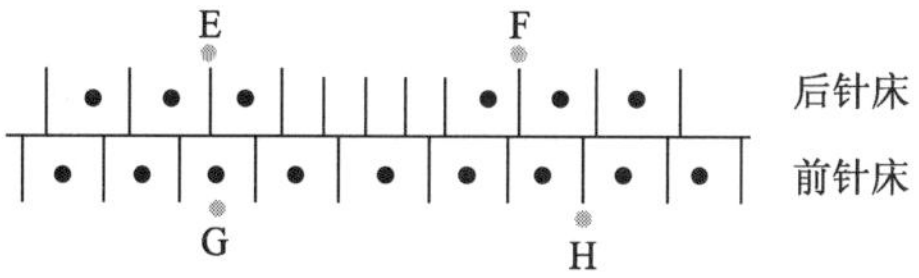

图 2-7-34　抽针排针图(6)

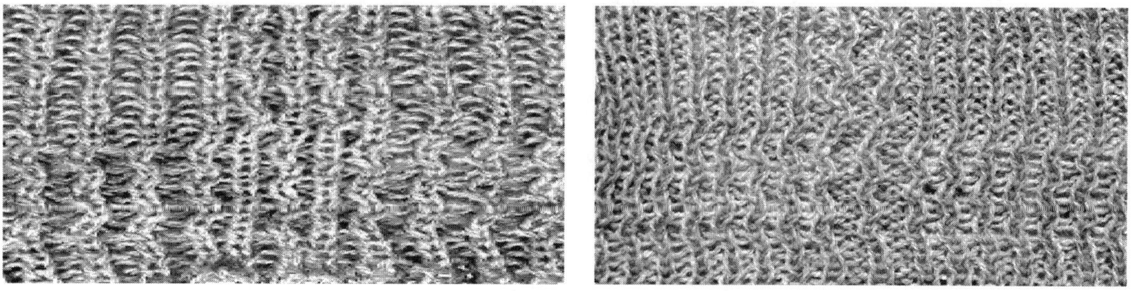

(a) 正面　　(b) 反面

图 2-7-35　抽针排针图(6)的效果图

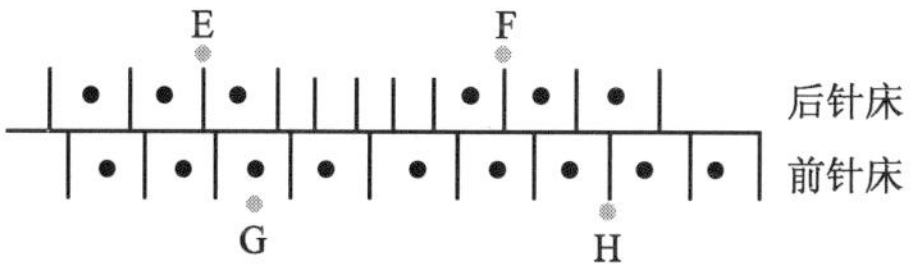

图 2-7-36　抽针排针图(7)

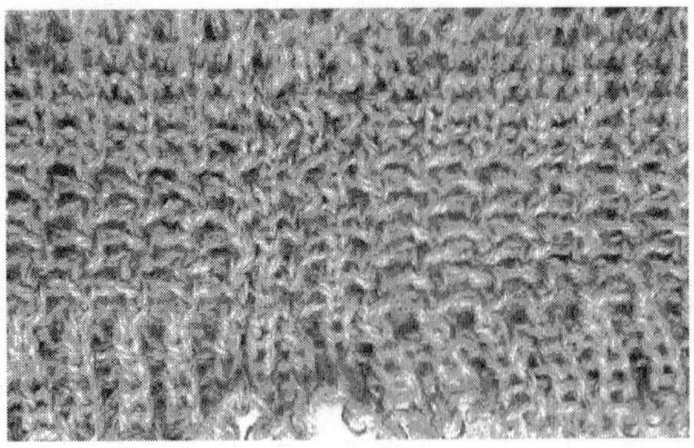

(a) 正面

(b) 反面

图 2-7-37 抽针排针图(7)效果图

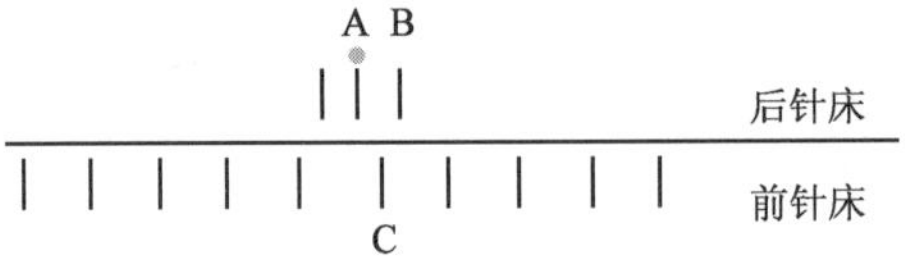

图 2-7-38 抽针排针图(8)

(a) 正面

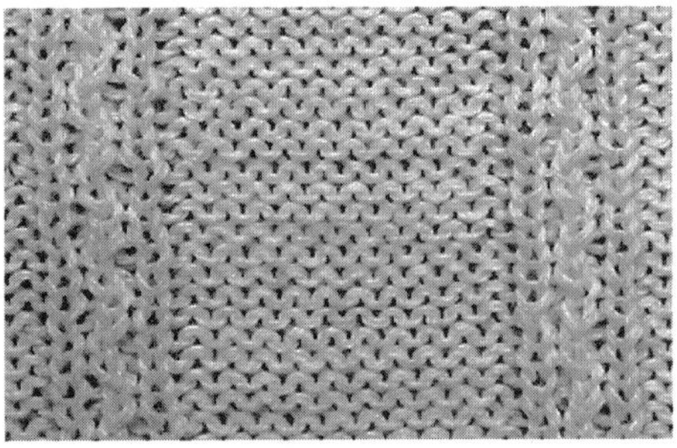

(b) 反面

图 2-7-39 抽针排针图(8)效果图

六、扳波织物

图 2-7-40 为一种 2+1 罗纹扳波织物的效果图。

编织方法:

横机的前后针床参加编织,开启全部机头三角。编织一转,后针床向右移动一个针距,再编织一转后,后针床向左移动一个针距。重复循环(即扳波 1 转扳回 1 转)即可编织该组织织物。

图 2-7-41 为一种 1+1 罗纹扳波织物效果图,图 2-7-42 为一种 1+1 罗纹半畦编扳波织物效果图,图 2-7-43 为一种 1+1 罗纹全畦编扳波织物效果图,图 2-7-44 为一种 1+1 罗纹畦编扳波织物效果图,图 2-7-45 为一种 1+1 罗纹半畦编扳波织物效果图。图 2-7-46 为一种 1+1 罗纹畦编扳波织物效果图。

(a) 正面　　(b) 反面

图 2-7-40　2+1 罗纹扳波织物效果图

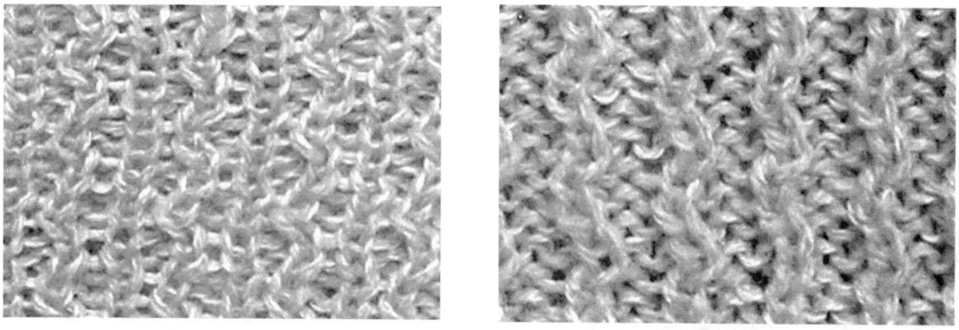

(a) 正面　　(b) 反面

图 2-7-41　1+1 罗纹扳波(1 转 1 扳)织物效果图

(a) 正面　　(b) 反面

图 2-7 42　1+1 罗纹半畦编扳波(1 转 1 扳)织物效果图

(a) 正面　　(b) 反面

图 2-7-43　1+1 罗纹全畦编扳波(1 转 1 扳)织物效果图

(a) 正面

(b) 反面

图 2-7-44　1+1 罗纹畦编扳波(1 转 2 扳)织物效果图

(a) 正面

(b) 反面

图 2-7-45　1+1 罗纹半畦编扳波(2 转 1 扳)织物效果图

(a) 正面

(b) 反面

图 2-7-46　1+1 罗纹畦编扳波(2 转 1 扳)织物效果图

第八节　空气层类织物编织实际操作

罗纹组织与纬平针组织交替编织而成的织物，称为空气层织物，常用的空气层织物有罗纹半空气层织物、罗纹空气层织物、畦编空气层织物。

一、罗纹半空气层织物

罗纹半空气层组织是由一个横列的罗纹组织和一个横列的纬平针组织复合编织而成。三平组织其实质上是罗纹半空气层组织的一种形式。

图 2-8-1、图 2-8-2 分别为一种 1+1 罗纹面半空气层织物的编织图和效果图。面半空气层即是有一个横列的纬平针组织在织物的正面。

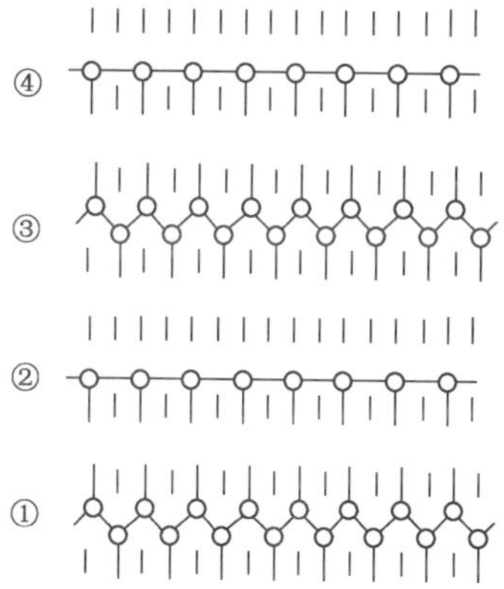

图 2-8-1　1+1 罗纹面半空气层编织图

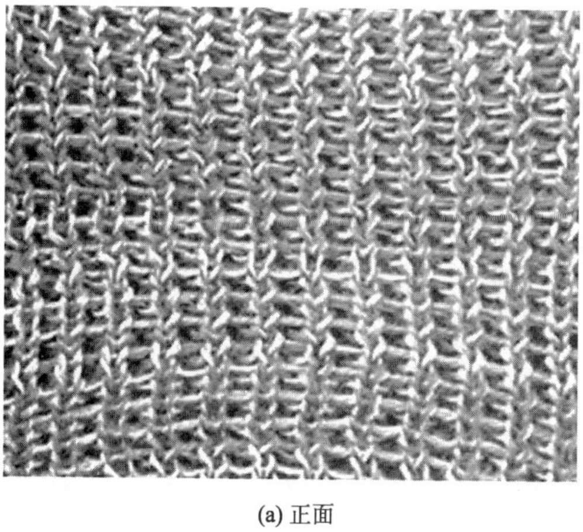

(a) 正面

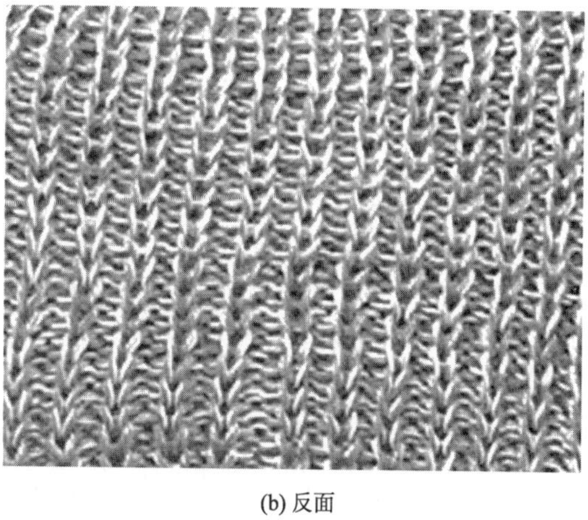

(b) 反面

图 2-8-2　1+1 罗纹面半空气层织物效果图

图 2-8-3 为 1+1 罗纹底半空气层织物的效果图。底半空气层即是有一个横列的纬平针组织在织物的反面。

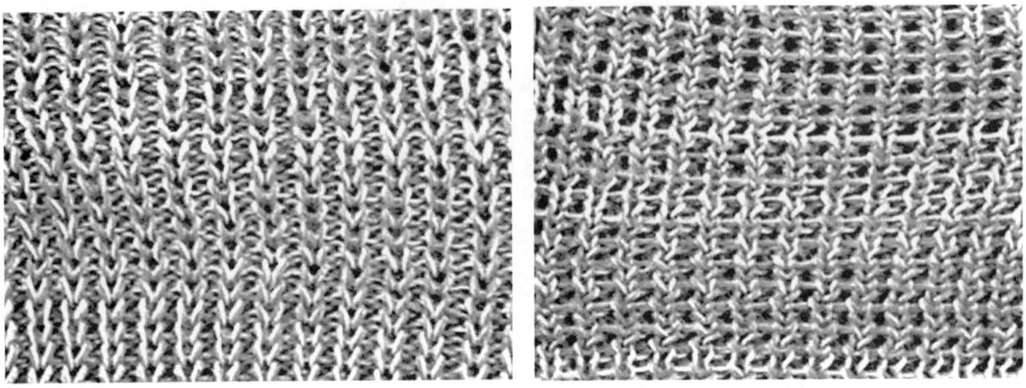

(a) 正面　　(b) 反面

图 2-8-3　1+1 罗纹底半空气层织物效果图

编织方法：

在横机的双针床上编织，前后针床呈 1+1 排针方式(也可以使用抽针排针)，以后的编织步骤同三平组织(参见第二章第二节)。

二、罗纹空气层织物

罗纹空气层组织是由一个横列的罗纹组织和正反两个横列的纬平针组织复合编织而成。图 2-8-4、图 2-8-5 分别为满针罗纹空气层织物的编织图和效果图。

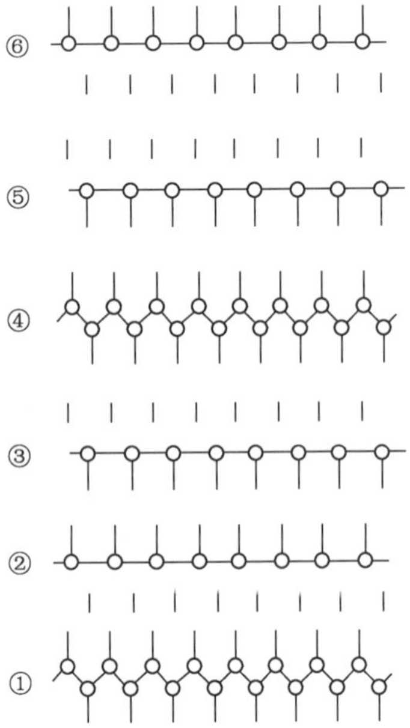

图 2-8-4　满针罗纹空气层编织图

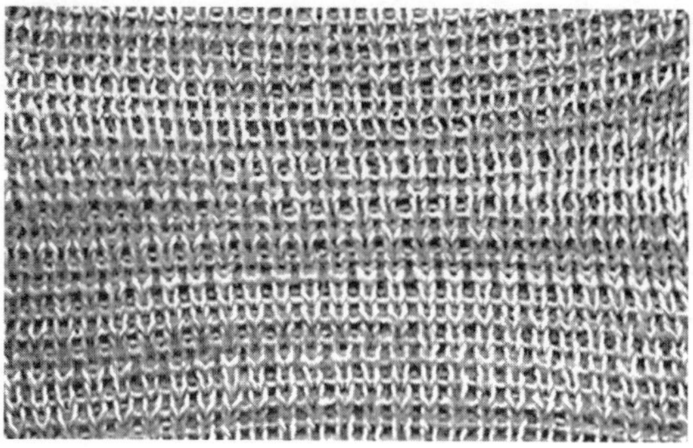

(a) 正面

(b) 反面

图 2-8-5 满针罗纹空气层织物效果图

编织方法：

在横机的双针床上编织，前、后针床织针呈满针排列（也可以使用抽针排针）。开启全部起针三角，前后针床织针都参与编织，移动机头，编织一个横列的四平组织。关闭起针三角 1、3（或者起针三角 2、4），机头自左向右移动，前针床织针不参与编织，后针床织针编织一个横列纬平；机头自右向左移动，后针床织针不参与编织，前针床织针编织一个横列纬平。重复循环即可编织罗纹空气层织物。

图 2-8-6、图 2-8-7 分别为一转罗纹一转空气层织物的编织图和效果图。

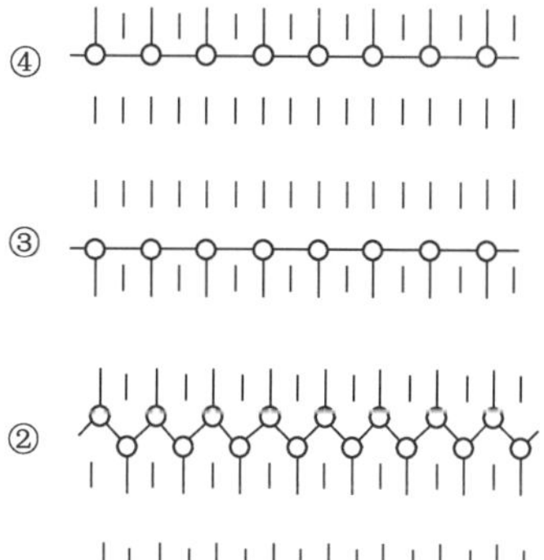

图 2-8-6 一转罗纹一转空气层织物编织图

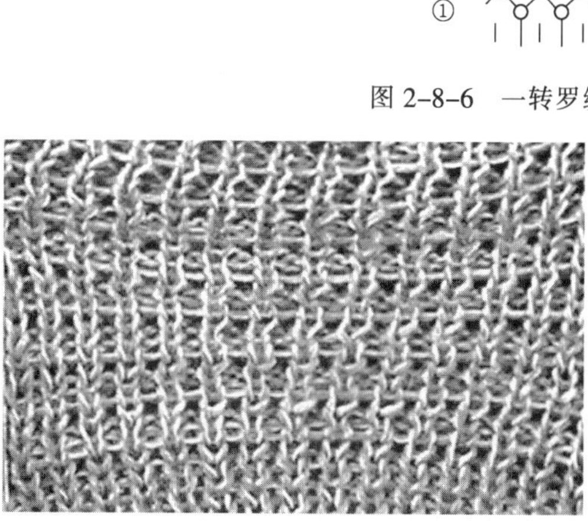

(a) 正面

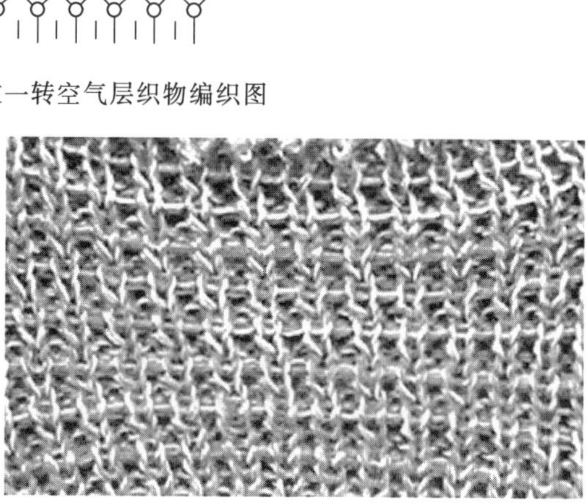

(b) 反面

图 2-8-7 一转罗纹一转空气层织物效果图

图 2-8-8、图 2-8-9 分别为二转罗纹二转空气层织物的编织图和效果图。

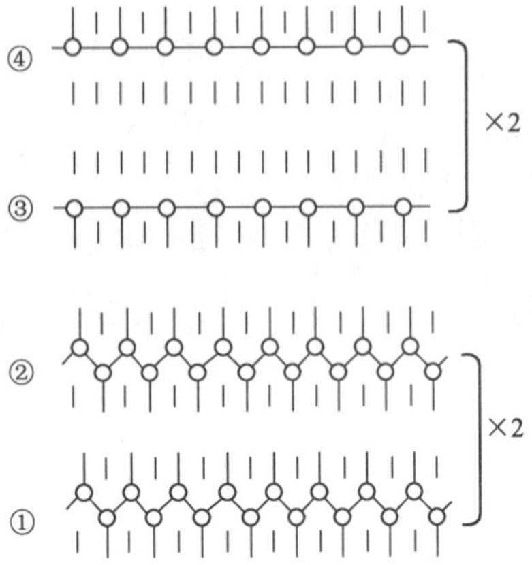

图 2-8-8 二转罗纹二转空气层织物编织图

(a) 正面

(b) 反面

图 2-8-9 二转罗纹二转空气层织物效果图

三、全畦编空气层织物

全畦编空气层组织(俗称双鱼鳞),是全畦编组织和双层纬平组织复合而成的组织。图 2-8-10 是全畦编空气层织物的线圈结构图。

编织方法:

在横机的双针床上编织,前后针床呈 1+1 排针(也可以使用抽针组织排针),编织第一个横列时,机头自左向右移动,后针床织针全部成圈,前针床织针由于挺针三角的退出工作,当织针退圈时,旧线圈未退到针杆上,织针又钩取新的纱线,形成集圈横列。当机头返回编织第二个横列时,关闭起针三角 3,后针床不参加编织,前针床挺针三角进入工作,在前针床编织一横列纬平针线圈。机头再从左向右编织第三个横列时,关闭后针床的挺针三角,使前针床成圈,后针床编织集圈。当机头返回时,后针床的挺针三角进入工作,前针床关闭起针三角 4,使前针床不编织,后针床成圈。编织另一列纬平线圈。重复循环即可编织全畦编空气层。

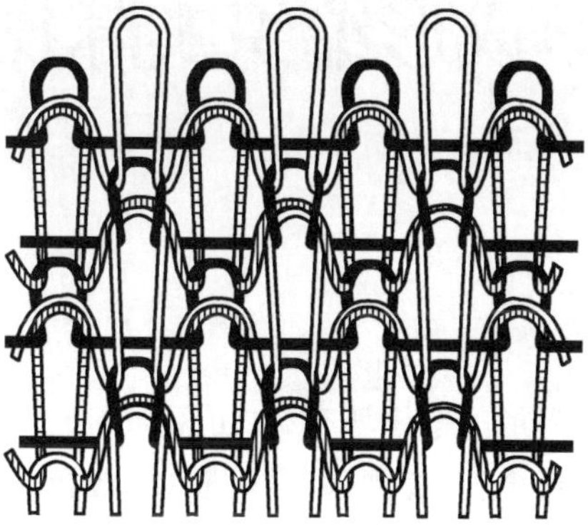

图 2–8–10　全畦编空气层织物线圈结构图

编织全畦编空气层即是前针床编织一转、后针床编织一转复合而成。

第三章　羊毛衫成形编织实际操作

横机既可以编织整幅和圆筒形的针织坯布，又可以编织成形衣片。编织成形衣片是横机编织的特有形式。在横机编织成形中，主要利用开针、起口、翻针、加针、减针等手段来实现羊毛衫款式造型的编织。

第一节　开针时边针设置方式实际操作

无论编织组织结构还是编织成形衣片，首先要在横机上开针，即把所需幅宽的织针推入工作区，在横机上开针有不同的方式，特别是双面织物的开针，边针的设置对于编织的顺利进行以及织物的质量有重要的意义。开针的方式主要有斜角、面包底、底包面。

一、斜角

1. 编织成衣时常用的斜角方式

排针时使用哪一种边针方式，主要由开针的针数和组织来决定。常用组织的斜角边针设置方式见表 3-1-1。

表 3－1－1　常用组织的斜角边针设置方式

类　别	名　称	排　　针	开　针
1	四平	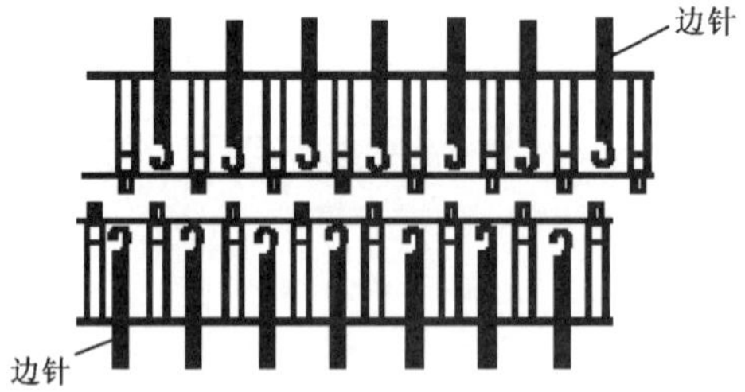	斜角 8 支 14 针
2	1＋1 罗纹	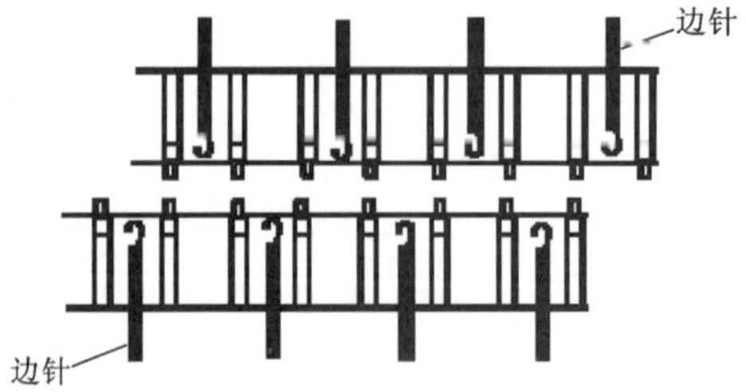	斜角 8 支 8 针

续表

类　别	名　称	排　　针	开　针
3	2 +2 罗纹	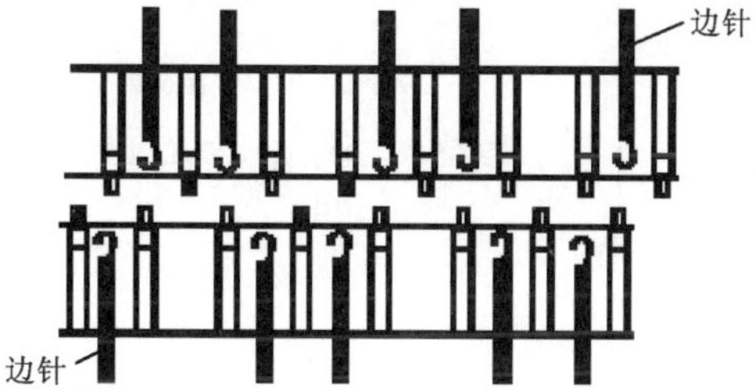	斜角 8 支 10 针
4	3 +2 罗纹	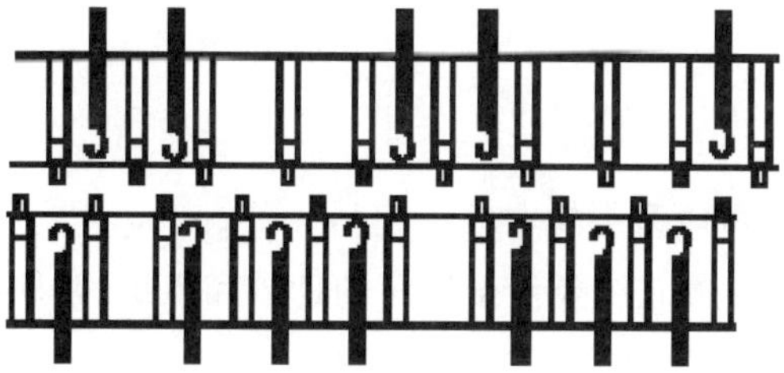	斜角 10 支(12 针)

2. **工艺举例**

(1)某企业一款男装袖口的工艺单(吓数单)如图 3–1–1 所示。该工艺单开针组织:1+1 罗纹;开针数:98 支。

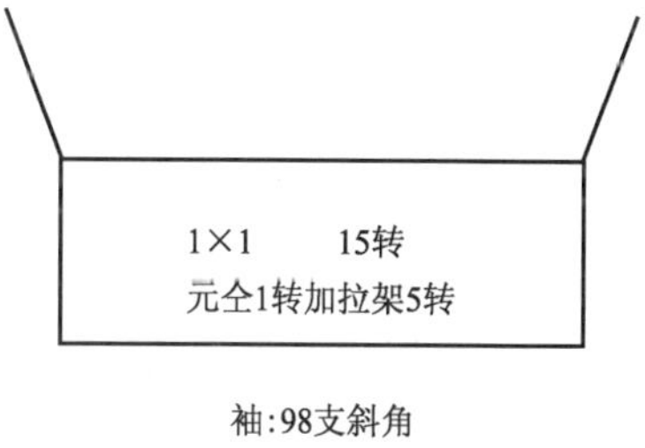

图 3–1–1　男装袖口工艺单

注:“元仝 1 转加拉架 5 转” 指编织 1 转空气层,增加一根弹性长丝编织 5 转;“1×1”指 1+1 罗纹。

操作方法:

在横机的针板上有镶条,镶条上刻有织针槽对应的织针数,如图 1–2–8 所示,一般以前针床上 0 位为开针的对称点,把针床左 49 支与右 49 支之内的织针全部推入工作区,把后针床(或前针床)左边的最后一枚织针和前针床(或后针床)右边的最后的一枚织针退出工作区, 边针斜角设置如表 3–1–1 类别 2 所示,撳 1+1 罗纹。

(2)某企业一款童装袖口的工艺单(吓数单)如图 3–1–2 所示。该工艺单开针组织:2+1 罗纹;开针数:68 支。

操作方法:

把前后针床左 34 支与右 34 支之内的织针全部推入工作区,由于 68/3 的余数为 2,则边针有 2 针,前后各设置一针,把后针床(或前针床)左边的最后一枚织针和前针床(或后针床)右边的最后的一枚织针退出工作区,边针斜角设置如表 3–1–1 类别 3 所示,撳 2+1 罗纹。

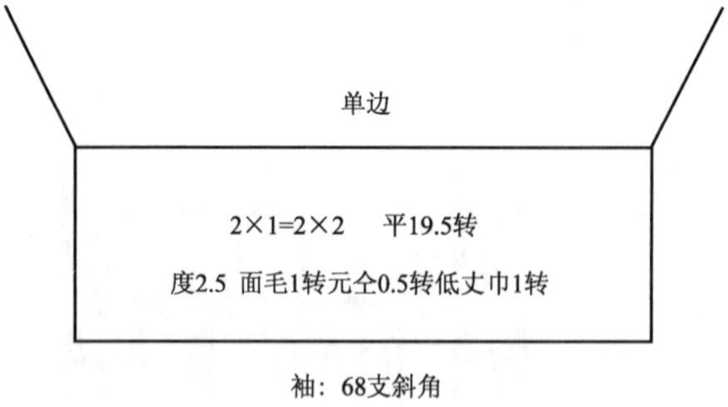

图 3-1-2 童装袖口的工艺单

注："面毛 1 转元仝 0.5 转低丈巾 1 转"指前针床使用毛纱编织一个横列空气层组织后，换用橡皮筋在后针床编织 1 转；"2×1=2×2"指 2+2 罗纹，排针方式为针对齿；"平 19.5 转"指编织 2+2 罗纹 19.5 转。

二、面包底

1. 编织成衣时常用的面包底方式

排针时使用哪一种方式主要依据开针的针数和组织。常用组织的面包底边针设置方式见表 3-1-2。

表 3-1-2 常用组织的面包底边针设置方式

类 别	名 称	排 针	开 针
1	四平	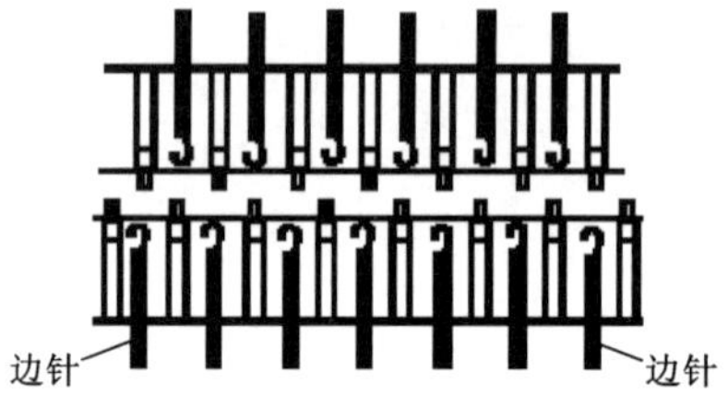	面 1 支包 7 支 13 针
2	1 +1 罗纹	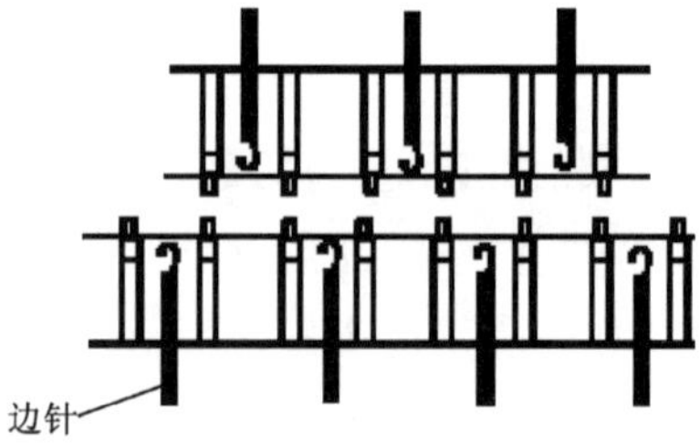	面 1 支包 7 支 7 针
3	2 +2 罗纹	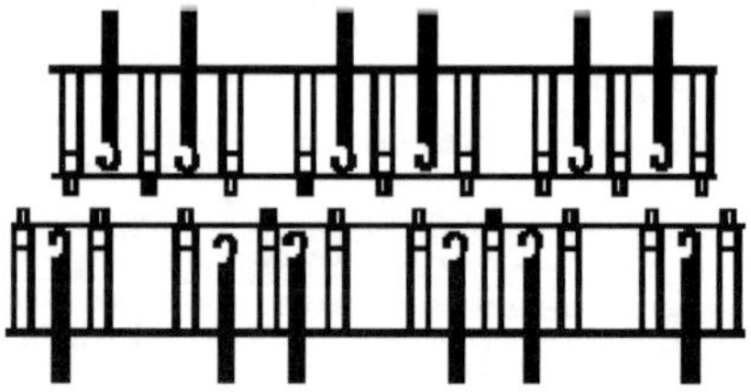	面 1 支包 9 支 12 针

续表

类　别	名　称	排　　　　针	开　针
4	3+2 罗纹	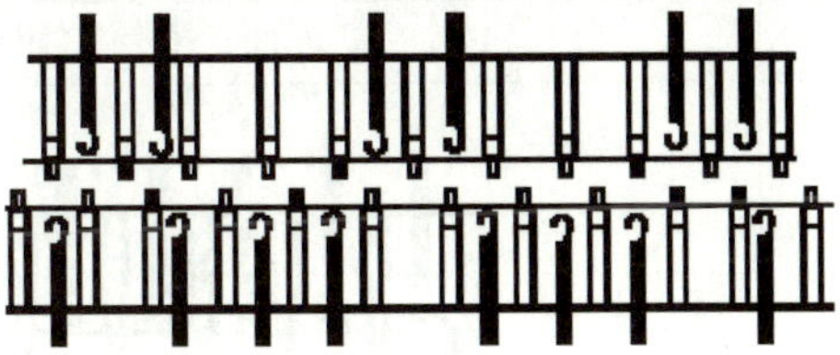	面 1 支包 11 支 14 针
		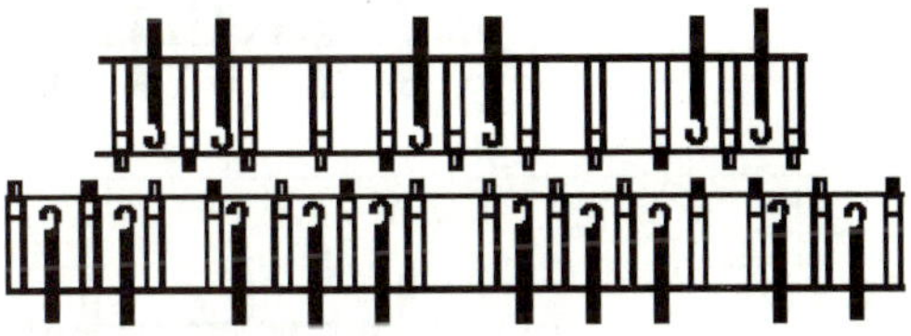	面 2 支包 13 支 16 针

2. 工艺举例

某企业一款女装后片的工艺单(吓数单)如图 3-1-3 所示。该工艺单开针组织:2+2 罗纹;开针数:93 支。

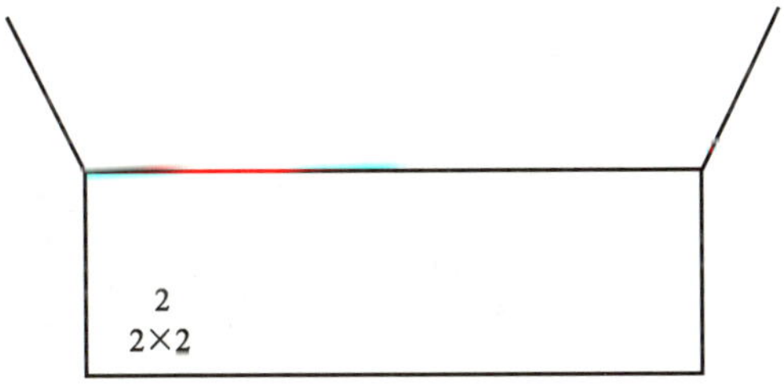

开针　93支=31坑面1支包结上梳

图 3-1-3　男装袖口工艺单

注:“93 支=31 坑”指 93÷3=31 坑,即以 3 支为 1 个循环;“结上梳”指编织第一横列起口线时弯纱深度需要小;“$\overset{2}{2\times2}$”指 2+2 罗纹,排针方式为针对齿。

操作方法:

把前后针床左 46 支与右 47 支之内的织针全部推入工作区,把后针床左边和右边的最后一枚织针退出工作区,边针面包底设置如表 3-1-2 类别 3 所示,撳 2+2 罗纹。

三、底包面

1. 编织成衣时常用的面包底方式

排针时使用哪一种方式主要依据开针的针数和组织。常用组织的面包底边针设置方式见

表3–1–3。

表 3－1－3　常用组织的面包底边针设置方式

类　别	名　称	排　　针	开　针
1	四平		底 1 支包 7 支 13 针
2	1＋1 罗纹	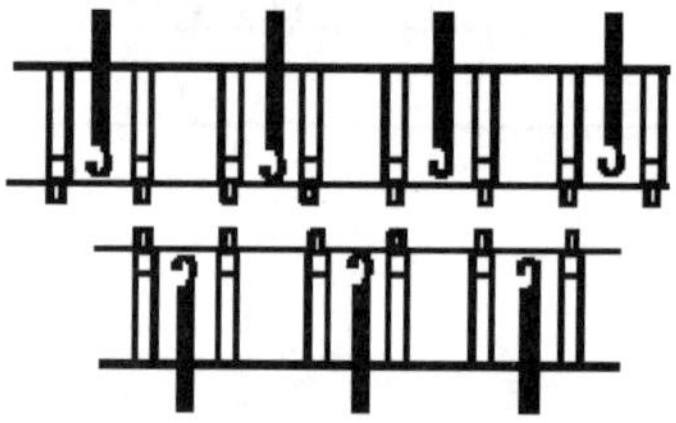	底 1 支包 7 支 7 针
3	2＋2 罗纹	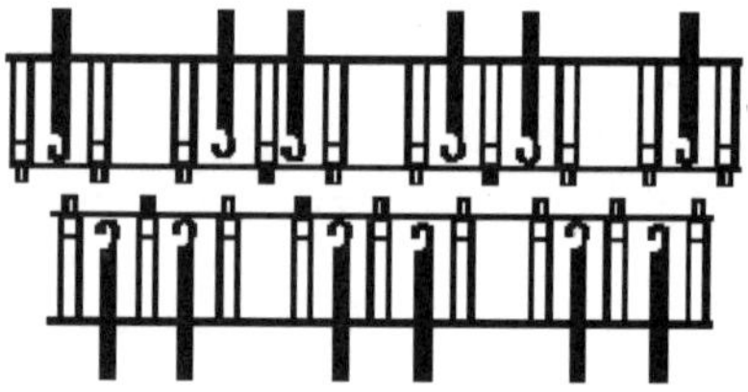	底 1 支包 9 支 12 针
4	3＋2 罗纹	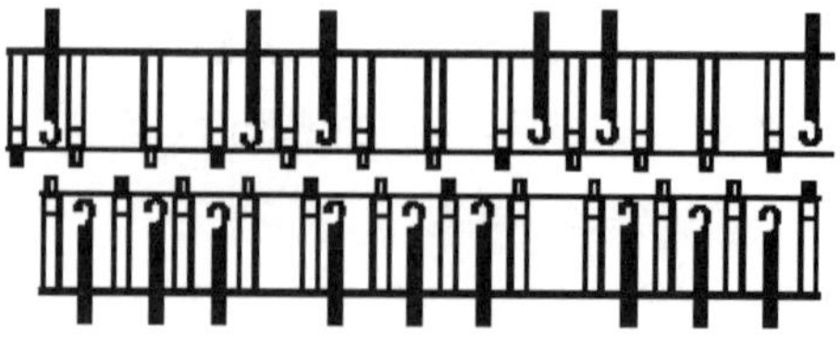	底 1 支包 13 支 15 针
		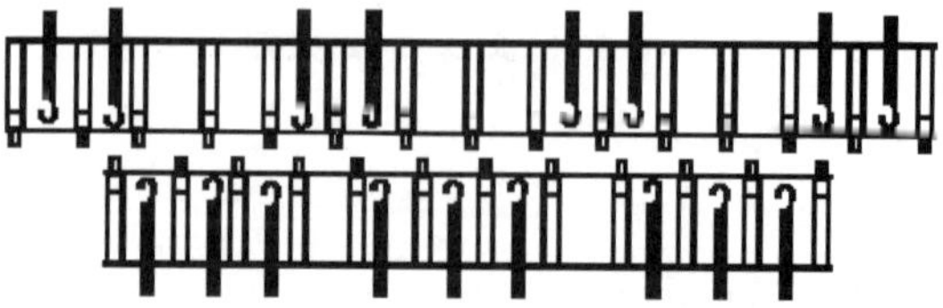	底 2 支包 15 支 17 针

2. **工艺举例**

某企业一女装袖口的工艺单(吓数单)如图 3-1-4 所示。该工艺单开针组织:2+2 罗纹;开针数:88 支。

操作方法:

把针床左 44 支与右 44 支之内的织针全部推入工作区，把前针床左边和右边的最后一枚织针退出工作区，边针设置如表 3-1-3 类别 3 所示，撤 2+2 罗纹。

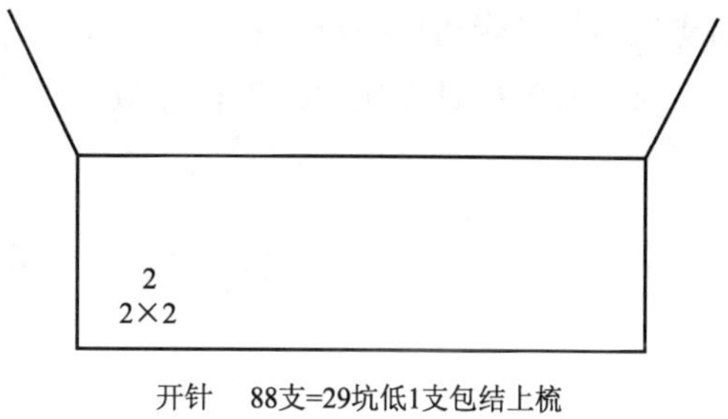

图 3-1-4　底包面工艺单

注:"88 支=29 坑低 1 支"指 88÷3=29 坑余 1 支(通常省略)，即以 3 支为 1 个循环;"结上梳"指编织第一横列起口线时弯纱深度需要小。

"$\overset{2}{2\times2}$"指 2+2 罗纹，排针方式为针对齿。

四、边针方式的选择

通常所说的 2+2 罗纹是以纬编针织物为基础来定义的，即在纬编针织物中，两个正面线圈纵行与两个反面线圈纵行交替配置的组织结构称为 2+2 罗纹组织。那么在横机上如何完成具体的 2+2 罗纹编织呢?

这里涉及另外两个概念，即排针方法与开针宽度。排针方法所要描述的是前后针床上织针的空间位置关系与参加工作的织针在前后针床两端边口处的位置关系，前者包括针对齿与针对针两种方式(示意图略);后者包括面包底、底包面与斜角三种方式。此排针方法既可保持织物结构的对称性与均匀性，又可保持第一横列的编织与上梳牵拉的方便性(即不需要对两端边口做特殊处理);而开针宽度所要描述的是参加工作的织针在针床上的宽度，可用"支数"(其概念来源于华南等地区编织工艺单，它不同于纱线或纤维的细度指标)来表示，它指在整个工作织针宽度上、主要以单面(通常为前针床)计算所具有的织针个数。如图 3-1-5 所示，对于面包底，前针床上具有的织针数为 9 支，这里既包括参加工作的织针又包括退出工作的织针;对于底包面，它包括前针床上的 8 支与后针床两端边口处各多出的 1 支，共 10 支;对于斜角，它包括前针床上的 7 支与后针床左侧或右侧边口处多出的 1 支，共 8 支。反过来，若给定需要开针宽度(支数)来决定排针方法，对应地也包括三种情况:当开针支数除以 3 为整数时，取面包底，开针支数按前针床的支数计算;当开针支数除以 3 余数为 1 时，取底包面，开针支数按前针床上的支数与后针床两侧边口处各多出 1 支计算;当开针的支数除以 3 余数为 2 时，取斜角，开针支数按前针床上

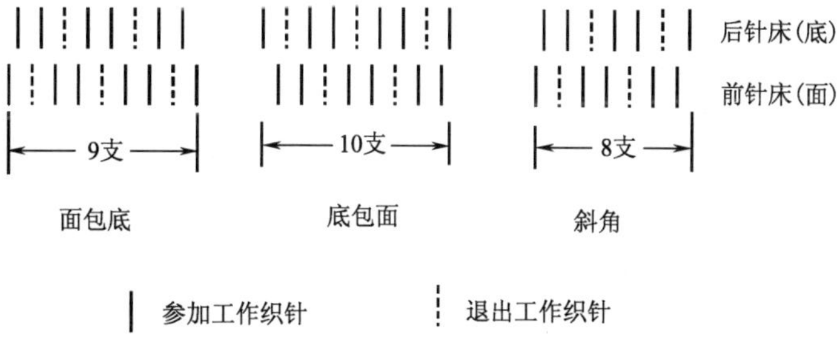

图 3-1-5　2+2 罗纹的排针方法与开针宽度(支数)

的支数与后针床边口左侧或右侧多出 1 支计算。

对于对针排针方法的处理相类似。

第二节　起口的实际操作

在羊毛衫的加工与生产中,在开针后,开始编织前,织针上没有线圈称为空针起编,简称为起口。起口编织是重要的工艺程序。常见的起口编织有单边起口和双边起口。边口有平直形、曲线形等形状。

一、单边起口

单边起口是横机起口的方式之一,衣片的下摆常采用单边起口。横机上单边起口可采用多种形式,常用的单边起口有纬平针起口和一隔一开针起口。

1. 纬平针起口

双针床横机关闭起针三角 2、3 或把后针床的织针置于停针区。把机头带纱置于横机右侧工作区之外,以前针床上 0 针位为对称点开针,顶上所需数量的织针,左手拿着梳栉(起底板),从前后针床齿口隙中慢慢上升,升出针床齿口隙,梳栉向前针床靠近且高度适宜,然后将机头慢慢移向左边,使织针通过梳栉空隙钩住纱线,这样就完成了起口第一横列 1 编织,如图 3-2-1 所示。在梳栉的下面挂上适量的牵拉重锤,把重锤吊于梳栉的中心孔或者左右孔。向右移动机头即可开始编织第二横列 2,如图 3-2-2 所示。持续编织完成单边起口。纬平针织物起口效果如图 3-2-3 所示。

梳栉的梳齿中含有钢丝,单边起口时可以不用,编织第一个横列后,吊上重锤即可;也可以先抽出钢丝,在编织完成第一个横列后,再把钢丝穿回梳齿中,吊上重锤。

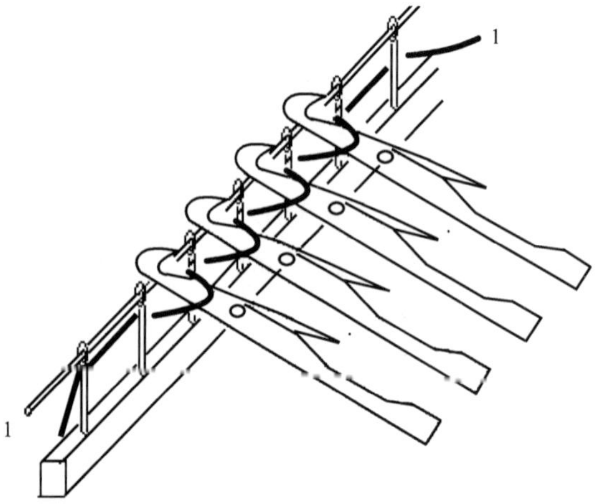

图 3-2-1　纬平针起口第一横列

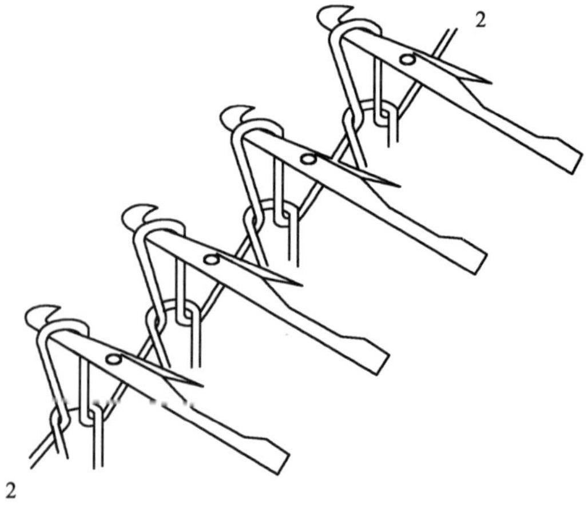

图 3-2-2　纬平针起口第二横列

图 3-2-3　纬平针织物起口效果图

2. 一隔一开针起口

以前针床上 0 针位为对称点开针，顶上所需数量的织针，织针的排列方式如图 3-2-4 所示，编织起口第一横列 1，如图 3-2-5 所示。吊上重锤，然后把织针全部推入工作区，再向右移动机头，即可编织如图 3-2-6 所示的第二横列 2。持续编织完成单边起口。

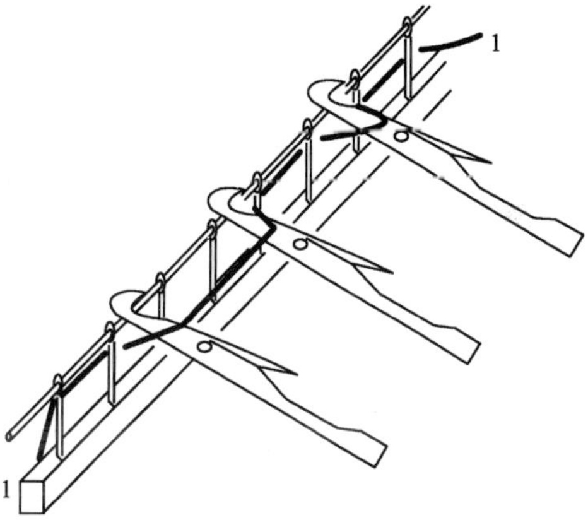

图 3-2-4　一隔一开针起口

3. 防脱散起口

在图 3-2-1 中所形成的第一横列 1 称为起始横列。如起始横列使用的纱线为成品的纱线，起始横列的线圈为成品的边缘横列，称为毛起口。如起始横列使用的纱线为废纱或低质量的纱线，起始编织 3~5 横列，然后再换为成品所使用的纱线，下机后把废纱横列拆除，称为纱起口。

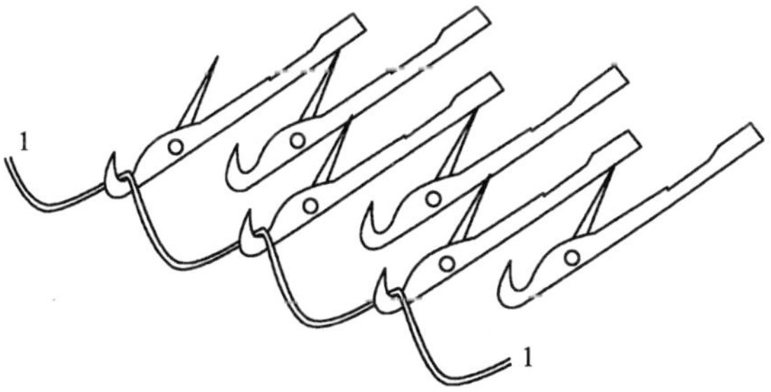

图 3-2-5　一隔一开针起口第一横列

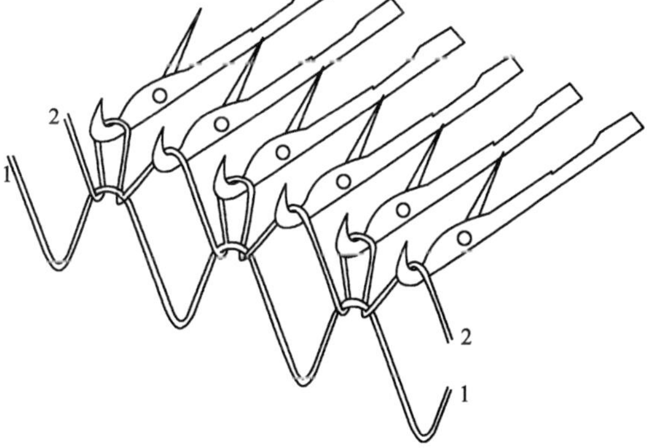

图 3-2-6　一隔一开针起口第二横列

单边纬平针组织因顺、逆编织方向均易脱散而难以用在羊毛衫的边口上，应将其顺编织方向的脱散性消除，可使羊毛衫的边口保留其独特的卷边效果。以下将介绍防脱散编织方法。

(1)毛起口。

①双边顺编织方向防脱散横列。图 3-2-7 所示为双边顺编织方向防脱散横列直接毛起口的编织过程。

a. 如图 3-2-7(a)所示,利用手工的方法将毛纱 AB 直接将圈套在各枚织针上。

b. 如图 3-2-7(b)所示,将穿线板的钩子直接挂于 AB 上,以便形成牵拉。

c. 如图 3-2-7(c)所示,进行下一横列纱线 CD 的正常纬平针编织,便可形成线圈结构。

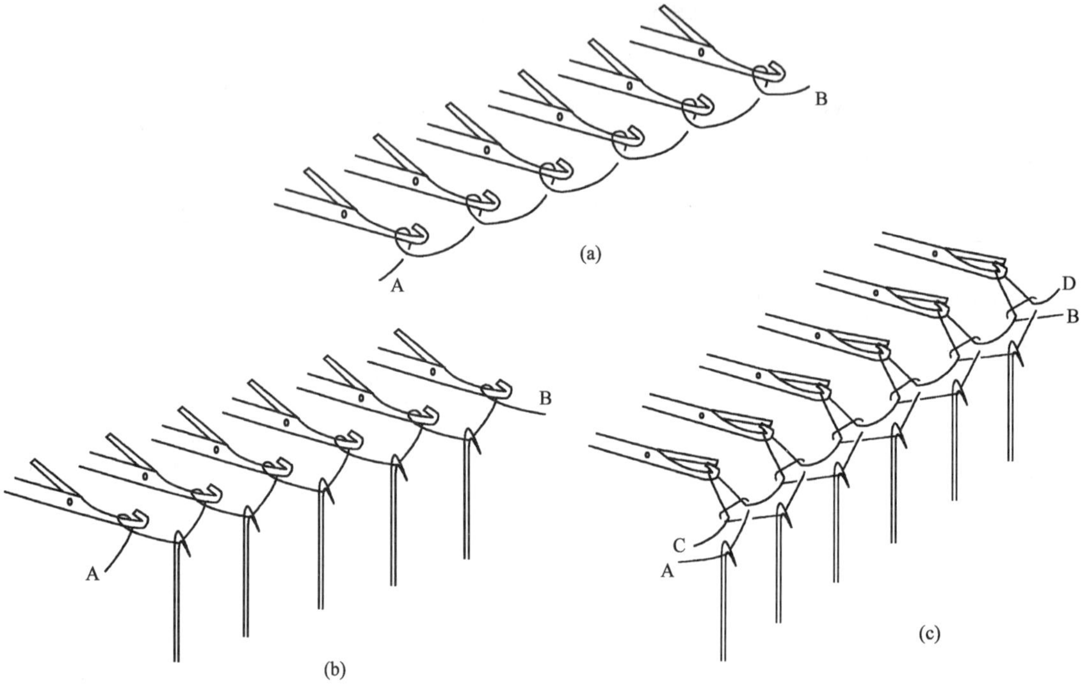

图 3-2-7　双边顺编织方向防脱散横列直接毛起口编织过程

防脱散起口效果如图 3-2-8 所示。

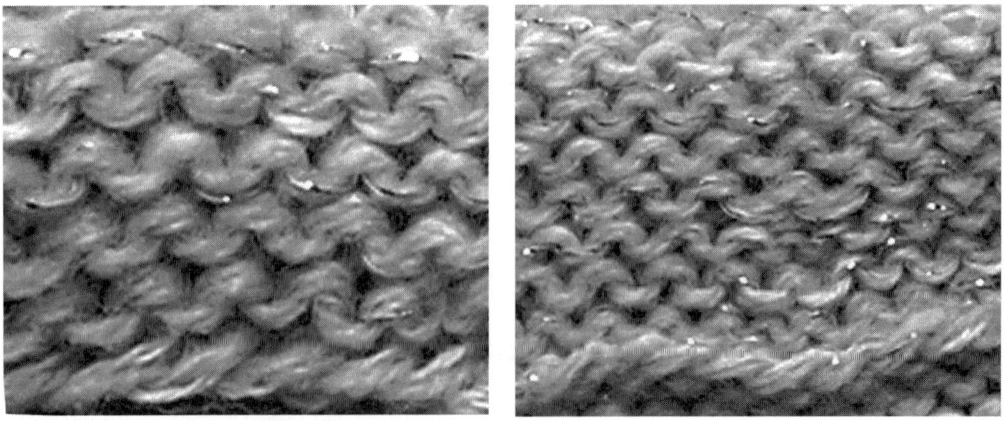

(a) 防脱散横列(毛起口)　　(b) 防脱散横列(纱起口)

图 3-2-8　防脱散起口效果图

②单边顺编织方向防脱散横列。单边顺编织方向防脱散横列的编织过程与双边顺编织方向防脱散横列基本相同,不同之处有两点。

a. 在第一编织步骤中,让毛纱隔针进行圈套。

b. 在第三编织步骤中,让第一编织步骤中没有工作的织针同时参加编织,这里省略编织过程的图示说明。

(2)纱起口。

①双边顺编织方向防脱散横列。图 3-2-9 为双边顺编织方向防脱散横列纱起口的编织过程。

a. 如图 3-2-9(a)所示,将定幅梳栉上提,使得前针床需要工作的各枚织针能够通过钢丝下方钩住机头纱,再对定幅梳栉进行牵拉。

b. 如图 3-2-9(b)所示,依据需要编织数横列机头纱后,再更换毛纱 MN 编织一横列(即将进行调整的防脱散边口横列)。

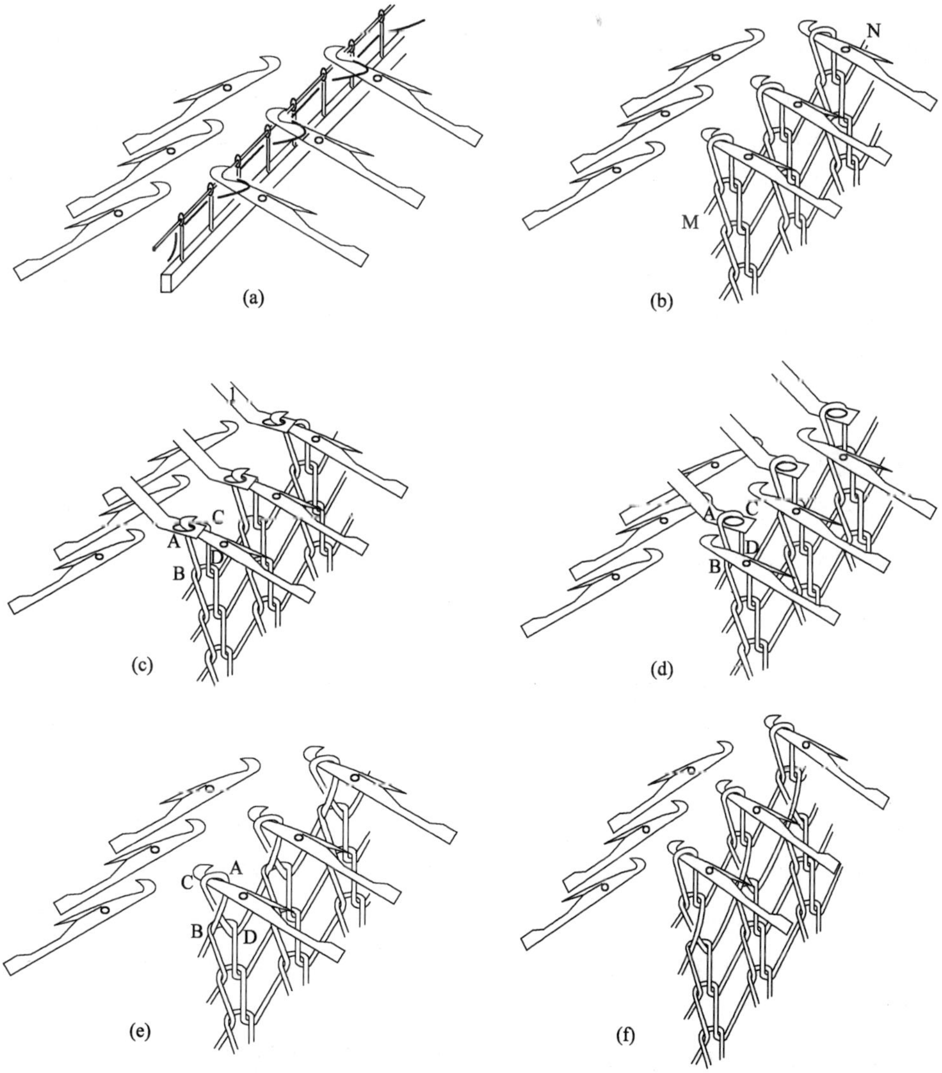

图 3-2-9　双边顺编织方向防脱散横列编织过程

c. 如图 3-2-9(c)、(d)所示，让翻针板带有孔眼针 1 先钩住织针，再拉动织针，使织针上的线圈先进行退圈，然后再下压织针，使得织针上的线圈借助针舌脱套在翻针板上。

d. 如图 3-2-9(c)、(d)、(e)所示，将翻针板上的线圈移动位置，使得线圈上的圈柱 AB 由织针的一边转移到另一边，然后将线圈以交叉的形式(即圈柱 AB 与 CD 在织针的两边位置交换)重新套回到原来的织针上(也可将翻针板上的线圈以交叉的方式套于后针床，这里的示意图略)。

e. 如图 3-2-9(f)所示，进行下一横列毛纱的正常纬平针编织，下机后可将机头纱撤除，便可形成线圈结构。

②单边顺编织方向防脱散横列。单边顺编织方向防脱散横列的编织过程与双边顺编织方向防脱散横列基本相同，不同之处有两点。

a. 在编织步骤 a 中，它是将前针床需要工作的织针通过钢丝下方钩住机头纱。

b. 在编织步骤 e 中，让第一编织步骤中没有工作的织针同时参加编织，这里省略了编织过程的图示说明。

③编织过程中的工艺控制要点。为了减少防脱散横列在编织过程中存在断线可能，需要尽量降低纱线张力。控制纱线张力的工艺要点包括：其一，增加防脱散横列的线圈长度，以尽量减少纱线对织针的包围角，对于毛起口可用手工方法来放松处理，对于纱起口可调节弯纱三角的弯纱深度；其二，在防脱散横列编织完成后的下一横列编织时，需要降低编织速度，以减少纱线的动态波动张力。

纬平针顺编织方向防脱散横列的编织关键，在于控制沉降弧所在的线圈纵列，可采用双边顺编织方向防脱散横列与单边顺编织方向防脱散横列两种方法。在编织过程中，需要完成线圈的交叉配置，同时需要尽可能地降低编织过程中纱线的张力。

二、双边起口

罗纹是横机起口的主要方式之一，深入探讨与研究其编织工艺，对理解与掌握羊毛衫边口的操作与设计具有重要的现实意义。衣片的下摆常采用罗纹组织，罗纹组织具有顺编织方向不脱散的光滑起口边缘。以下介绍常见双边起口的操作方法。

1. 1+1 罗纹起始横列

1+1 罗纹在双针床横机上编织，需开启全部起针三角。把机头带纱置于横机右侧工作区之外，以前针床上 0 针位为对称点开针，将前后针床编织幅宽内的全部织针向上推入工作区，再使用 1+1 罗纹板(起针板、开针板)，将前后针床上不参加罗纹编织的织针沿着针槽下压至停针区，如图 3-2-10 所示。把梳栉中的钢丝抽出，机头在横机的右边带上纱嘴架，从右到左对织针进行第一横列的垫纱。左手拿着梳栉(起底板)，从前后针床齿口隙中慢慢上升，升出针床齿口隙，穿过线圈，把起口线圈各线段分开，然后从梳齿小孔中穿入钢丝，在梳栉的下面挂上适量的牵拉重锤，这样就完成了起口第一横列的编织。图 3-2-11 为 1+1 罗纹起口效果图。

如起始横列采用纱起口，则在编织时，可以不用把梳栉中的钢丝抽出，直接起始编织，挂上适量的牵拉重锤编织数转后，再换为成品所使用的纱线，下机后把废纱横列拆除。

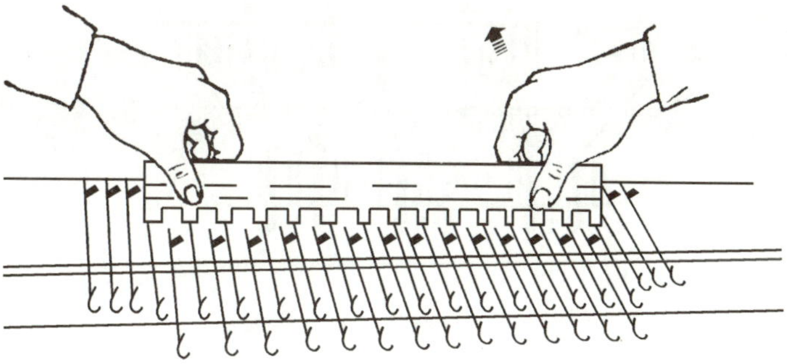

图 3-2-10 1+1 开针

(a) 正面

(b) 反面

图 3-2-11 1+1 罗纹起口效果图

2. 2+2 罗纹起始横列

2+2 罗纹在双针床横机上编织，需开启全部起针三角。把机头带纱置于横机右侧工作区之外，以前针床上 0 针位为对称点开针，将前后针床编织幅宽内的全部织针向上推入工作区，再使用 2+1 罗纹板（起针板、开针板），将前后针床上不参加罗纹编织的织针沿着针槽下压至停针区。上梳栉操作与 1+1 罗纹相同，在梳栉的下面挂上适量的牵拉重锤，完成 2+2 起口第一横列的操作，如图 3-2-11 所示。然后把后针床向右移动一个针距，使排针的方式如图 3-2-12 所示，完成 2+2 罗纹起口编织。图 3-2-13 为 2+2 罗纹起口效果图。

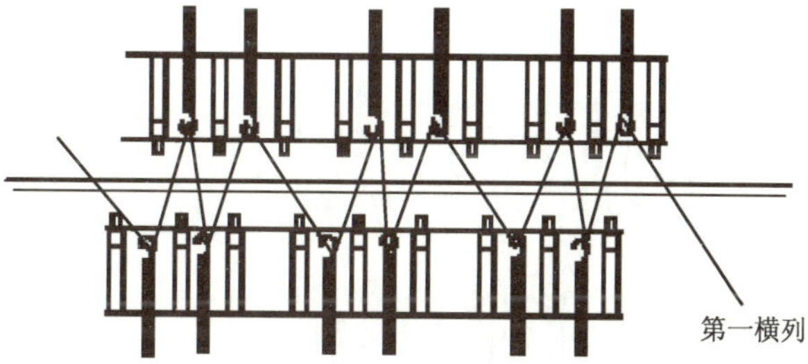

图 3-2-12

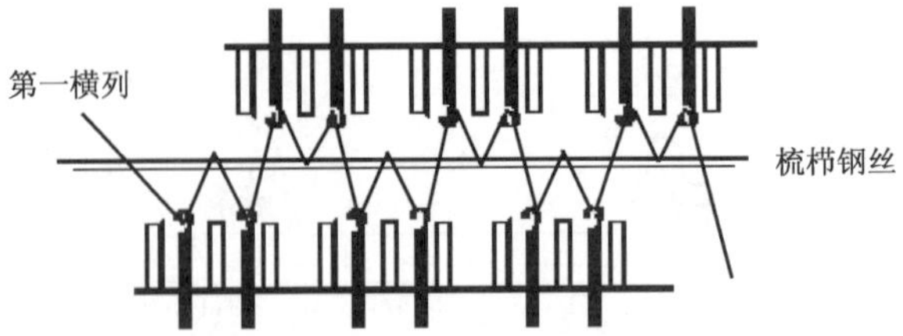

图 3-2-12　2+2 罗纹起始横列

(a) 正面

(b) 反面

图 3-2-13　2+2 罗纹起口效果图

3. 3+2 罗纹起始横列

3+2 罗纹起始横列不满足空针成圈编织的几何条件，因此 3+2 罗纹的起始横列是四平开针，其排针方式如图 3-2-14(a)所示。开启全部起针三角。以前针床上 0 针位为对称点开针，将前后针床编织幅宽内的全部织针向上推入工作区。上梳栉操作与 1+1 罗纹相同，在梳栉的下面挂上适量的牵拉重锤，然后使用收针柄(扒子)移圈，形成如图 3-2-14(b)所示的排针方式，完成 3+2 罗纹起口第一横列。图 3-2-15 为 3+2 罗纹起口效果图。

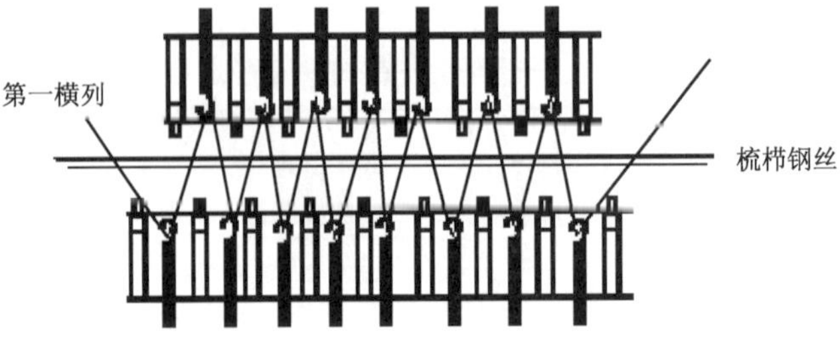

(a)

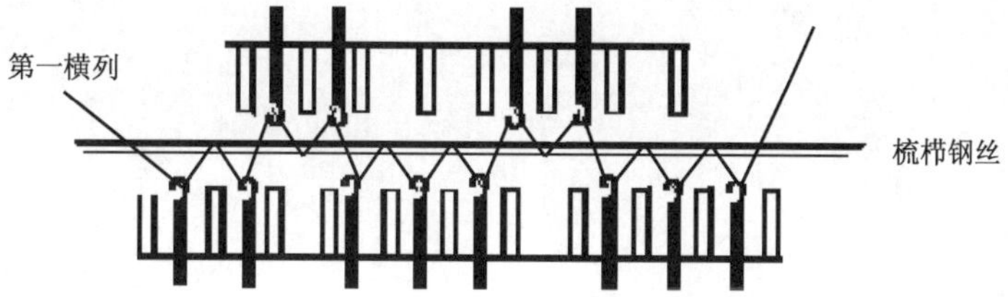

(b)

图 3-2-14　3+2 罗纹起始横列

(a) 正面

(b) 反面

图 3-2-15　3+2 罗纹起口效果图

4. 3+3 罗纹起始横列

开启全部起针三角。以前针床上 0 针位为对称点开针，将前后针床编织幅宽内的全部织针向上推入工作区，再使用罗纹板（起针板、开针板）将前后针床上不参加罗纹编织的织针沿着针槽下压至停针区，如图 3-2-16 所示。上梳栉操作与 1+1 罗纹相同，在梳栉的下面挂上适量的牵拉重锤，然后把后针床向右移动两个针距，完成 3+3 罗纹起口编织。图 3-2-17 为 3+3 罗纹起口效果图。

图 3-2-18 为 4+4 罗纹起口效果图，其编织方法与 3+3 罗纹起口类似。

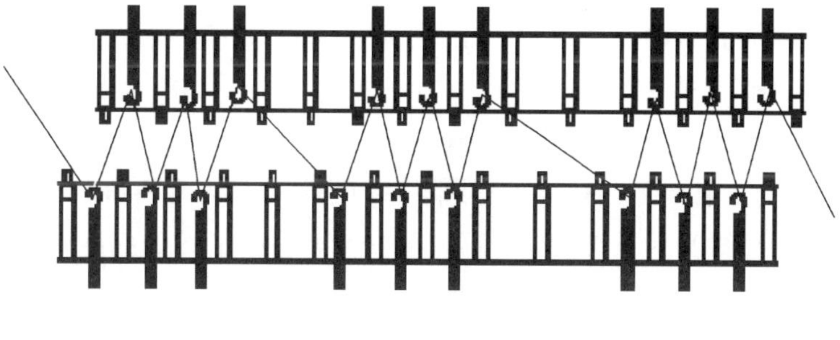

图 3-2-16　3+3 罗纹起始横列

(a) 正面

(b) 反面

图 3-2-17　3+3 罗纹起口效果图

(a) 正面

(b) 反面

图 3-2-18　4+4 罗纹起口效果图

5. 空针成圈编织的几何条件

为获得空针成圈编织的几何条件,现给出单针床上可进行空针成圈编织与不可进行成圈编织的两种情况,分别如图 3-2-19、图 3-2-20 所示。在图 3-2-19(a)中,M 为针床平面(下同),织针 A 为空针,其他针织在 1—1 横列上分别存在各自的旧线圈,待下一横列 2—2 编织后[图 3-2-19(b)],织针 A 上的纱线将以悬弧的形式处在针杆之上。不妨定义纱线 ba 与 ac 为织针 A 的起口线,而其他织针在 2—2 横列上将进行正常的线圈编织,在 3—3 横列编织后[图 3-2-19(c)],所有织针均可进行正常的成圈编织。在图 3-2-20(a)中,织针 A 与 B 为空针,其他针织分别具有 1—1 横列上的旧线圈,待下一横列 2—2 编织后[图 3-2-20(b)],织针 A 与 B 上的纱线将以加宽(相对单个空针增加了一个针距)悬弧的形式处在针杆之上。同样定义纱线 ab、bc 与 cd、de 分别为织针 A 与 B 各自的起口线,而其他织针在 2—2 横列上将进行正常的线圈编织,待下一横列 3—3 编织后[图所示 3-2-20(c)],其他织针可进行正常的成圈编织,但织针 A 与 B 只能形成一个类似 2 倍线圈结构的大线圈。由于这两枚织针不能进行自身的线圈编织,因此,被认为不能进行空针成圈编织。从上述两个特例上看,空针能否进行正常的线圈编织,关键取决于

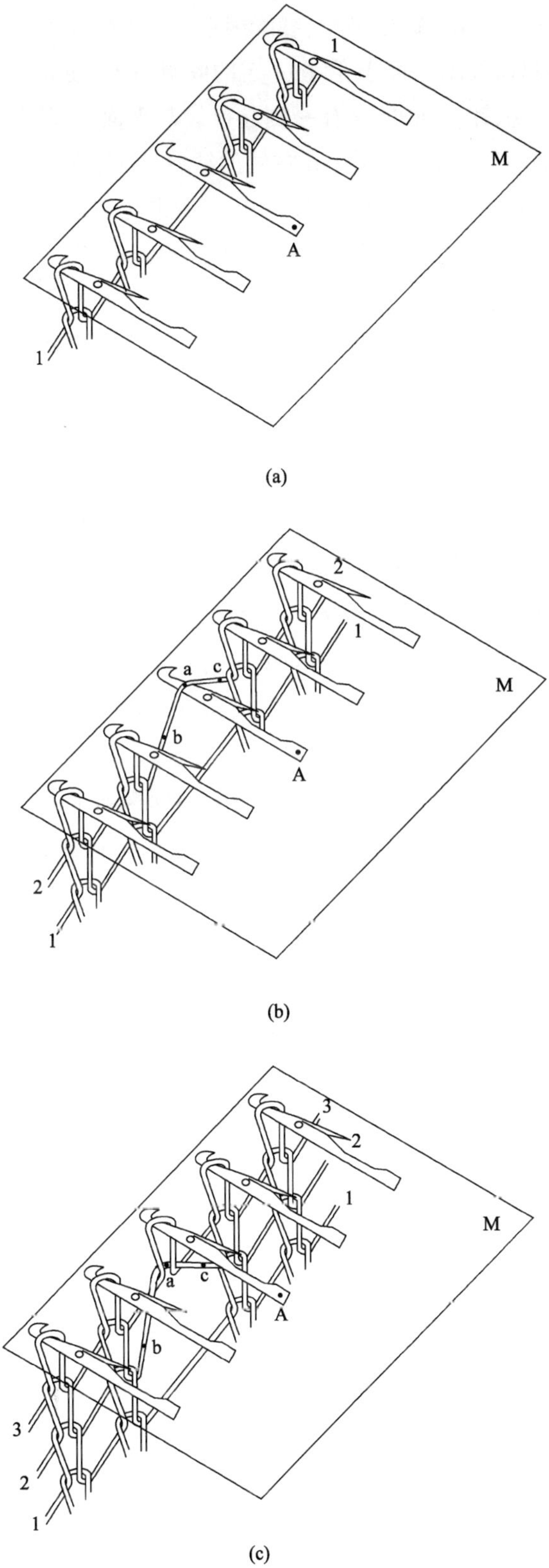

图 3-2-19　可进行空针成圈编织的织针在不同横列的编织状态

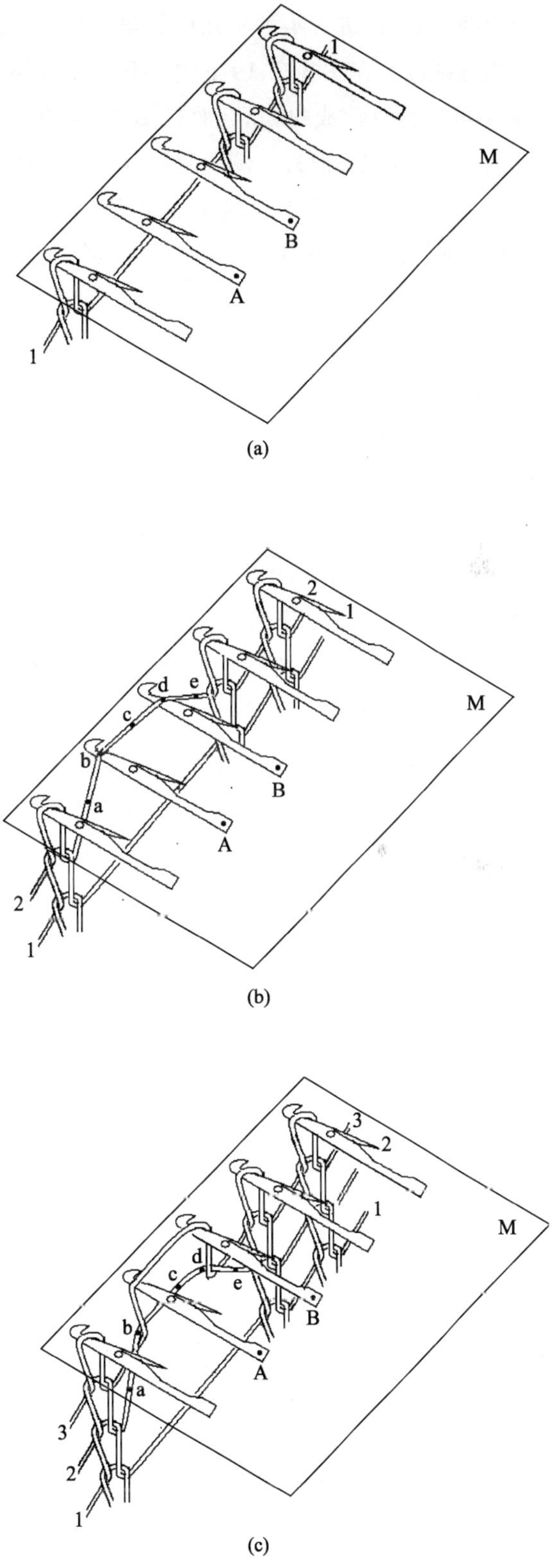

图 3-2-20　不可进行空针成圈编织的织针在不同横列的编织状态

起口线的状态，进一步可从几何的角度来考虑，假定针杆与针床平行，纱线因牵拉力的作用而为分段直线段。在图 3-2-19(b)中，织针 A 两侧的起口线均与面 M 存在一定的倾斜角度，使得织针 A 可进行空针成圈编织；而在图 3-2-20(b)中，织针 A 或 B 仅有一侧起口线与平面 M 存在一定的倾斜角度，而另一侧的起口线(织针 A 右侧的纱线 bc 与织针 B 左侧的纱线 cd)与平面 M 平行或处于面内(由于纱线仅可在两个针杆上滑动)，其结果是织针 A 或 B 不能进行空针成圈编织。尽管该规律从特例中得出，但具有普遍性，它不仅适合于单针床也适合于双针床。对于单枚织针是否能够进行空针成圈编织，关键在于其两侧的起口线是否与针床平面 M 具有一定的倾斜角度，若两者均有一定的角度，则该枚织针可以进行空针成圈编织，否则其不能进行空针成圈编织。从整个编织横列上看，在相对针床上无工作织针的条件下，若各枚空针起口线在同一针床上没有连接成直线，则在下一横列编织时，各枚空针均可进行成圈编织，否则将存在着某些空针不能进行成圈编织。

(1)纬平针起口的基本要求。纬平针起口的基本要求是：保持每枚针织上的起口线要与针床平面存在一定的倾斜角度，既可在同一横列完成整个参加工作织针的起口工作，又可分不同横列来完成。现以双针床为例，来说明同一横列整体起口的情况。如图 3-2-21(a)所示，尽管各枚空针的起口线在定幅梳栉梳齿中的状态(A 处)并不均匀，但由于每枚针织两侧的起口线均能满足空针成圈的编织条件，因此，它是一种正常纬平针的起口状态；而在图 3-2-21(b)中，由于织针A 右侧与织针 B 左侧的起口线均与针床 M 平行，因此，它属于不正常的起口状态，若继续进行下一横列的编织，则在 A 与 B 处只能形成一个大线圈。另一类起口编织可在不同横列来进行(常在提花机中使用)。如图 3-2-21(c)、(d)所示，织针 A、C 与 E 在 1—1 横列先起口，此时，它们均满足空针成圈编织的条件，待下一横列 2—2 编织后，其全部可以进行成圈编织；而织针 B、D 与 F 在 1—1 横列上仍保持空针状态，待下一横列 2—2 编织时再进行起口编织，此时，每枚织针的起口线也可保证空针起口成圈编织的条件。可以预测，待下一横列编织后，各针均可进行正常的线圈编织。

(2)罗纹起口的基本要求。罗纹组织大体上可分为两大类，第一类为前、后针床上参加工作织针的针数相等，如 1+1、2+2、3+3 等，第二类为参加工作的织针针数不相等，如 1+2、2+3、1+3

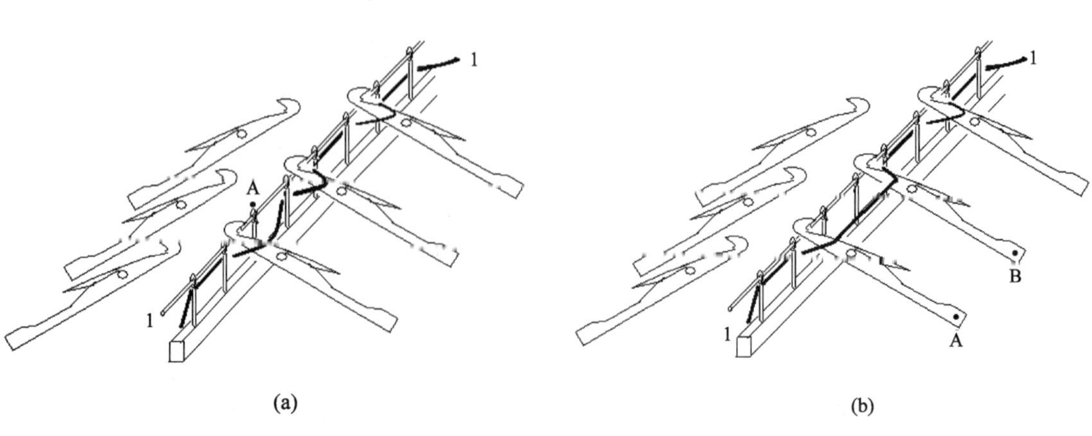

(a)　　　　(b)

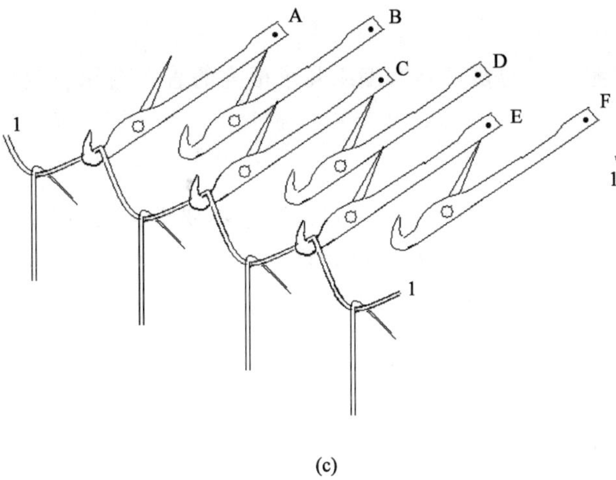

图 3-2-21　纬平针起口时起口线的编织状态

等。对于第一类,如 1+1 罗纹,由于每枚织针在直接起口编织时的起口线均可满足空针成圈编织的条件,因此,可使用直接起口的方法来起口(示意图略)。而对于 2+2 罗纹,若使用直接起口[图 3-2-22(a)],此时,织针 A、B、C 与 D 的某一侧均有不能满足空针成圈编织条件的起口线,因此 2+2 罗纹不能进行直接起口编织。通常的做法是将前或后针床先移动一个针距,再进行起口编织,这时每枚织针均可满足起口成圈编织的条件,如图 3-2-22(b)所示。待下一横列编织时,各针均可进行成圈编织(示意图略)。对于 3+3 及以上罗纹,若直接起口,则必然存在着织针不符合空针成圈的编织条件,若再结合使用移动针床的方法,则由于其超出了其他工艺的影响范围,一般也较难实现。因此,通常以 1+1、2+2 罗纹或纬平针先起口,再经移圈方式来完成(示意图略)。对于第二类罗纹,也必然存在着织针不能满足空针成圈的编织条件,处理方法与 3+3 罗纹类似。

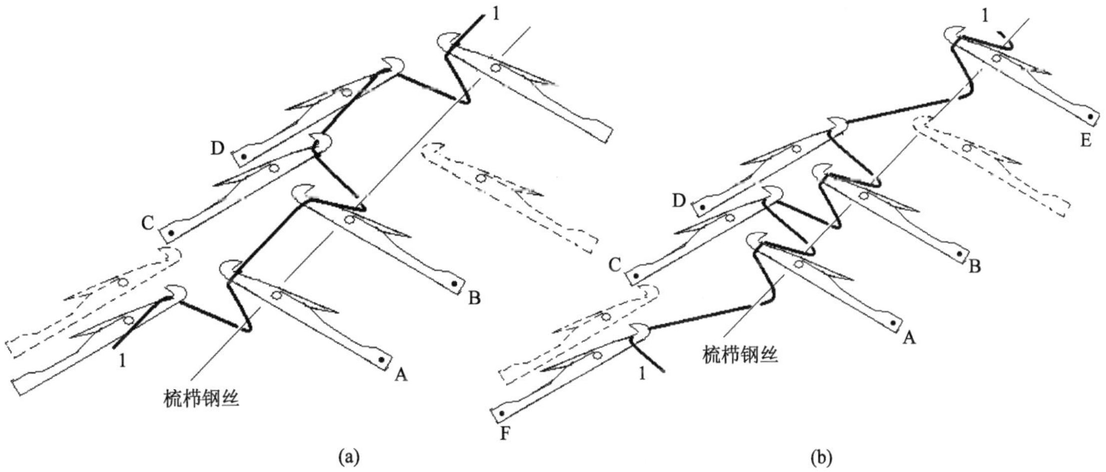

图 3-2-22　2+2 罗纹直接起口的编织状态

三、起口空转与边针

在完成了开针和起口横列的编织后，按照工艺的要求还需编织几个横列的管状组织，俗称起口空转。

1. 起口空转编织的必要性

下面以 2+2 罗纹为例介绍空转的必要性。空转编织是 2+2 罗纹起口基本要求，一方面，由于 2+2 罗纹起口的第一横列是参加工作的织针 1 隔 1 交错配置编织的结果，若不改变两针床的位置关系而继续编织，实际上将进行不均匀（由于参加工作的织针在针床的位置不均匀）的 1+1 罗纹组织编织，若在编织第一横列后，先进行针床移位，这样会增加下一横列编织的难度；另外，由于在编织第一横列时，为了增加边口的美观程度，要求弯纱深度偏小掌握，这样也会进一步增加针床移位而产生的编织难度。另一方面，若能够进行一转空转的编织，第一横列的纱线将能够从各枚织针的针舌上脱圈，而空转横列的线圈将分别位于前后不同的针床。从编织过程上看，它可以克服上面所述的困难；从织物下机后的性能上看，它也改变了织物内部线圈的编织结构，使得空转横列上线圈沉降弧相对于直接罗纹编织横列的沉降弧有较小的弯曲与扭转，从而改变了边口的圆顺性。因此，空转编织是 2+2 罗纹起口编织的一个必要环节。

在实际生产中，常有多种工艺因素影响 2+2 罗纹起口正常编织。在编织之前，需要确定其排针方法与开针宽度；编织时，既要注意针床的横移、起针三角的对应控制、弯纱深度的调节等基本操作，又要严格编织程序。

2. 边针对起针三角控制空转编织顺序的要求

边针与空转的关系：边针在面底先织，边针在底面先织。

如图 3-2-23 所示，假设后针床左侧较前针床多出 1 枚织针，并让后针床先进行空转编织，即关闭起针三角 1 与 3。在编织过程中，由于机头的换向，使得织针 5 上原来垫放的纱线跟随着导纱器一起反向移动而脱离针钩，其结果是织针 5 不但不能进行正常的线圈编织，而且造成了漏针。因此，在空转开始编织时，应注意对起针三角控制的要求。当后针床左侧较前针床多出 1 枚织针时，应关闭后针床右侧的起针三角；当后针床左侧较前针床少 1 枚织针时，应关闭前针床右侧的起针三角。

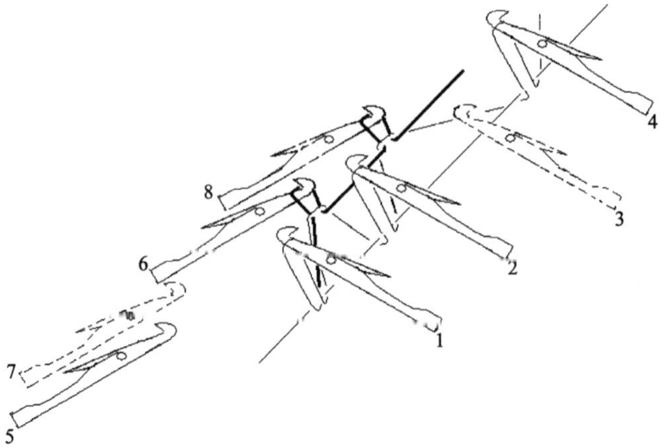

图 3-2-23　前后针床空转编织先后次序示意图

四、起口的主要编织方法

1. 针床横移 1 个针距

以 2+2 罗纹为例说明：需要将针床横移 1 个针距，以确保参加工作织针能够 1 隔 1 相错配置，但从操作的方便上看，总希望直接进行第一横列编织，现将上述两种编织情况（常规编织与直接编织分别用Ⅰ与Ⅱ表示）进行对比，其中，图 3-2-24 为Ⅰ的第一横列，图中，1、2、3、4、5、6、7、8 等表示织针编号，实线 1、2、4、5、7、8 为参加工作织针，虚线 3 与 6 为退出工作织针，1 与 5 号织针在针床的左端，整个编织示意图仅画出了针床左端的部分编织情况，图中省略梳栉与针床部分（下同），图 3-2-24 给出了梳栉钢丝文字说明（以下示意图省略梳栉钢丝位置的文字说明）。图 3-2-25 为Ⅰ的第一横列加半转空转，图 3-2-26 为Ⅰ的第一横列加一转空转，图 3-2-27 为Ⅱ的第一横列，图 3-2-28 为Ⅱ第一横列加半转空转。在图 3-2-24~图 3-2-28 中，最后一横列编织的纱线用黑色粗实线表示，其他各编织横列的纱线用细实线表示（下同）。从图 3-2-24 可以看出，各枚参加工作织针上纱线的两端均受到梳栉钢丝的直接牵拉，待空转编织时（图 3-2-25、图 3-2-26），这些纱线在退圈后可分别对新垫放的空转纱线形成完全封口，使其成为大小

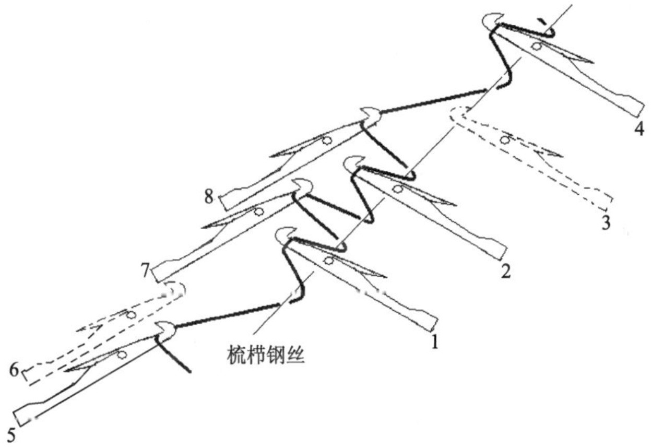

图 3-2-24 常规编织第一横列与梳栉牵拉状态示意图

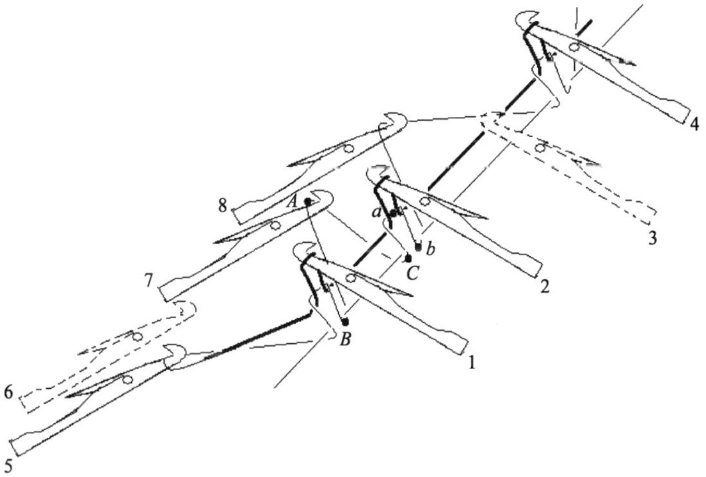

图 3-2-25 常规编织第一横列与半转空转状态示意图

正常的线圈;从图 3-2-27 以看出,各枚参加工作织针上纱线的仅一端受到梳栉钢丝的直接牵拉,同一针床上连续参加工作织针(例如 1 与 2 或 7 与 8)中间位置的纱线处于伸直状态,待下一横列编织时(图 3-2-28),这些纱线在脱圈后只能对新垫放的纱线一端起到直接牵拉作用,而不能将其完全封口,其结果是将两枚参加工作织针上的新纱线变成一个大的线圈。可以预测,若再进行新的横列编织,这些刚刚形成的大线圈在脱圈后,也只能让两枚织针上新的纱线再次成为新的大线圈。因此,在编织第一横列之前,为了让各枚参加工作的织针能够形成大小正常的线圈,必须进行针床横移的操作。

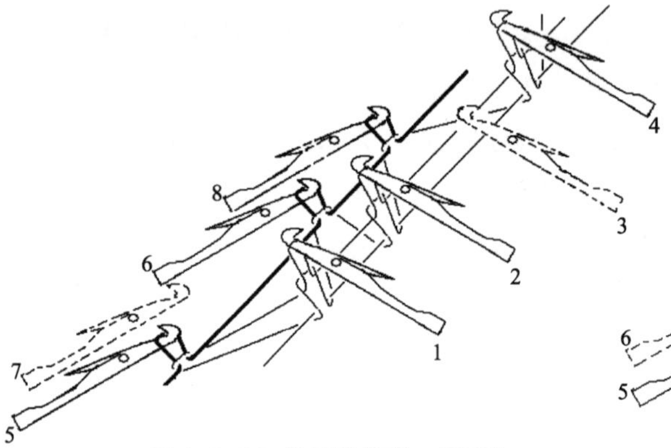

图 3-2-26 常规编织第一横列与一转空转状态示意图

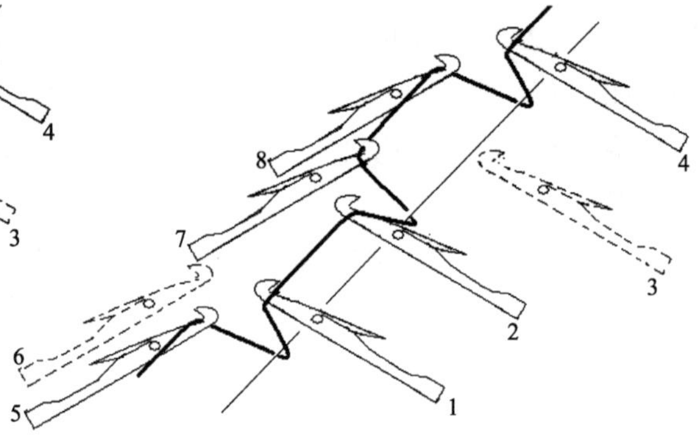

图 3-2-27 直接编织第一横列与梳栉牵拉状态示意图

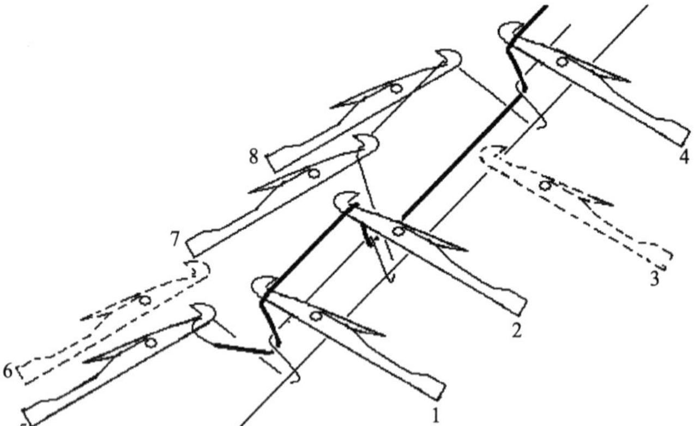

图 3-2-28 直接编织第一横列与半转空转状态示意图

2. *针床复位操作在时间点上的选择*

在梳栉挂重锤之后,对针床复位操作在时间点上存在两种选择,一种是先进行空转编织再进行针床复位,另一种是先进行针床复位再进行空转编织。图 3-2-29 为梳栉挂重锤之后先进行针床复位的状况,图 3-2-24 可看成是先进行空转编织再进行针床复位之前的状况。将两者进行对比,图 3-2-29 中织针 1 与 5 之间的横向(沿针床方向)间距,由一个半针距减少到半个针距,织针 2 与 7 之间的横向间距保持不变,织针 1 与 7、织针 2 与 8 等织针之间的横向间距由

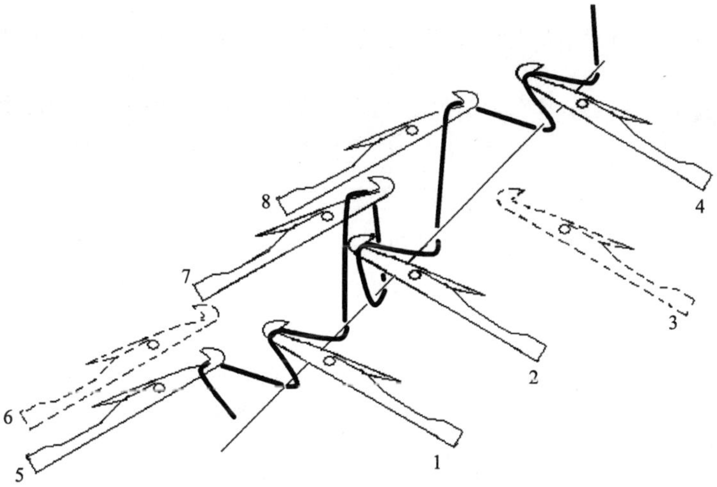

图 3-2-29　针床复位的示意图

半个针距增加到一个半针距,其他工作织针之间的横向间距将以此规律为循环。从整个编织幅宽上看,前者较后者对纱线长度有更多的要求,纱线变得更为倾斜(即纱线与横向水平线的夹角变小),这样会造成纱线与织针之间的包围角增加、正向压力增加、纱线的张力增大,最终将不利于下一横列的正常编织。因此,在针床复位之前,通常应先进行空转横列的编织。

3. 影响边口外观的因素

与织物边口外观密切相关的因素主要包括两个方面。其一,边口外观取决于第一横列纱线在织物的正反面分配比例,若分配比例多,则外观将更加圆顺、美观,而这种分配比例又取决于前、后针床空转的编织顺序,后编织者将分配比例较大。如图 3-2-25 所示,空转编织横列在前针床上先编织,当半转空转完成后,由于牵拉力的作用使得纱线在 *AB* 或 *AC* 段的长度将长于 *ac* 或 *ab* 段的长度,待织物下机后,尽管存在纱线内部张力使其变形,但这种比例关系也不能完全被更改。因此,常常会把后编织空转的那一面作为羊毛衫的正面来设计。其二,边口外观取决于第一横列编织的弯纱深度。当弯纱深度较大时,由于织物下机后没有前一横列的纱线对其起到限制作用,从而容易产生不规则锯齿边口;当弯纱深度较小时,其纱线在织物下机后将紧贴边口,使其边口更加美观。

五、拉密度与调字码(弯纱三角的深度)

拉密度是织物拉伸量为最大时的密度,分为横向拉密度和纵向拉密度。在编织成衣前需要依据拉密度进行弯纱深度的调节,企业称之为调字码。一款羊毛衫成衣在不同的部位有不同的字码。

身	单边	10 支	3 英寸
脚	1×1	5 坑	$2\frac{6}{8}$ 英寸

图 3-2-30　一款女装圆领羊毛衫横向拉密度

(1)如图 3-2-30 所示,是某企业一款女装圆领的横拉密度。其中,身指的是大身,包括前身、后身与袖子;单边指的是纬平针;10 支 3 英寸(1 英寸=2.54cm)指的是 10 个线圈横列拉伸长度为 3 英寸;脚指的是前后幅的下摆、袖子的袖口;1×1 指的是 1+1 罗纹；5 坑 $2\frac{6}{8}$英寸指的是 5 个反面线圈横向拉伸的长度为 2 英寸 6 英分。

在横机上单边开针，在前针床(或后针床)上进行，以不同的弯纱深度(字码)，编织单边(纬平针)织物的小样。落片下机后，把单边织物(10 针)横向拉伸至不能拉伸为准(图 3–2–31)，*A* 点与 *B* 点间的距离为 7.6cm(3 英寸)织物的小样的字码即是编织成衣单边时使用的字码，假设为 *M*。如果拉伸值大于 7.6cm(3 英寸)说明织物的稀疏，前针床使用的弯纱深度大于 *M*，要把弯纱三角往上调；如果拉伸值小于 7.6cm(3 英寸)说明织物的紧密，使用的弯纱深度小于 *M*，要把弯纱三角往下调。

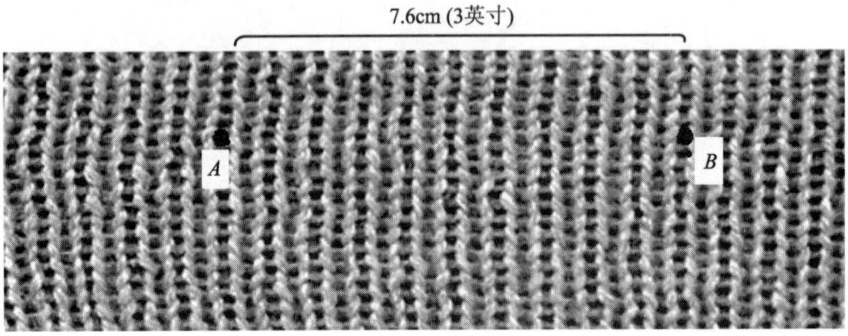

图 3–2–31　纬平(单边)针织物拉密度

在横机上 1+1 罗纹开针，以不同的弯纱深度(字码)，编织 1+1 罗纹织物的小样，落片下机后，把 1+1 罗纹织物 5 个循环(5 个面针 5 个底针)，横向拉伸至不能拉伸为准则(图 3–2–32)，*A* 点与 *B* 点间的距离为 7cm ($2\frac{6}{8}$英寸)。织物的小样的字码即是编织成衣 1+1 罗纹时使用的字码，假设为 *N*。如果拉伸值大于 7cm($2\frac{6}{8}$英寸)说明织物的稀疏，使用的弯纱深度大于 *N*，要把弯纱三角往上调；如果拉伸值小于 7cm($2\frac{6}{8}$英寸)说明织物的紧密，使用的弯纱深度小于 *N*，要把弯纱三角往下调。见图 3–2–32 所示。

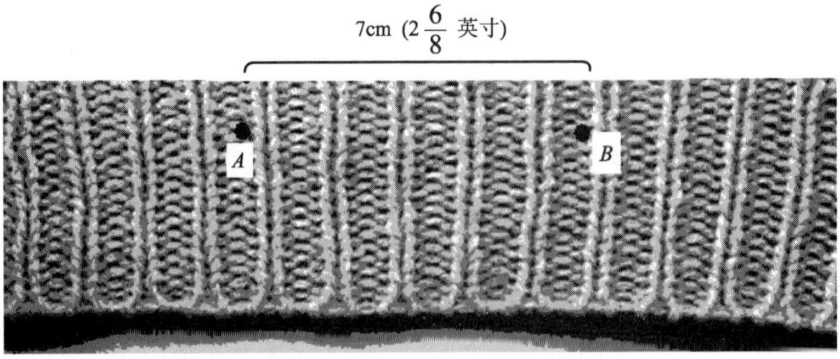

图 3–2–32　1+1 罗纹拉密度

在企业的实际生产中有时采用卡纸，把卡纸放入蝶形螺母槽中，如图 3–2–33 所示。这样在编织罗纹时塞入几个卡纸，在编织单边时相应减掉几个卡纸。一般编织罗纹时弯纱深度浅，单边的弯纱深度大一些。编织时使用的弯纱深度，将直接的影响产品的规格尺寸。在企业的实际生产

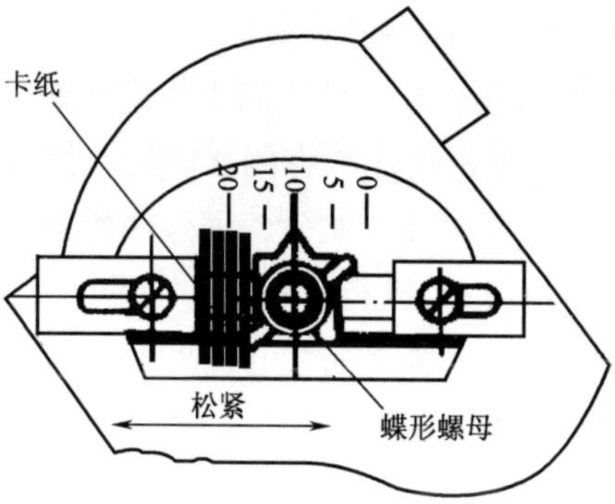

卡纸

图 3-2-33 放入蝶形螺母槽之中卡纸示意图

中，在编织罗纹时，四个弯纱三角的深度有时不是同一个字码，要依据要求来编织。

(2)羊毛衫产品的大身使用打花或其他组织时，还需要调试纵向拉密度。图 3-2-34 为某企业的一款男装羊毛衫纵向拉密度的要求。其中，珠地指集圈组织，10 粒直拉 $2\frac{4}{8}$英寸指 10 个集圈位置纵向拉伸长度为 2 英寸 4 英分。

该款男装羊毛衫的组织为珠地，编织主要在前针床(或后针床)上进行。前针床的弯纱三角 1、4 的字码已测定，后针床弯纱三角 2、3 采用不同的弯纱深度(字码)。编织与衫身织物相同的珠地织物的小样，落片下机后把珠地织物(10 针)纵向拉伸至不能拉伸为准，拉伸值为 6.35cm($2\frac{4}{8}$英寸)。织物的小样的字码即是编织成衣单边时后针床弯纱三角 2、3 使用的字码。

珠地 10粒直拉 $2\frac{4}{8}$英寸

图 3-2-34 一款男装的纵向拉密度

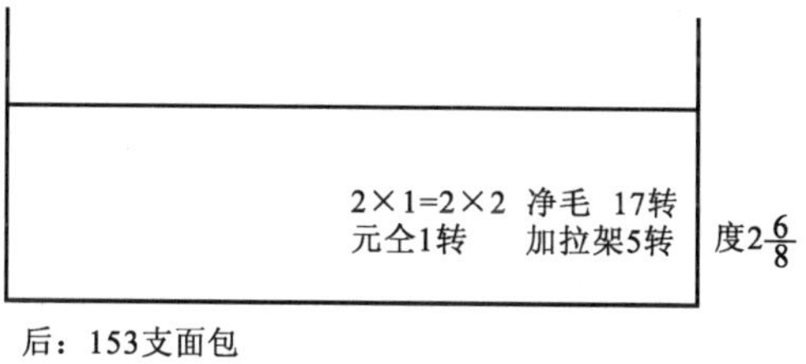

图 3-2-35 一款羊毛衫的后片起口

六、成衣起口编织

图 3-2-35 为一款羊毛衫的后片起口的编织工艺单。其中，后指的是后幅，“支”与“面包”见附录，元仝 1 转指的是编织 1 转空气层组织，加拉架 5 转指的是增加一根弹性长丝编织 5 转，2×2=2×2 指的是 2+1 罗纹，排针方式为针对齿，净毛 17 转指的是：仅使用毛纱编织 17 转(即不带弹性长丝编织)，度 $2\frac{6}{8}$指的是下摆的纵向尺寸为 2 英寸 6 英分。

在编织前先调试弯纱三角，假设 2+2 罗纹的字码为 M。以前针床上 0 位为开针的对称点，将横机左侧的 76 支和右侧 77 支以内的织针包括后针床的织针全部推入工作区，把后针床最左的一枚织针和最右的一枚织针推出工作区，使用2+1的罗纹板把不需要参加编织的织针推到停针区,面包底的方式开针。将针床横移1个针距,使参加工作织针能够1隔1相错配置。

毛起口:将机头在弯纱深度(字码小于M)较小的条件下由针床的右侧移动到左侧,编织第一横列(半转),在梳栉上挂重锤,完成对第一横列纱线的牵拉。由于边针为面包底的开针方式,边针在前针床,因此要先对后针床进行空转,关闭起针三角1、3,进行空转(圆筒)编织。其目的在于,可确保左侧少1针的针床能够先编织,将针床横移一个针距进行复位,把弯纱三角的字码调到M,便进入到2+2罗纹可正常编织的状态。至此完成起口的整个操作步骤。

纱起口:机头带废纱编织数转后,机头在横机的左侧,转动机头上的棘轮,把纱嘴架沿着导轨移向横机的右侧编织区以外,关闭起针三角1、4(或2、3),把机头自左向右移动,由于弯纱三角2、3的作用后针床的织针起针脱圈,无新的纱线垫入套圈,而从织针上脱落形成空针,前针床由于关闭了起针三角2、3,虽无垫纱,织针并不起针脱圈;机头在右侧带上成品编织用纱,将机头在弯纱三角2、4的弯纱深度很小的条件下由针床的右侧慢慢的移动到左侧，编织第一横列,此时形成的横列后针床弯纱小,前针床弯纱深,使用罗纹板(开针板)下压后针床织针的针脚,使线段均匀,关闭起针三角1、3,进行空转(圆筒)的编织,将针床横移一个针距进行复位,把弯纱三角的字码调到M,便进入到2+2罗纹可正常编织的状态。下机落片后拆除废纱(沿着纬平横列拆),至此完成起口的整个操作步骤。

横机罗纹编织为了使起口边具有圆润、饱满、平整的特点,在编织第一个横列时弯纱深度要小,一般以小于罗纹编织的字码编织起始横列,以编织第二个横列时纱线不被拉断为编织罗纹字码的最小值为准。

七、锯齿边口与波浪边口编织

羊毛衫的下摆(衫脚)边口大多是平直的罗纹或纬平,在下摆边口处的变化较少,以下列举编织实例,介绍锯齿边口、波浪边口、狗牙边口的编织操作。

1. 锯齿边口

锯齿边口是以多列线圈移圈为基础编织而成的织物。多列线圈移圈时,线圈的纹路发生变化,移圈线圈收缩变形。合理设置多列线圈的移圈,可在织物的边口外观上呈现V字形走向的花型图案,配置在羊毛衫的下摆处,可实现锯齿边口的造型。

图3-2-36为锯齿边口线圈结构图,图3-2-37为锯齿边口效果图。

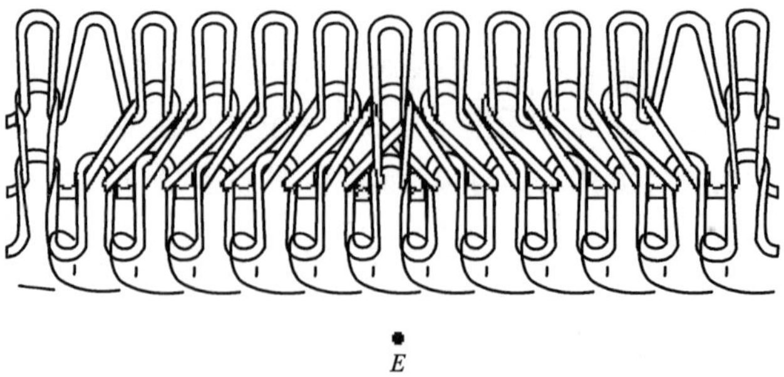

图3-2-36　锯齿边口线圈结构图

(a) 正面

(b) 反面

图 3-2-37　锯齿边口效果图

编织方法：

(1)防脱散起口(在提花机上倒毛起口,在横机上使用过梳板斜过梳)编织一个横列,也可以用罗纹起口。

(2)以 *E* 为中心,使用五针式的移圈工具,把 *E* 点的左边五列线圈整体向右移动一个针距,把 *E* 点的右边五列线圈整体向左移动一个针距,从织针上取下线圈后,织针继续参加工作。编织两个横列。

重复(2)的操作,即可编织出图 3-2-37 所示织物。

2. **波浪边口**

波浪边口是以同一横列线圈多次移圈为基础编织而成的织物。同一横列线圈多次移圈时,移圈的纹路发生不同的变化,移圈线圈收缩变形量也不同,通过合理的设置,可在织物的外观上呈现 U 字形的花型图案。若配置在羊毛衫的下摆处,可实现波浪边口的造型。

图 3-2-38 为波浪边线圈结构图,图 3-2-39 为波浪边效果图。

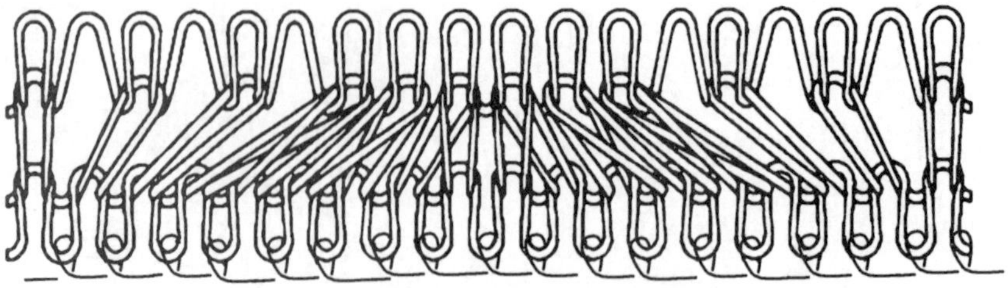

图 3-2-38　波浪边口线圈结构图

(a) 正面

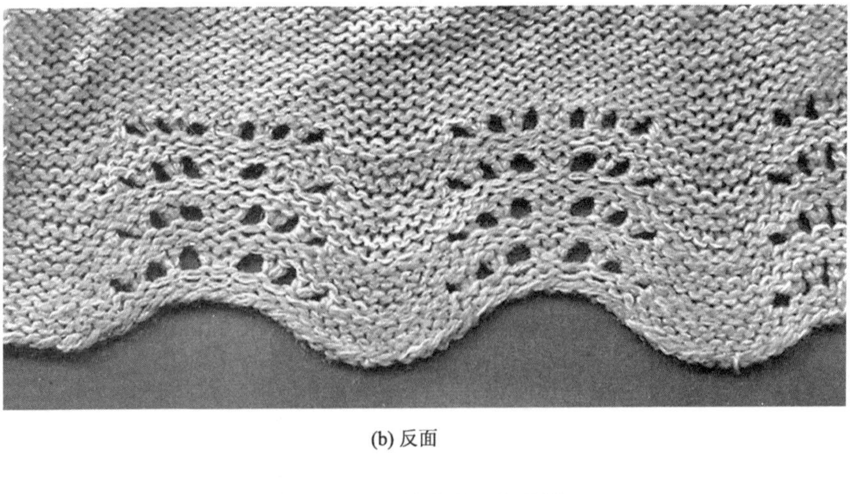

(b) 反面

图 3-2-39　波浪边口效果图

编织方法：

(1)防脱散起口后编织一个横列。

(2)以 K 为中心使用七针式的移圈工具，把 K 点的左边七列线圈整体向右移动一个针距，

再把 K 点的右边七列线圈整体向左移动一个针距，从织针上取下线圈后，织针继续参加工作。暂时不编织，完成第一步骤移圈。

(3)使用四针式的移圈具，在第一步骤移圈的基础上，把四列线圈整体向右移动一个针距，在右边向左把四列线圈整体向左移动一个针距。暂时不编织，完成第二步骤移圈。

(4)使用单针式的移圈工具在第二步骤移圈的基础上，把一列线圈向右移动一个针距，在右边把一列线圈向左移动一个针距，完成第三步骤移圈。待经过三次移圈后，移动机头开始编织，连续编织两转。

(5)重复(2)、(3)、(4)的操作，即可编织出图 3-2-39 所示织物。

在波浪边口的基础上合理配置间色、珠饰，可编织出如图 3-2-40 所示效果。

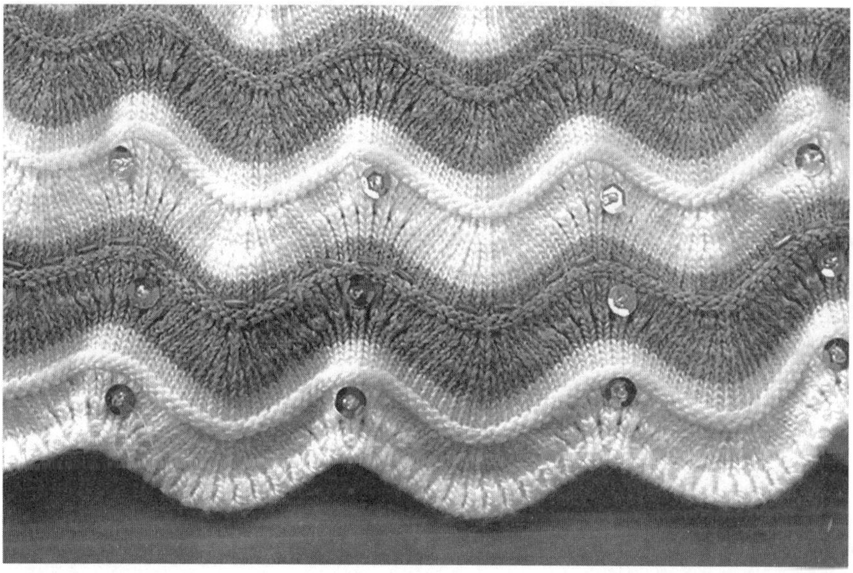

(a) 正面

(b) 反面

图 3-2-40　间色珠片装饰波浪边口效果图

3. 狗牙边

应用四平挑孔可以编织如图3-2-41(a)所示的狗牙边效果,应用单面集圈可编织如图3-2-41(b)所示的效果,应用双面集圈可编织如图3-2-41(c)所示的狗牙边效果。

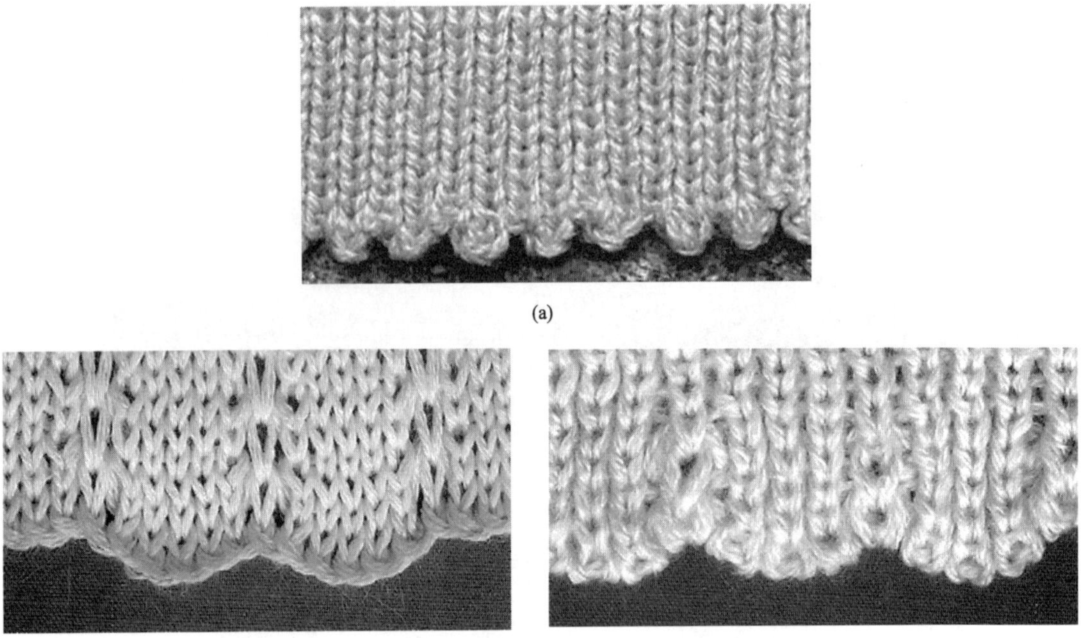

(a)　(b)　(c)

图3-2-41　狗牙边效果图

八、纵向边口花边编织

1. 加针与减针的花边编织

(1)起口编织。

(2)当横机的机头在左边时,把左侧边缘的一枚空针推入编织区参加编织,机头自左向右来回编织一转,这样循环加针五次。

(3)当横机的机头在左边时,把左侧边缘的一个线圈向右移到相邻的织针上,织针退出编织区不参加编织,机头自左向右来回编织一转,这样循环减针五次。即可呈现图3-2-42(a)的花边效果。

(4)若再配合挑孔组织编织花边,其外观效果更加强烈,如图3-2-42(b)所示。

2. 套收针花边编织

(1)起口编织。

(2)当横机的机头在左边时,把左侧边缘的一枚空针推入编织区参加编织,机头自左向右来回编织一转,循环加针七次。

(3)当横机的机头在右边时,把左侧边缘的七个线圈套收,七枚织针退出编织区,不编织。即可编织图3-2-43(a)的花边效果。

(a)

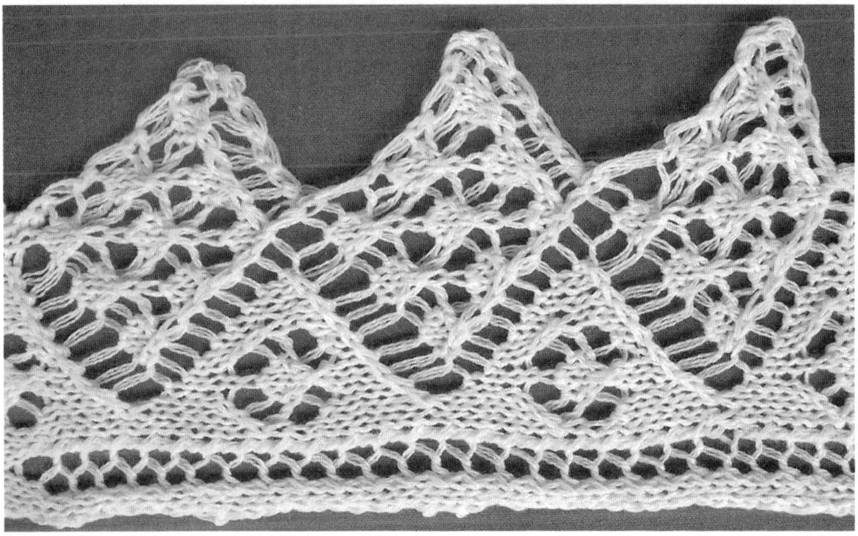

(b)

图 3-2-42　加针与减针的花边效果图

(4)若再配合挑孔组织编织，套收针后的线圈拉紧，孔眼的线圈扩张，外观呈现弯曲型花边，如图 3-2-43(b)所示。

(a)

图 3-2-43

(b)

图 3-2-43　套收针花边效果图

3. 挑针编弧加针与减针花边编织

(1)起口编织。

(2)当横机的机头在侧边时,使用单针式的收针柄把织物边缘的一个线圈向左移动一个针距至另一纵行,织针上形成空针,然后把同一纵行的前一个针编弧挑起放入空针上,编织两个横列。同样的方法,使用两针式的收针柄把织物边缘的两个线圈向右移动一个针距,织针上形成一枚空针,然后把同一纵行的前一个针编弧挑起放入空针上,再编织两个横列。依此类推加针五次。

(3)当横机的机头在侧边时,使用五针式的收针柄把织物边缘的五个线圈向右整体移动一个针距,边缘的一枚织针退出编织区,编织两个横列,同样的方法使用四针式的收针柄把织物边缘的四个线圈向右整体移动一个针距,边缘的一枚织针退出编织区,编织两个横列。依此类推减针五次,即可编织出如图 3-2-44 所示的花边效果。

(4)应用挑针编弧加针法与移圈减针法,也可以配合挑孔组织编织花边。

图 3-2-44　挑针编弧加针与减针花边效果图

第三节　(翻针)过梳实际操作

羊毛衫成衣的下摆常采用罗纹组织,而大身常用单边(纬平针)组织。这就需要在编织完下摆后,将前针床(或后针床)织针所编织的线圈转移到后针床(或前针床)的对应的织针上,然后进行纬平(单边)组织的编织,这一线圈转移的过程称为翻针。我国南方企业称之为过单边。翻针用的工具有收针柄(我国南方的有些企业称之为扒子)和过梳板。翻针后线圈的转移有两种形式:正向过梳和斜向过梳,以下分别介绍其操作过程。

一、正向过梳实际操作

过梳板是组列式的翻针工具,其翻针效率大大高于单针翻针。图 3–3–1 为后针床向前针床正向过梳的操作过程。

(1)推前针床织针的针踵,把需要参加编织的织针推入工作区,如图 3–3–1(a)所示。

(2)使用扫针器在前后针床上移动,扫开针舌,确保每一枚织针的针舌开启,如图 3–3–1(b)所示。

(3)一手拿着过梳板,一手拿着罗纹板(开针板),确保过梳板的齿孔套住后针床上的织针的针头,如图 3–3–1(c)所示。

(4)顺势把过梳板上拉到适宜的高度,在拉的过程中,过梳板的齿要与织针成直线,使线圈从针舌中滑落至针杆上,如图 3–3–1(d)所示。

(5)使用罗纹板下压后针床的织针的针踵,过梳板向后针床弯曲,在罗纹板的下压力的作用下,过梳板跟随着向下,如图 3–3–1(e)所示。

(6)后针床的线圈完全脱离织针套入至过梳板的齿上,把过梳板从织针的针钩里脱离,使线圈完全在过梳板的弯齿里,然后向前针床移,如图 3–3–1(f)所示。

(a)

图 3–3–1

(b)

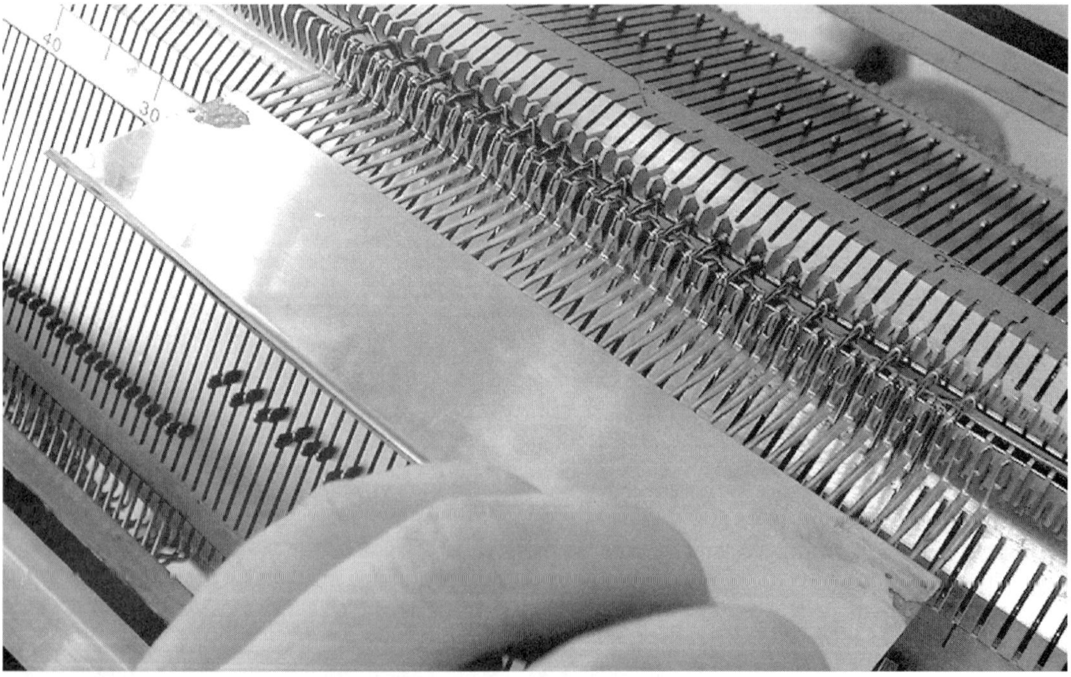

(c)

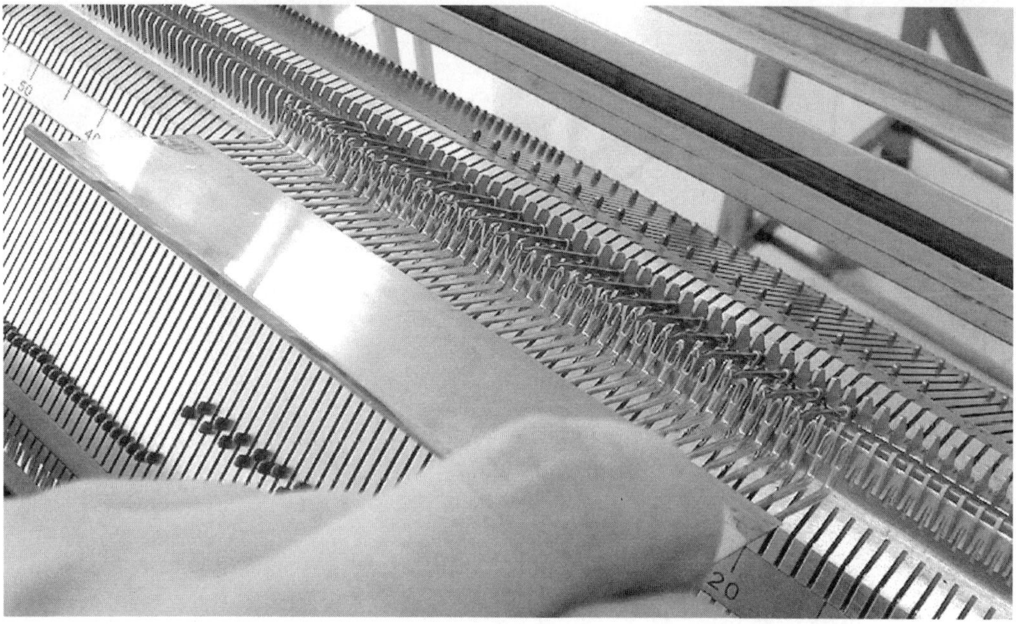

(d)

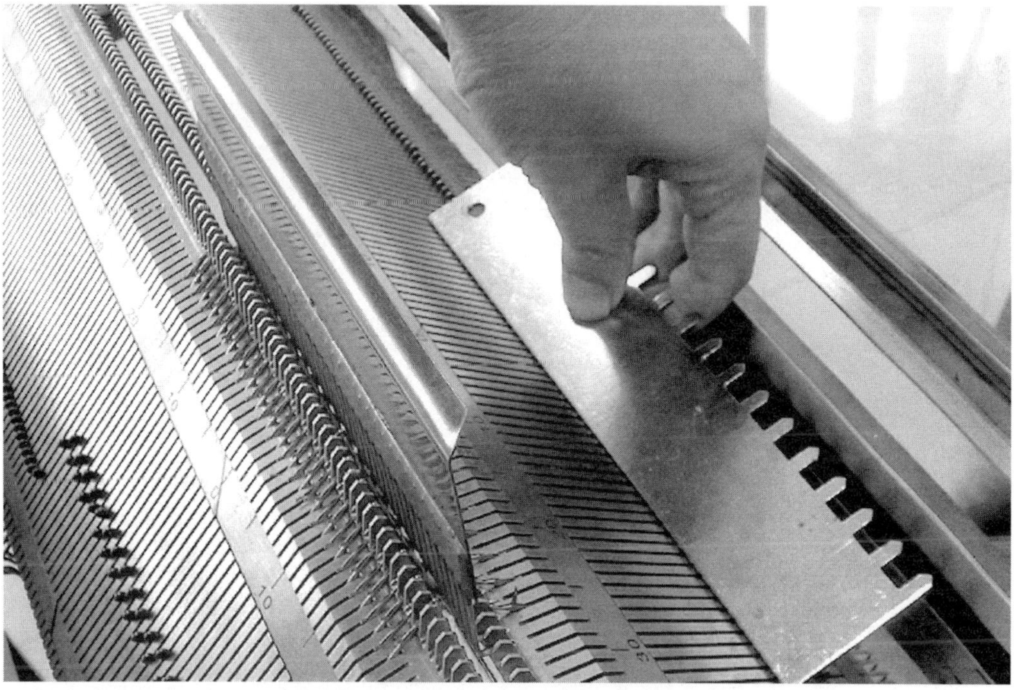

(e)

图 3-3-1

(7)把含有线圈的过梳板放置于针床齿隙中,且紧贴着前针床,使用罗纹板把前针床的织针沿着针槽向上推,如图 3-3-1(g)所示。

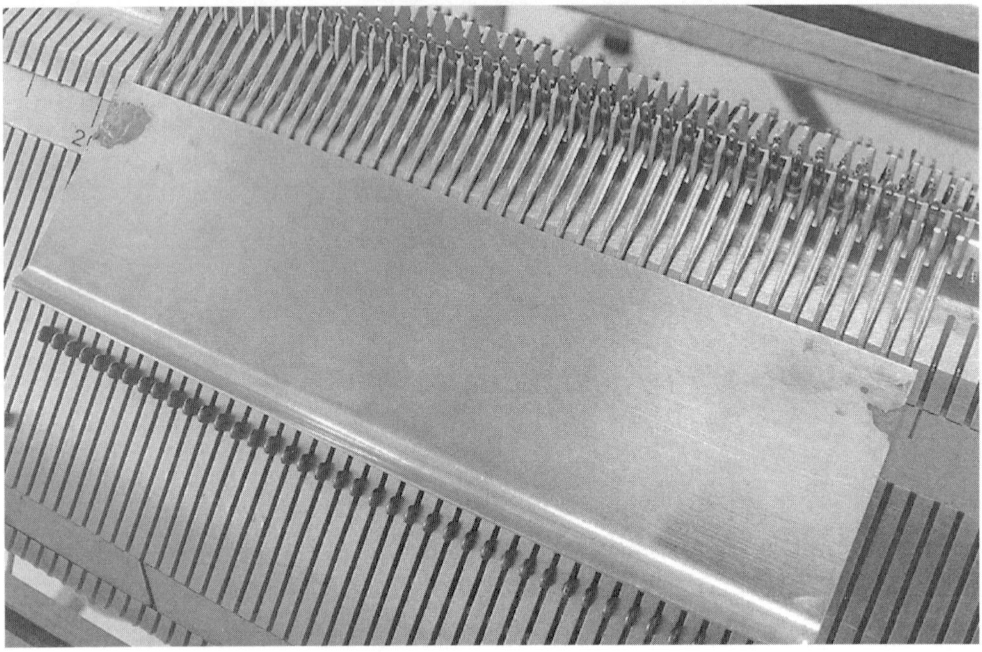

(f)

(g)

(8)上推织针穿过过梳板中的线圈且针钩的头刚过针床齿顶,过梳板的齿在前针床织针的针舌里,如图 3–3–1(h)所示。

(9)把过梳板向后针床方向弯曲,使线圈完全的落入前针床的织针的针钩里,如图 3–3–1(i)所示。

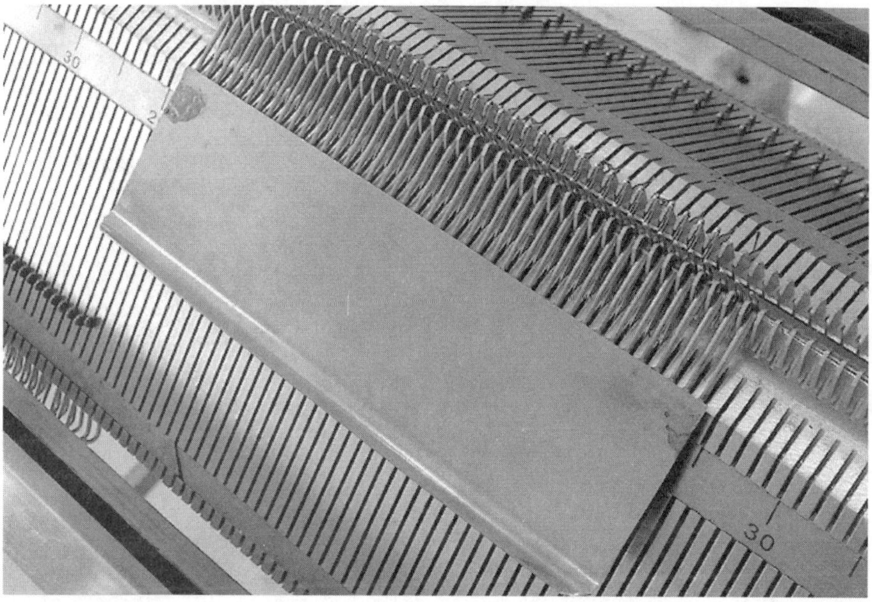

(h)

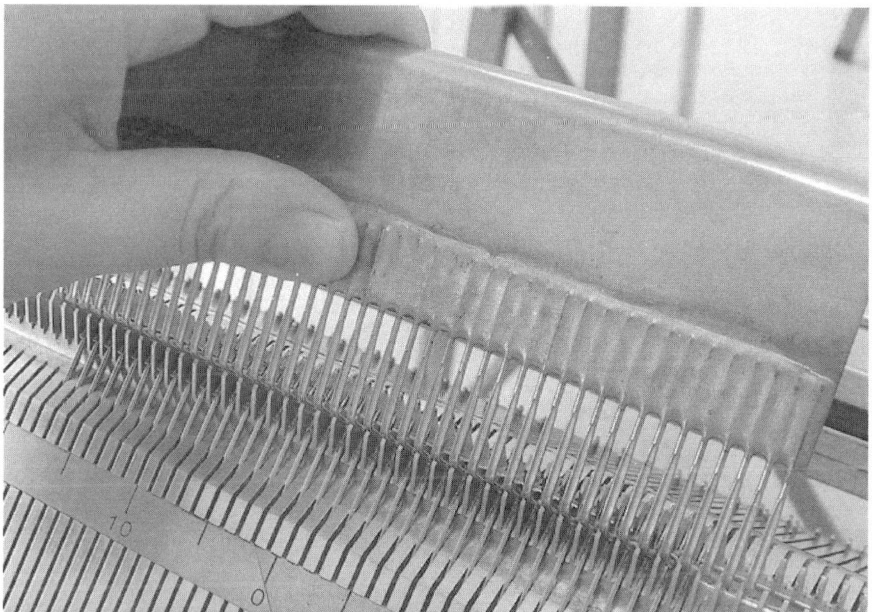

(i)

图 3–3–1

(10)用罗纹板下压针踵完成过梳的过程，如图 3-3-1(j)所示。

(j)

图 3-3-1 后针床向前针床正过梳操作过程

二、斜向过梳实际操作

斜向过梳的操作过程基本与正向过梳相同，不同处见图 3-3-2 所示。

(1)把含有线圈的过梳板放置于针床齿隙中且紧贴着前针床，如图 3-3-2(a)所示。

(2)使用罗纹板把前针床的织针沿着针槽向上推，上推织针不穿过过梳板中的线圈，自线圈的外面至针钩的头刚过针床齿顶，然后下压针踵，使针钩斜向钩住线圈，如图 3-3-2(b)所示。

三、收针柄正向翻针

收针柄是翻针工具，其翻针效率大大低于过梳板翻针。图 3-3-3 为后针床向前针床正向翻针的操作过程。

(1)上推前针床织针的针踵，把需要参加编织的织针推入工作区。使用毛刷扫开针舌，确保织针的针舌是开启的。手持收针柄，套住后针床上的织针的针头。把收针柄上拉到适宜的高度，

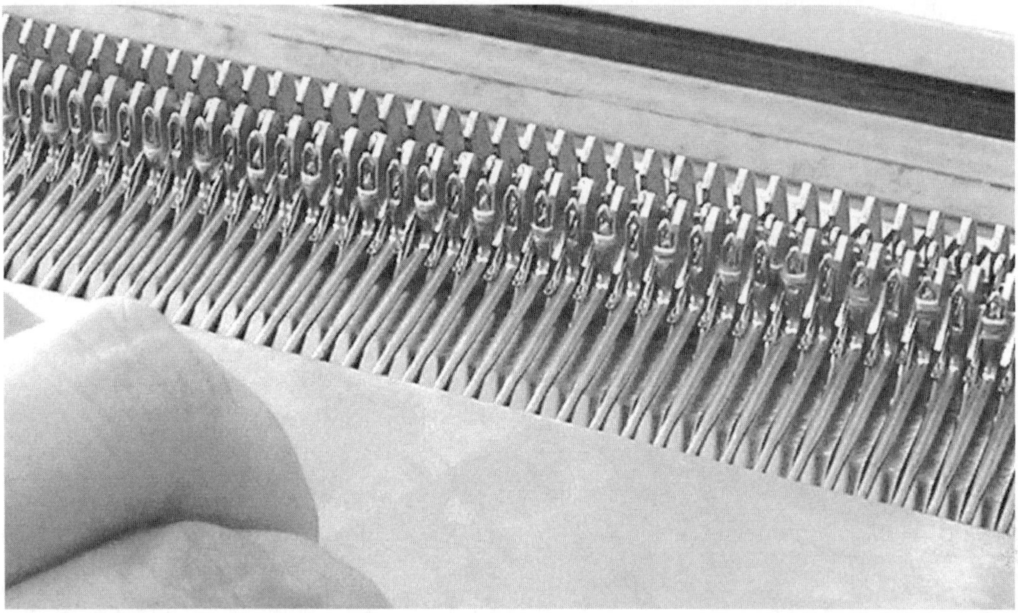

(a)

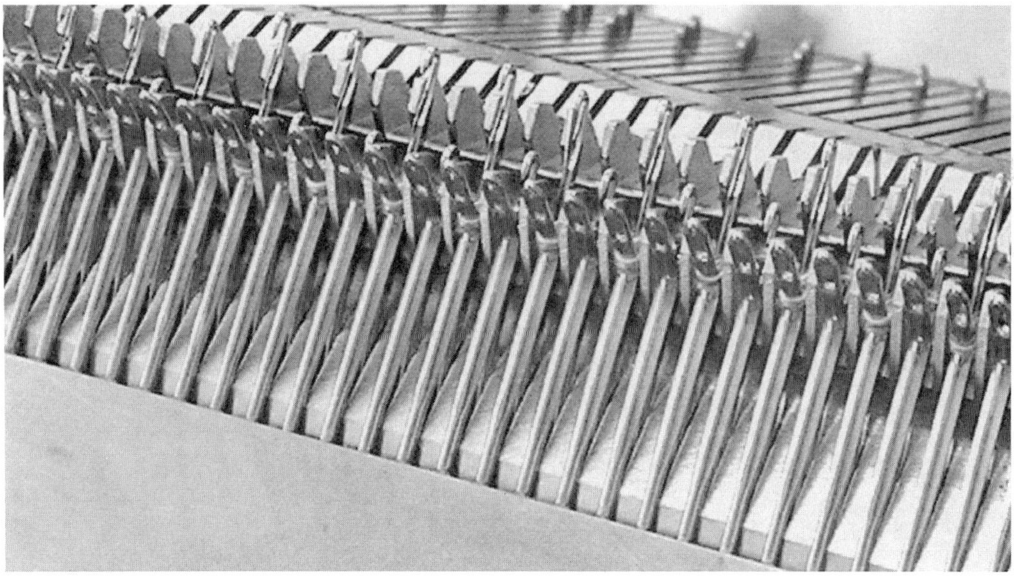

(b)

图 3-3-2 斜向过梳的操作过程

使线圈从针舌中滑落至针杆上，如图 3-3-3(a)所示。

(2)使用压板下压后针床的织针的针踵，在压板下压力的作用下，线圈转移至收针柄上，如图 3-3-3(b)所示。

(3)后针床的线圈完全脱离织针，然后套入收针柄的齿上，再向前针床移，如图 3-3-3(c)所示。

(a)

(b)

(4)把含有线圈的收针柄放置于针床齿隙中,使用压板把前针床的织针沿着针槽向上推。推织针穿过收针柄中的线圈至针钩的头刚过针床齿顶,收针柄的齿在前针床织针的针舌里,如图3-3-3(d)所示。

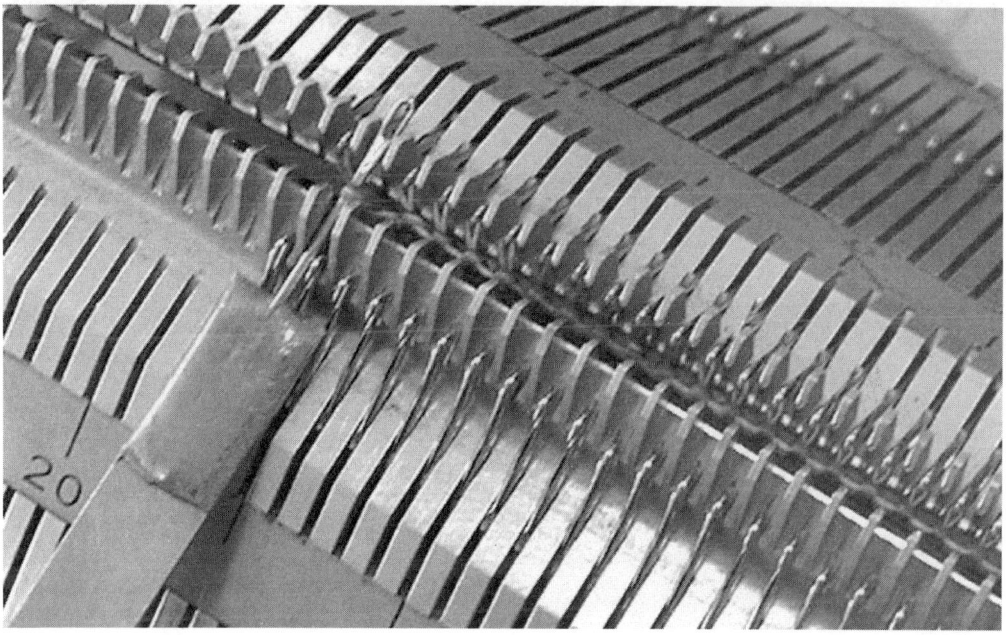

(c)

(d)

图 3-3-3

(5)使线圈完全的落入前针床的织针的针钩里。用压板下压针踵完成收针柄翻针的过程,如图 3-3-3(e)所示。

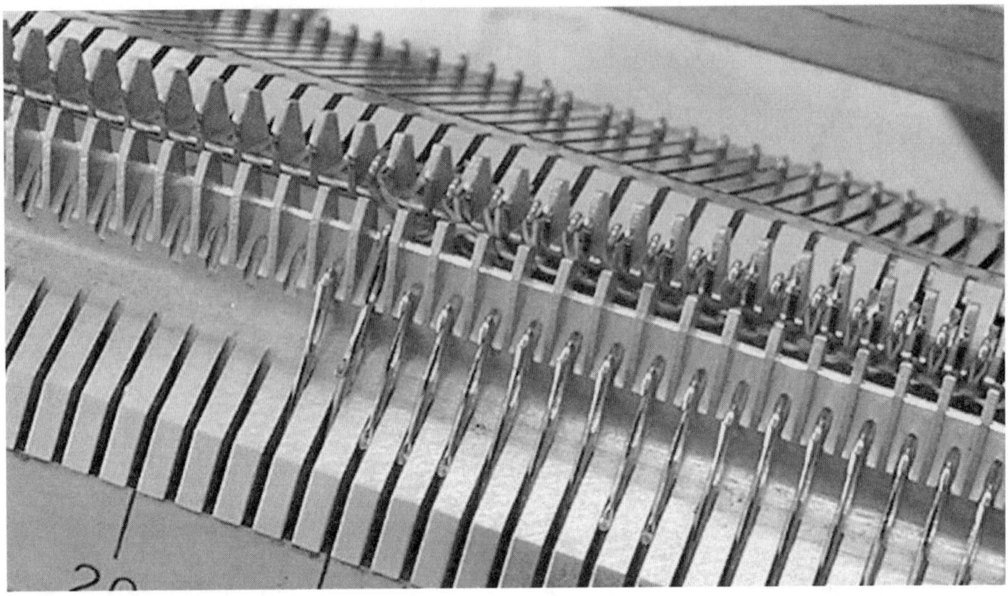

(e)

图 3-3-3 收针柄正向翻针过程

四、收针柄斜向翻针

图 3-3-4 为后针床向前针床斜向翻针的操作过程。

(1)手持收针柄,套住后针床上的织针的针头。把收针柄上拉到适宜的高度,使线圈从针舌中滑落至针杆上,如图 3-3-4(a)所示。

(2)后针床的线圈完全脱离织针套入至收针柄的齿上,向前针床移,如图 3-3-4(b)所示。

(3)把含有线圈的收针柄放置于针床齿隙中,逆时针方向旋转,如图 3-3-4(c)所示。

(4)收针柄逆时针旋转 180°,如图 3-3-4(d)所示。

(5)使用压板把前针床的织针沿着针槽向上推,收针柄的齿在前针床织针的针舌里,如图 3-3-4(e)所示。

(6)使线圈完全的落入前针床的织针的针钩里。用压板下压针踵完成收针柄斜向翻针的过程,如图 3-3-4 所示。

(a)

(b)

图 3-3-4

(c)

(d)

(e)

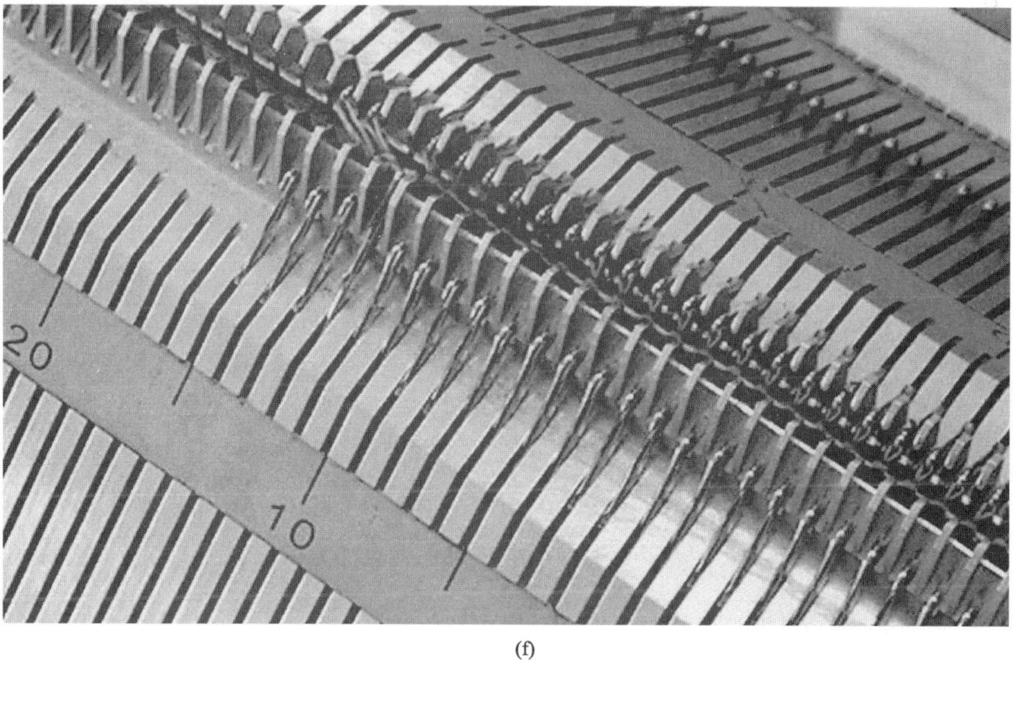

(f)

图 3-3-4　收针柄斜向翻针

第四节　收放针实际操作

羊毛衫在普通手动横机上的成形主要是借助收针与放针的手段来实现的，收针是利用逐步减少工作织针的针数来缩小织物幅宽的方法，放针是利用逐步增加工作织针的针数来达到加宽织物幅宽的方法。

普通手动横机常用的收放针方式主要包括移圈收针、直接放针、移圈放针、套圈收针（吐针）、持圈收针（铲膊）与单针式收针柄收针（单针收针柄收）等形式。

一、移圈收针

移圈收针是指利用收针柄（扒子）将编织织针上的线圈转移到相邻的其他织针上，使其参加工作织针针数减少的一种收针方法。从排针形式上看，它可分为单针床移圈与双针床移圈两种收针方式；就双针床移圈收针而言，既可以进行同针床移圈，又可以进行针床交错移圈或移圈到同一针床上再移圈等方式；从同一横列的收针次数上看，单针床移圈收针可以进行一次或多次，双针床移圈收针可以进行两次或多次；从重叠线圈的位置上看，又可为暗收针（无边收）与明收针（有边收）；就明收针而言，又可以根据距离边缘处非重叠线圈个数，分为 1 支边（指单面一个线圈纵行）、2 支边、3 支边等；从收针数量看，又可分为收 1 支（指单面一个线圈）、2 支、3 边等；由于考虑到编织效率，对于单针床移圈收针而言，一般同一横列收一次，对于双针床同针床移圈收针而言，一般一横列收二次（前后针床各一次）；又由于在收针转移过程中，被转移的线圈在收针柄（扒子）的作用下常常需要被拉长，以满足转移针距之间跨度的要求，而加长部分的来源将是同一横列其他邻近的线圈。因此，机号与织物中的线圈长度（字码）将影响到一次收针个数，通常 7 针机以下一般一次仅收 2 针，9 针机以上一般一次仅收 3 针。另外，从织物的性能上考虑，一般一次也不能收针过多，由于一次收针数越多，织物的拉伸性能越低。为了克服上述两个缺点，可在同一横列上进行多次收针来改善，使得重叠线圈的位置变得更加分散，但这将以降低编织效率为代价。

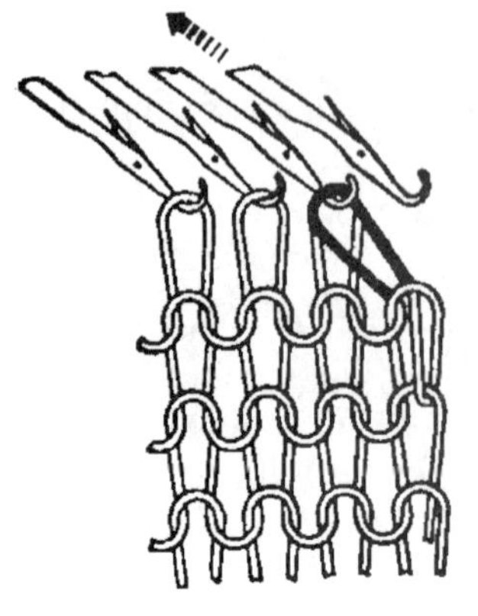

图 3-4-1　单面收 1 针无边收针线圈结构图

移圈收针常用于单面组织和双面组织。收针的形式分为有边收针和无边收针。双面组织有边收针时，通常需要移动针床辅助完成移圈的操作。

1. 单面移圈收针

图 3-4-1 为单面收 1 针无边收针的线圈结构图，图 3-4-2 为单面收 1 针无边收的编织操作图，图 3-4-3 为其效果图。该收针的方式在横机的单针床上进行操作，常应用于领口的收针。

(1)使用单针收针柄上拉织针，把线圈滑落在针杆上，如图 3-4-2(a)所示。

(a)

(b)

图 3-4-2

(c)

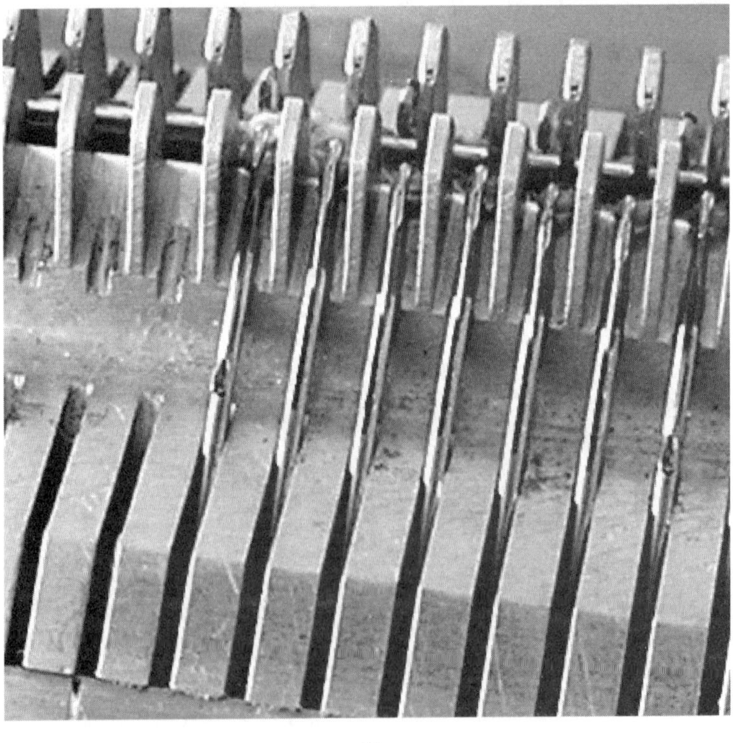

(d)

图 3-4-2 单面收 1 针无边收针编织操作图

(a) 正面　　(b) 反面

图 3-4-3 单面收 1 针无边收针效果图

(2)下压织针针踵，线圈转移至单针收针柄上，如图 3-4-2(b)所示。

(3) 单针收针柄向内移动 1 个针距套在相邻的织针上，如图 3-4-2(c)所示。

(4)第 2 枚的织针有两个线圈重叠，把第 1 枚织针的针踵下压使其退出工作区，完成单面收1 针无边的操作。

图 3-4-4 为单面收 1 针 1 支边收针的线圈图，图 3-4-5 为单面收 1 针 1 支边的编织操作图，图 3-4-3 为其效果图。

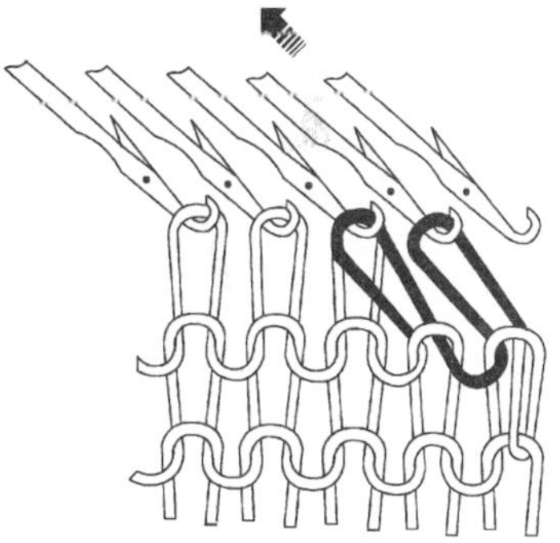

图 3-4-4 单面收 1 针 1 支边线圈图

(1)使用两针收针柄上拉两枚织针，如图 3-4-5(a)所示。

(2)线圈滑落至织针的针杆上，下压针踵线圈转移至两针收针柄上，如图 3-4-5 所示。

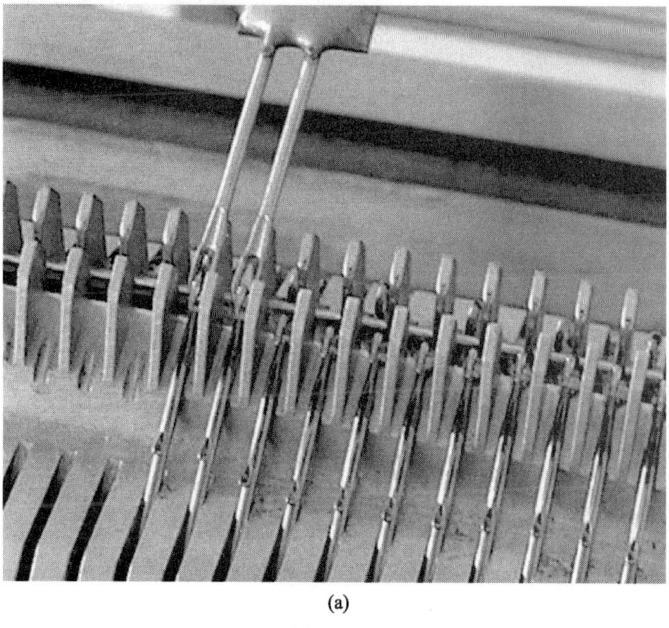

(a)

图 3-4-5

(b)

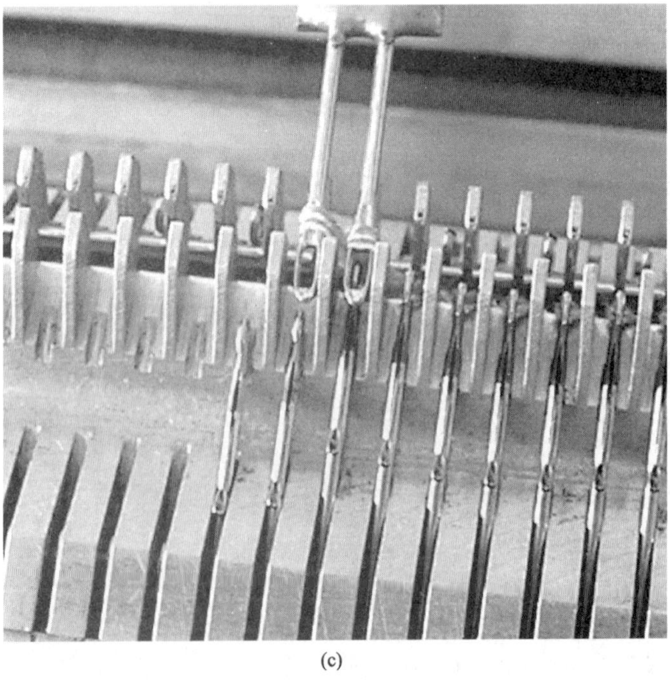

(c)

图 3-4-5　单面收 1 针 1 支边编织操作

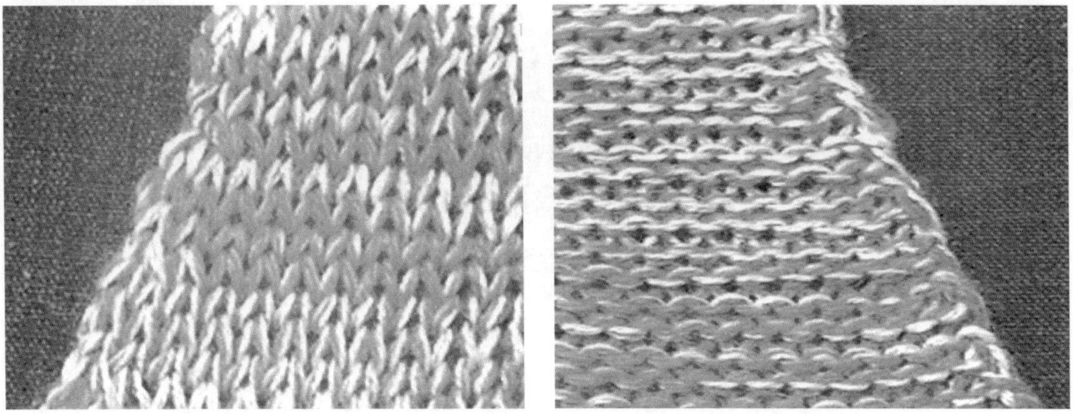

(a) 正面　　(b) 反面

图 3-4-6　单面收 1 针 1 支边收效果图

(3)两支扒向内移动 1 个针距，把线圈移回织针里。

把第 1 枚织针的针踵下压使其退出工作区，完成单面收 1 针 1 支边的操作，如图 3-4-5(c)所示。

图 3-4-7 为单面 3 转收 2 针 4 支边效果图(我国南方企业通常使用“专”表示“转”)，图 3-4-8 为其编织操作图。该收针方式常用于羊毛衫袖片的收针。

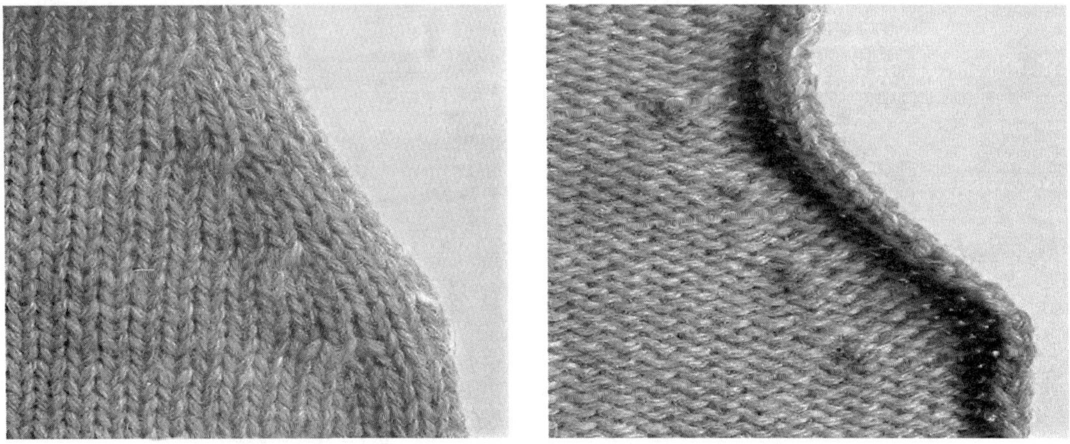

(a) 正面　　(b) 反面

图 3-4-7　单面收 2 针 4 支边效果图

(1)使用六针收针柄上拉六枚织针，如图 3-4-7(a)所示。

(2)下压针踵，整体把线圈转移至六针收针柄上，如图 3-4-8(b)所示。

(3)六针收针柄向内移动 2 个针距，如图 3-4-8(c)所示。

(4)把线圈移回织针里，此时在第 7、8 枚的织针各有 2 个线圈重叠，把第 1、2 枚织针的针踵下压使其退出工作区，完成单面收 2 针 4 支边的操作，如图 3-4-8 所示。

(a)

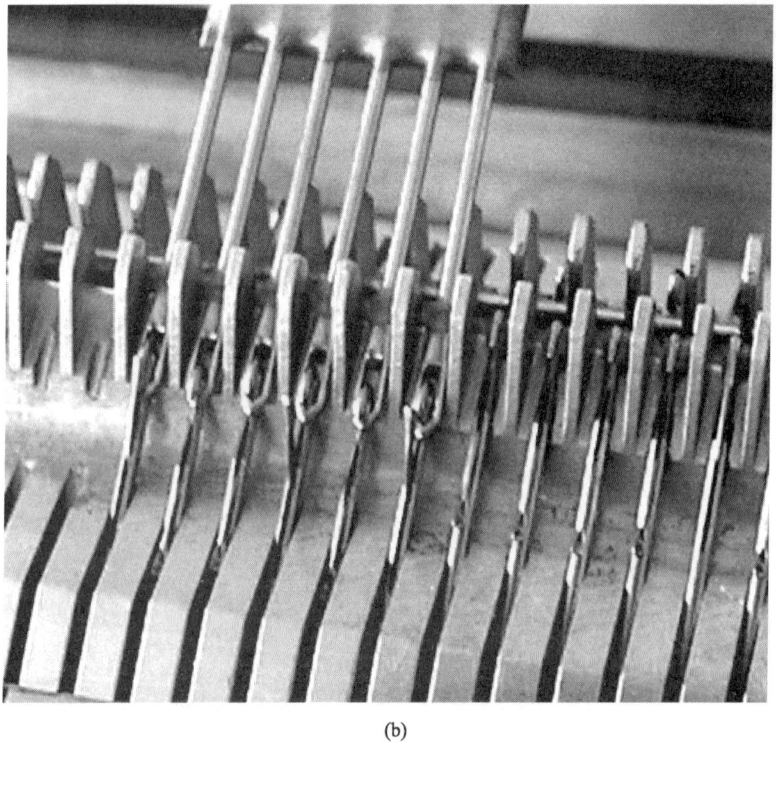

(b)

(c)

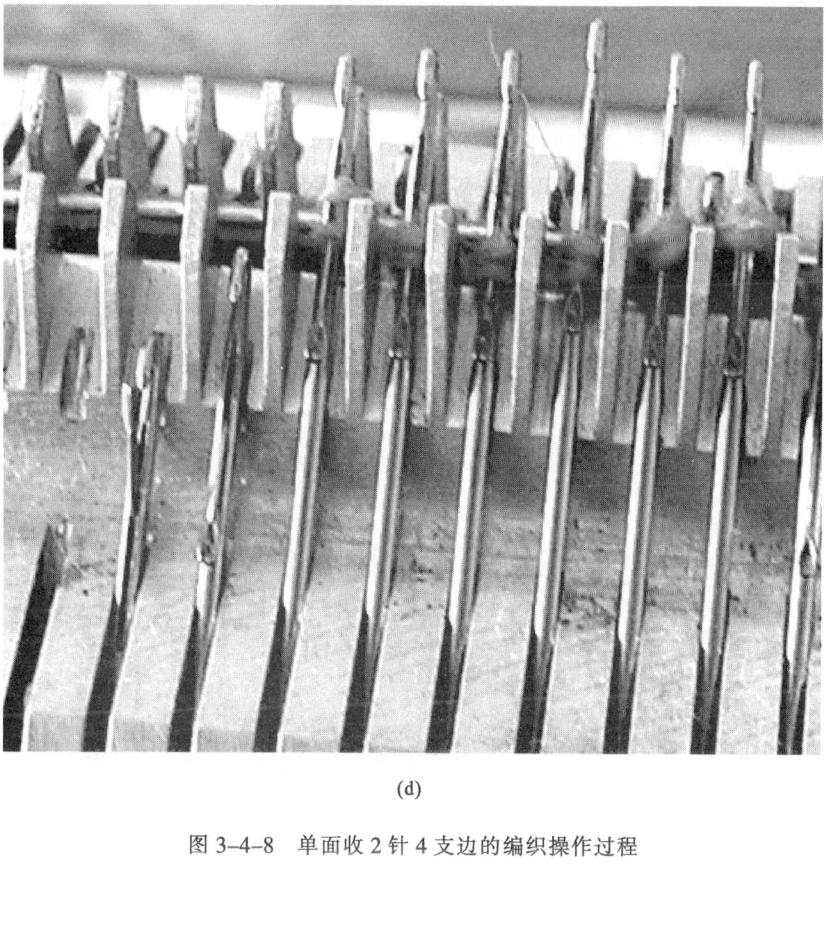

(d)

图 3-4-8　单面收 2 针 4 支边的编织操作过程

2. 双面移圈收针

图 3-4-9 为 1+1 罗纹 3-1 坑-4 收针(3 转收 2 针进行 4 次)6 支边的效果图，图 3-4-10 为其编织操作图。1+1 罗纹组织的收针通常采用收坑的方式进行，该收针方式在横机的前、后针床上进行操作。由于移圈的过程中要跨针距移动，因此要借助移动针床辅助完成操作。

(a) 正面

(b) 反面

图 3-4-9　1+1 罗纹 3-1 坑-4 收针 6 支边效果图

方法一：

(1)使用单针收针柄把织针 A 里的线圈转移至织针 B 里，如图 3-4-10(a)所示。

(2)用同样的方法把后针床的线圈转移，如图 3-4-10(b)所示。

(3)向内移动针床，使用五针收针柄把 3 个线圈移动 2 个针距，把线圈按照 1+1 的方式移回至织针里，如图 3-4-10(c)所示。

(4)后针床使用三针收针柄用同样的方法移动线圈，如图 3-4-10(d)所示。

(5)把前、后针床最边缘的织针的针踵下压，使其退出工作区，针床移回原位(复位)，如图 3-4-10(e)所示。

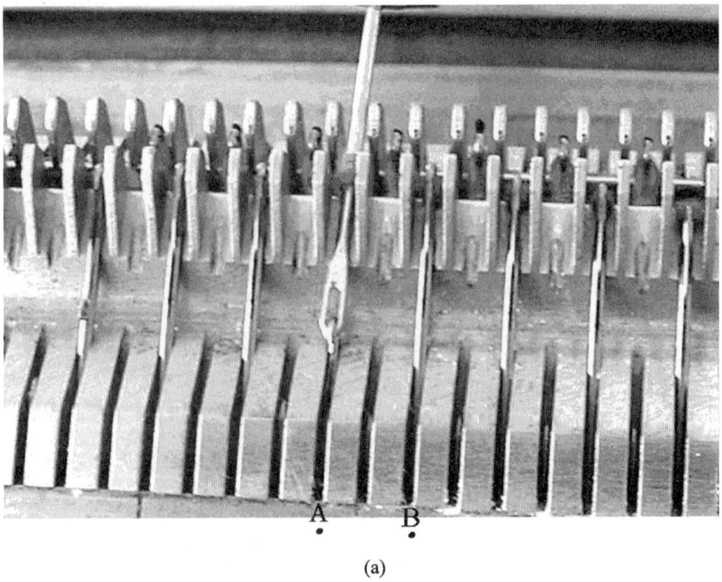

(a)

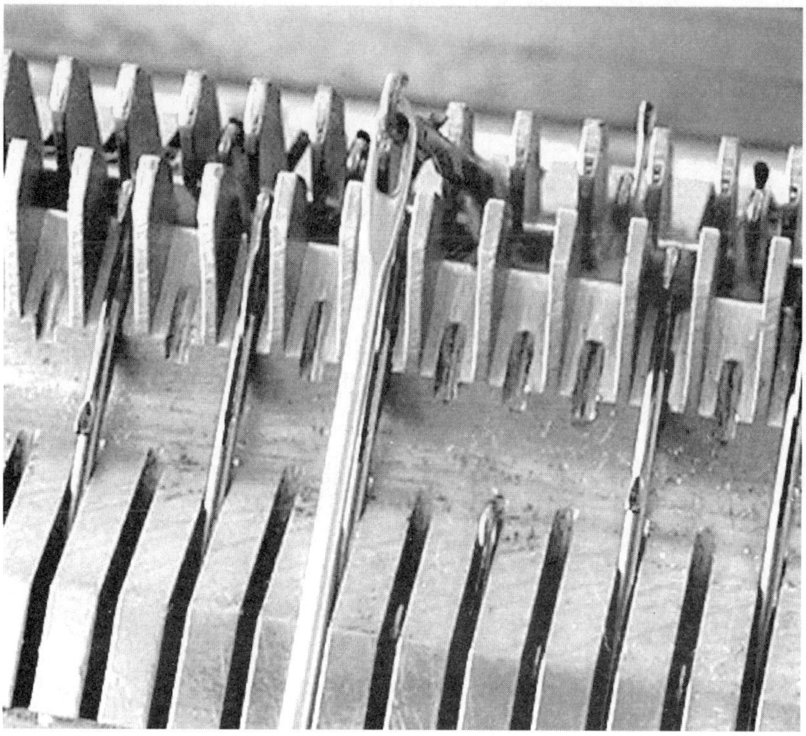

(b)

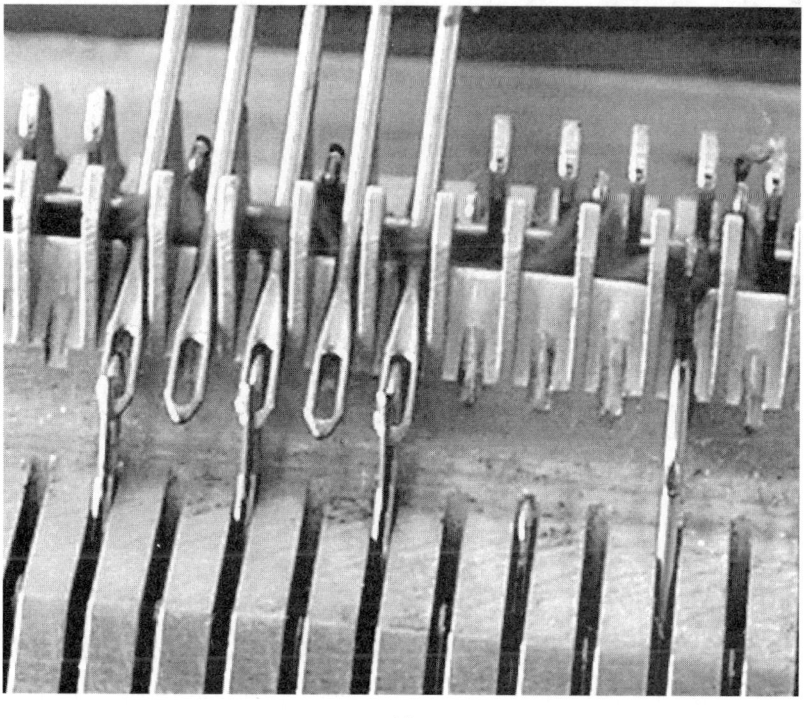

(c)

图 3-4-10

(d)

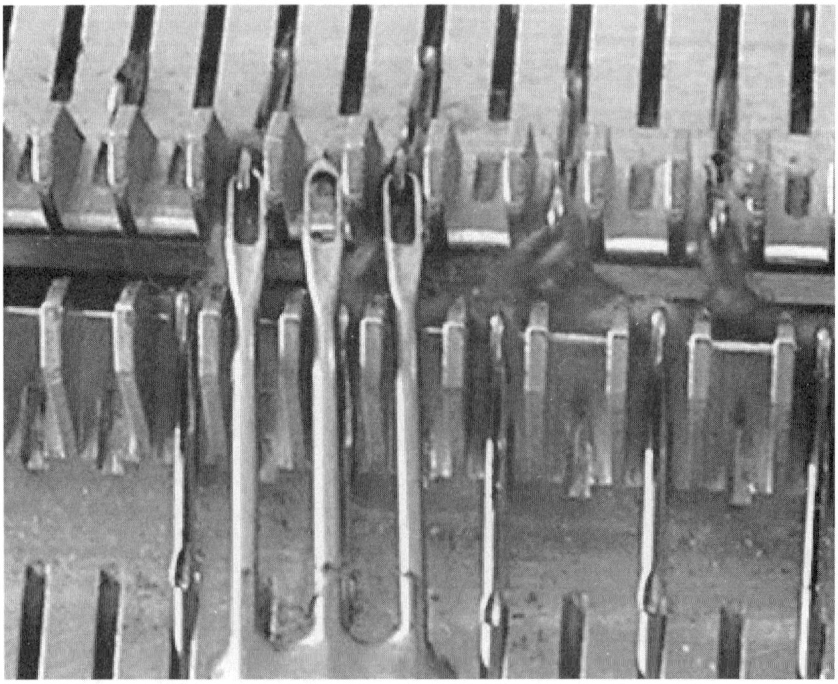

(e)

图 3-4-10　1+1 罗纹 3-1 坑-4 收针 6 支边编织操作

方法二：

前针床使用七针收针柄、后针床使用五针收针柄，收针柄移动 2 个针距完成 1+1 罗纹 3–1 坑–4 收针6 支边的操作。在移圈的过程中，跨针距移动时，要借助于移动针床辅助完成操作。

图 3–4–11 为 2+2 罗纹收坑一种有边收针的效果图，图 3–4–12 为该效果图的编织操作图。

(a) 正面　　(b) 反面

图 3–4–11　2+2 罗纹收坑有边收针效果图

方法一：

(1)使用两针收针柄把织针 A、B 里的线圈转移至织针 C、D 里，如图 3–4–12(a)所示。

(2)用同样的方法把后针床的线圈转移，如图 3–4–12(b)所示。

(3)移动针床，再把织针 E、F 里的线圈移至织针 A、B 里，后针床同样的方法移回，再把针床复位，如图 3–4–12(c)所示。

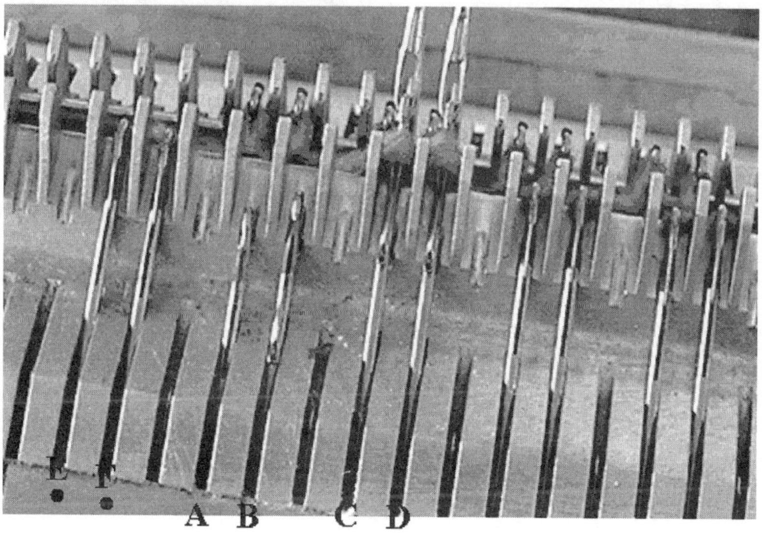

(a)

图 3–4–12

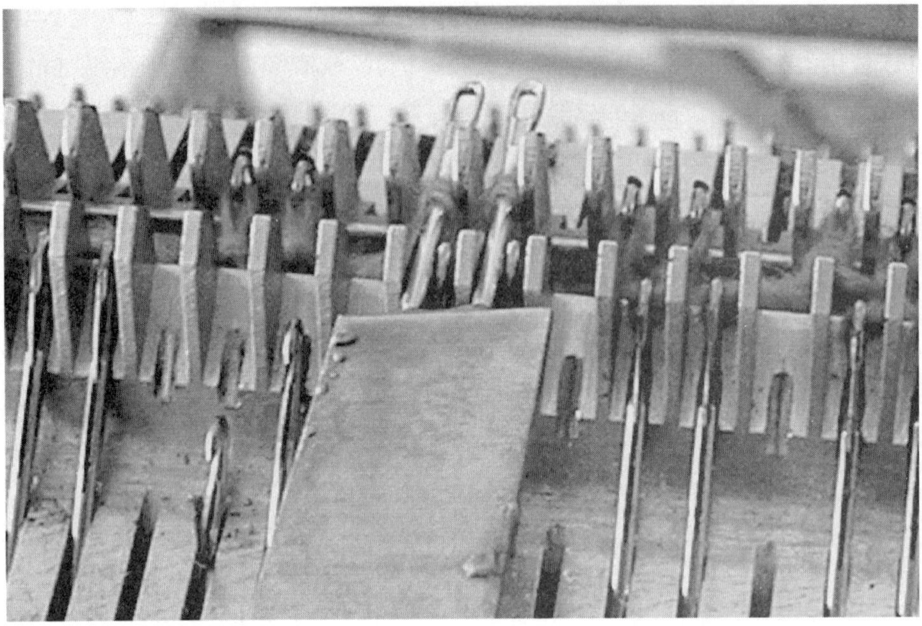

(b)

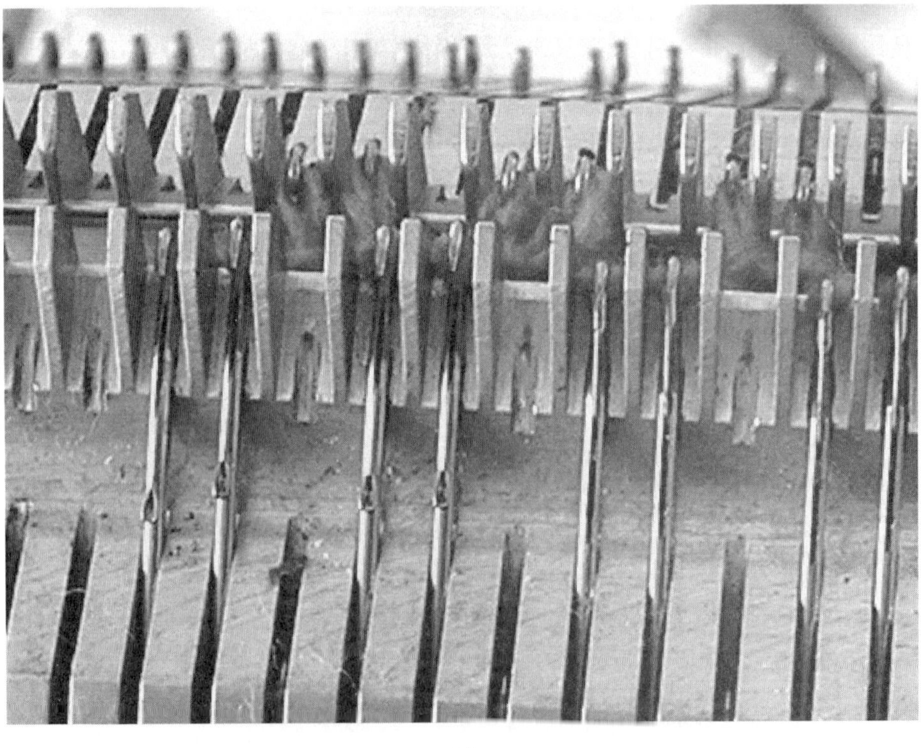

(c)

图 3–4–12　2+2 罗纹收坑有边收针编织操作图

方法二：

前针床使用五针收针柄、后针床使用两针收针柄，收针柄移动 3 个针距，完成该 2+2 罗纹收坑有边收针编织操作。在移圈的过程中，跨针距移动时，要借助于移动针床辅助完成操作。

图 3-4-13 为 2+2 罗纹无边收针的效果图，图 3-4-14 为其编织操作过程。

(a) 正面

(b) 反面

图 3-4-13 2+2 罗纹无边收针效果图

(1)把后针床最边缘的两枚织针里的线圈转移至两针收针柄上，如图 3-4-14(a)所示。

(2)把两针收针柄上的线圈移至前针床的织针里，如图 3-4-14(b)所示。

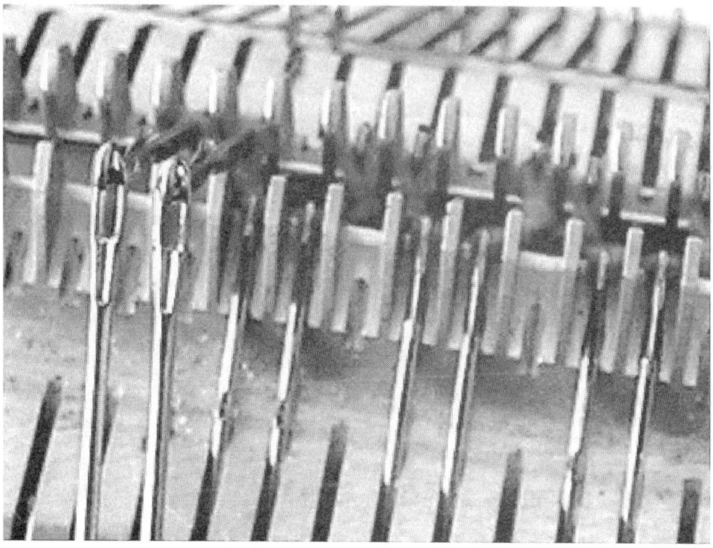

(a)

图 3-4-14

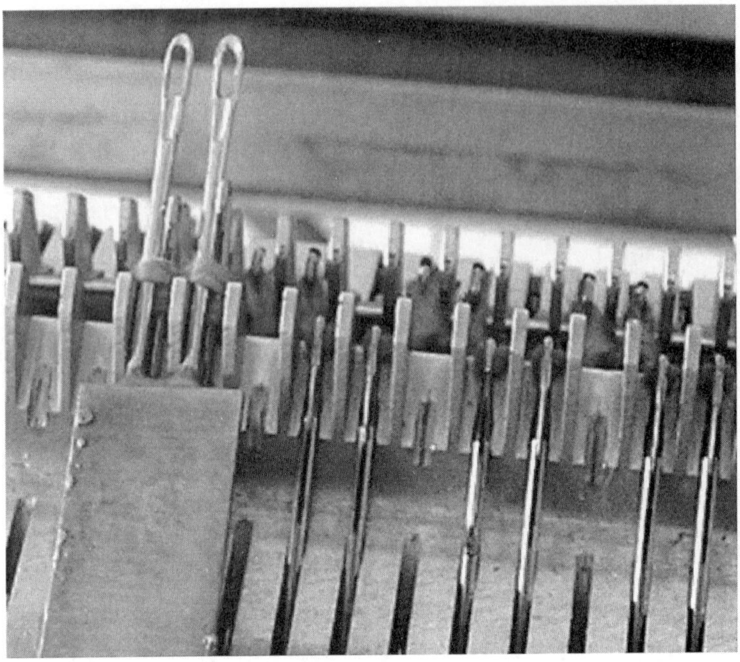

(b)

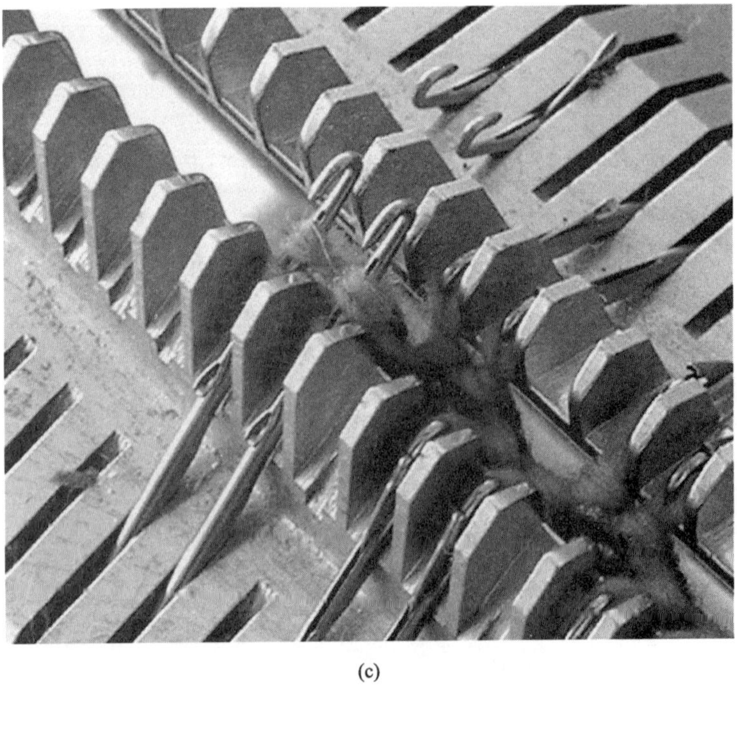

(c)

图 3-4-14　2+2 罗纹收针(无边收)编织操作过程

(3)下压后针床空针的针踵,使其退出工作区,如图 3-4-14(c)所示。

图 3-4-15 为 3+2 罗纹有边收针的一种效果图,图 3-4-16 为该效果图的编织操作过程。

(a) 正面

(b) 反面

图 3-4-15　3+2 罗纹有边收针效果图

(1) 收针操作前,3+2 罗纹的编织状态如图 3-4-16(a)所示。

(2)使用单针收针柄把后针床最边缘的两枚织针里的线圈转移至前针床,如图 3-4-16(b)所示。

(3)后针床移圈后的空针退出工作区,如图 3-4-16(c)所示。

(4)把线圈转移至四针收针柄上,如图 3-4-16(d)所示。

(a)

图 3-4-16

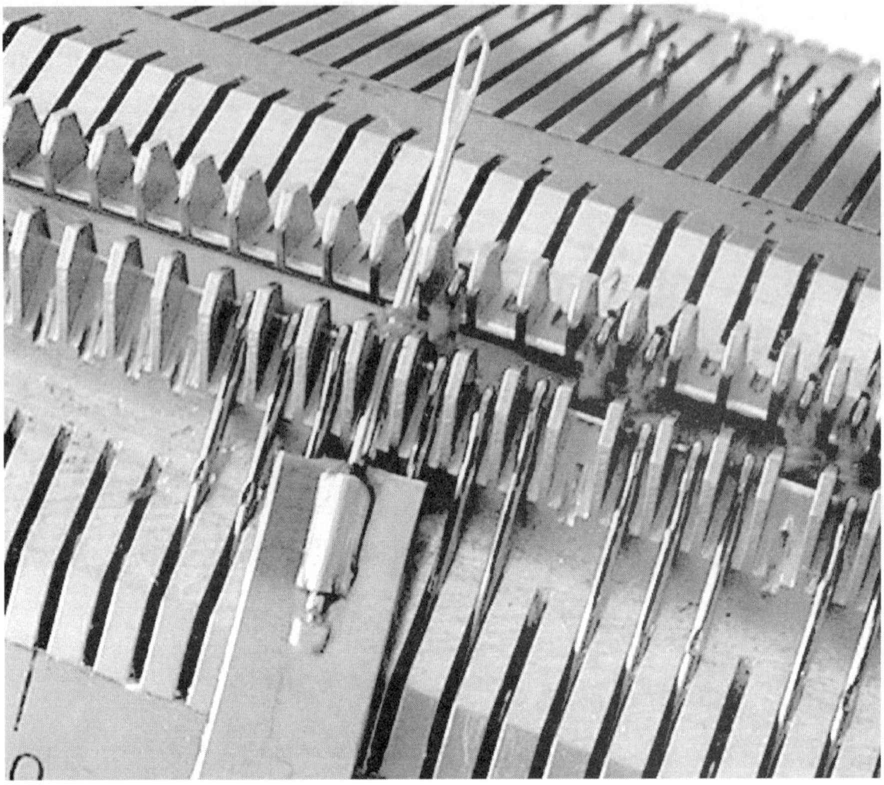

(b)

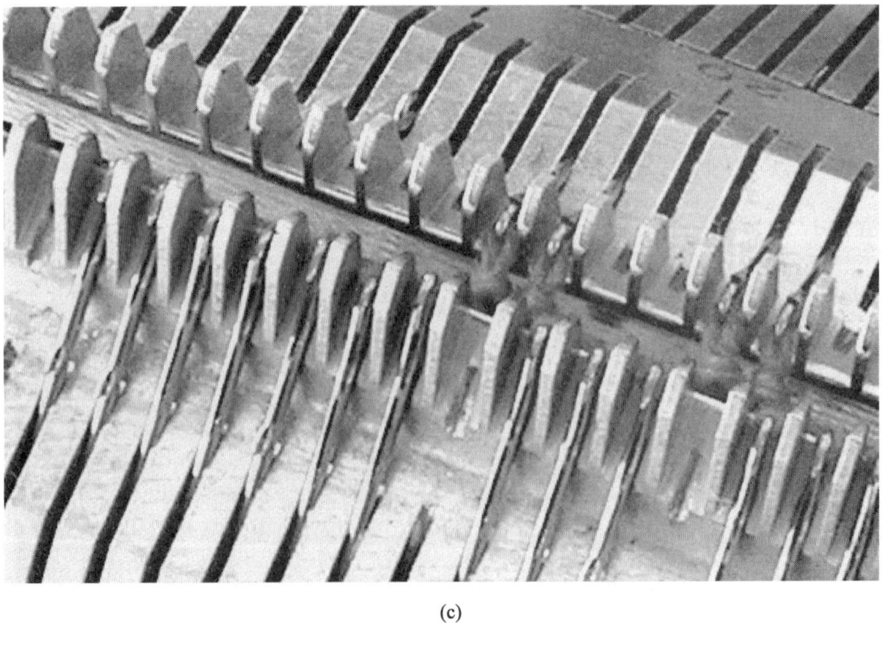

(c)

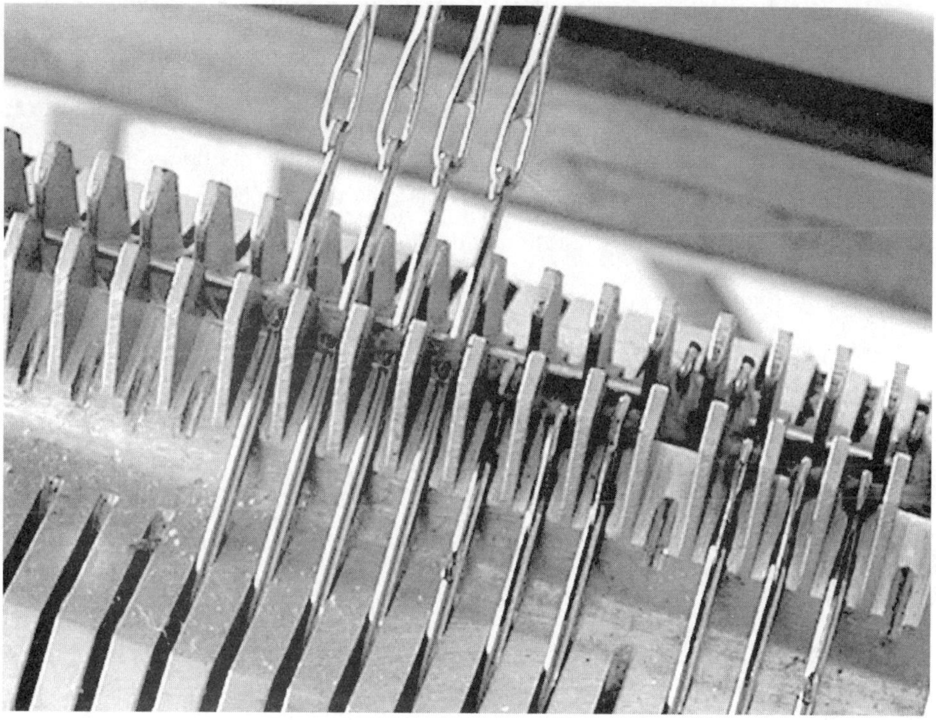

(d)

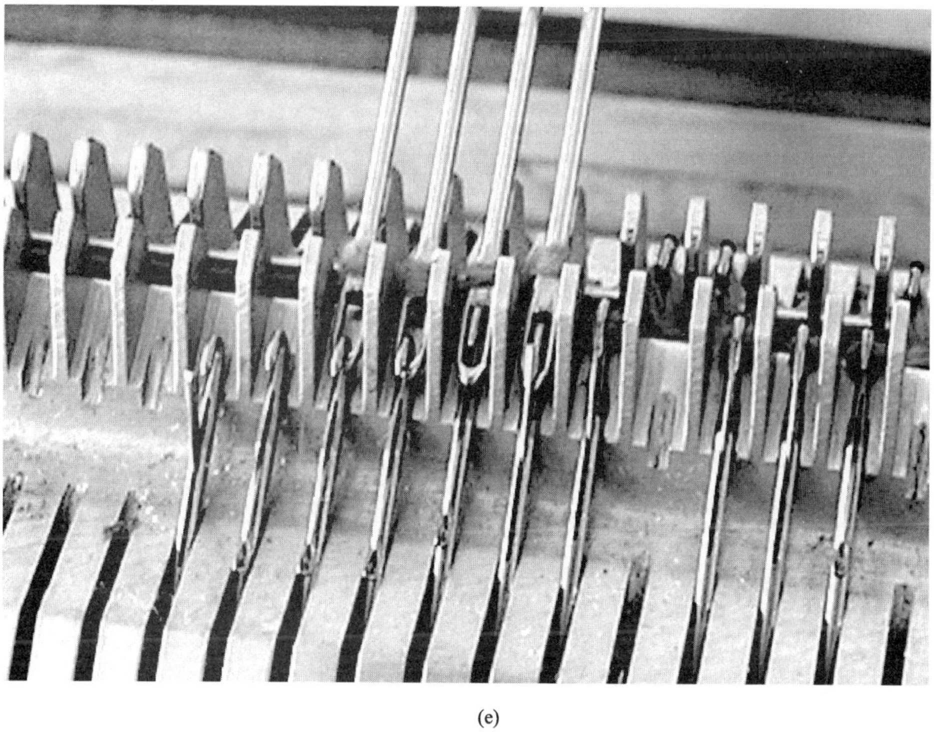

(e)

图 3-4-16

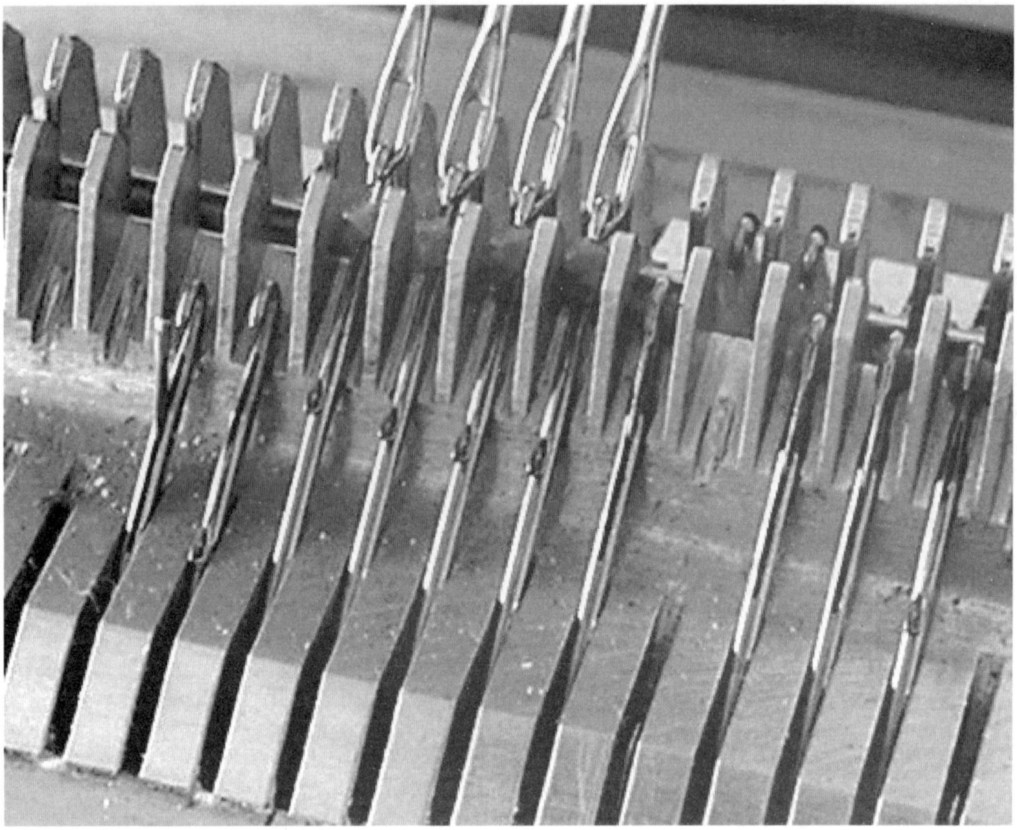

(f)

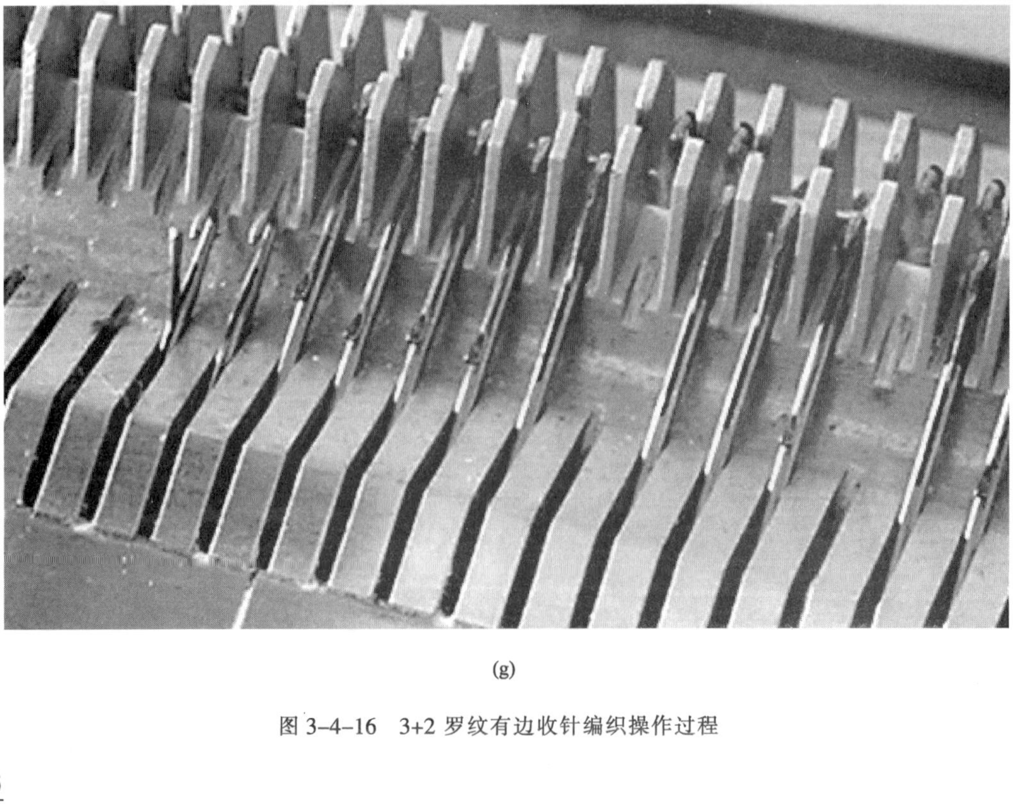

(g)

图 3-4-16　3+2 罗纹有边收针编织操作过程

(5)把针收针柄扒向内移动 2 个针距,如图 3-4-16(e)所示。

(6)线圈移回至织针里,如图 3-4-16(f)所示。

(7)把最边缘的两枚织针退出工作区,如图 3-4-16(g)所示。

图 3-4-17 为 3+3 罗纹有边收针的一种效果图,图 3-4-18 为该效果图的编织操作过程。

(a) 正面

(b) 反面

图 3-4-17　3+3 罗纹有边收针效果图

(1)收针前,3+3 罗纹的编织状态如图 3-4-18(a)所示。

(2)使用针收针柄扒把后针床的最边缘的 3 枚织针移至前针床,如图 3-4-18(b)所示。

(3)后针床移圈后的空针退出工作区,如图 3-4-18(c)所示。

(4)把最边缘的四枚织针里的线圈转移至四针收针柄上,如图 3-4-18(d)所示。

(5)四针收针柄向内移动 2 个针距,把线圈移回至织针里,前针床两枚织针退出工作区,如图 3-4-18(e)所示。

(a)

图 3-4-18

(b)

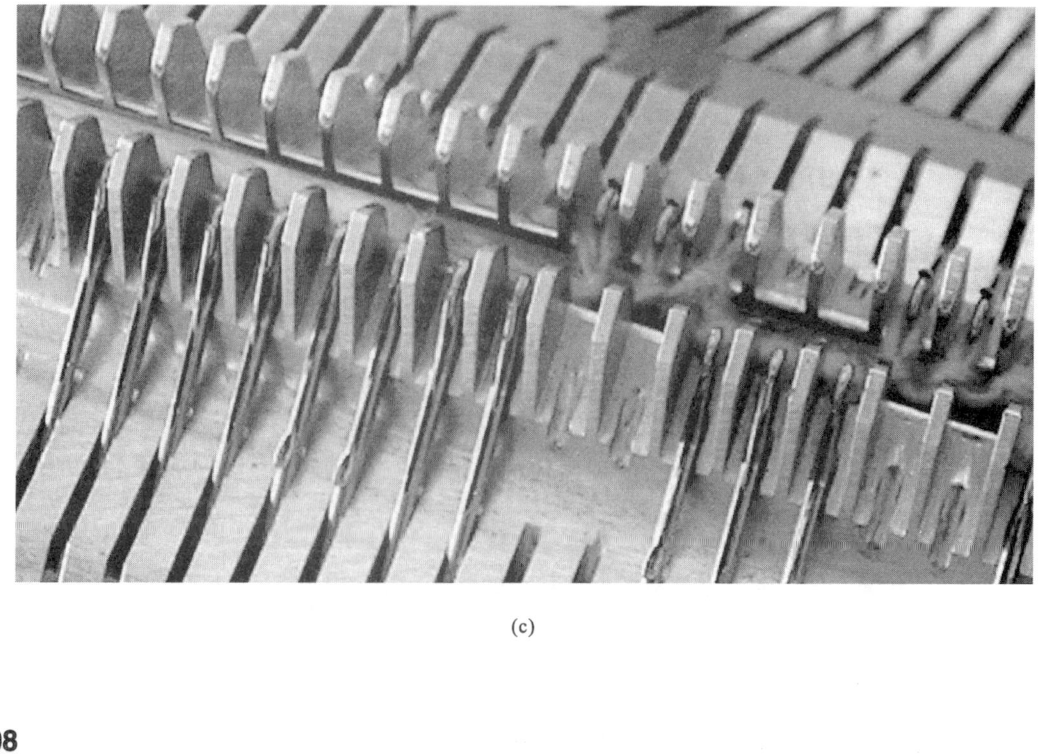

(c)

(d)

(e)

图 3-4-18　3+3 罗纹有边收针编织操作过程

图 3-4-19 为 4+4 罗纹有边收针的一种效果图，图 3-4-20 为该效果图的编织操作过程。

(a) 正面

(b) 反面

图 3-4-19　4+4 罗纹有边收针效果图

(1)收针前，4+4 罗纹的编织状态如图 3-4-20(a)所示。

(2)把后针床最边缘的两枚织针里的线圈移至前针床，如图 3-4-20(b)所示。

(3)四针收针柄移动 2 个针距后，把线圈移回织针里，前针床最边缘的两枚织针退出工作区，如图 3-4-20(c)所示。

(a)

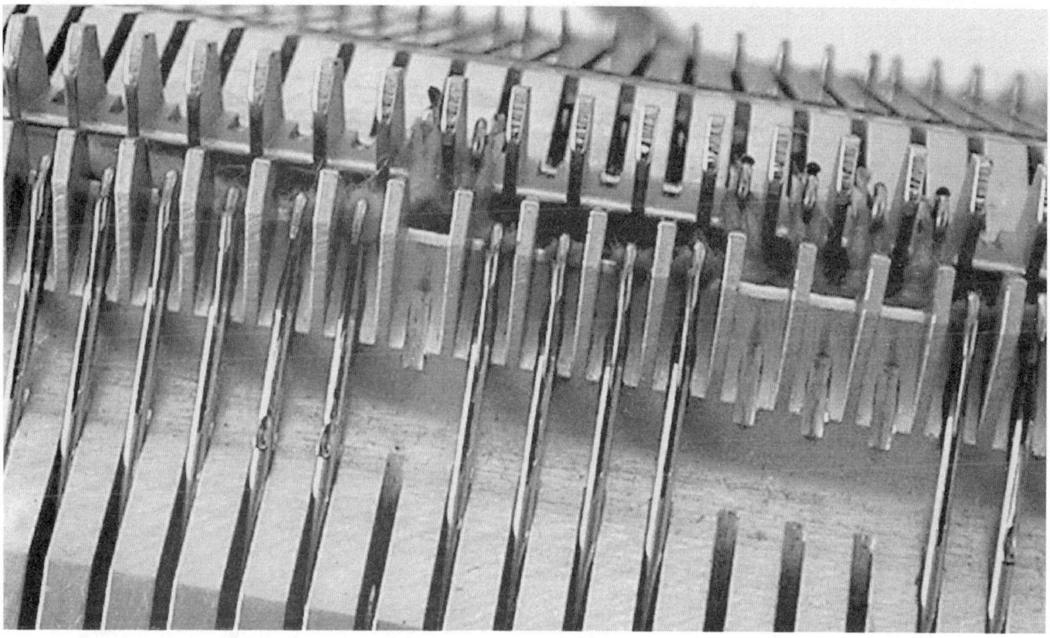

(b)

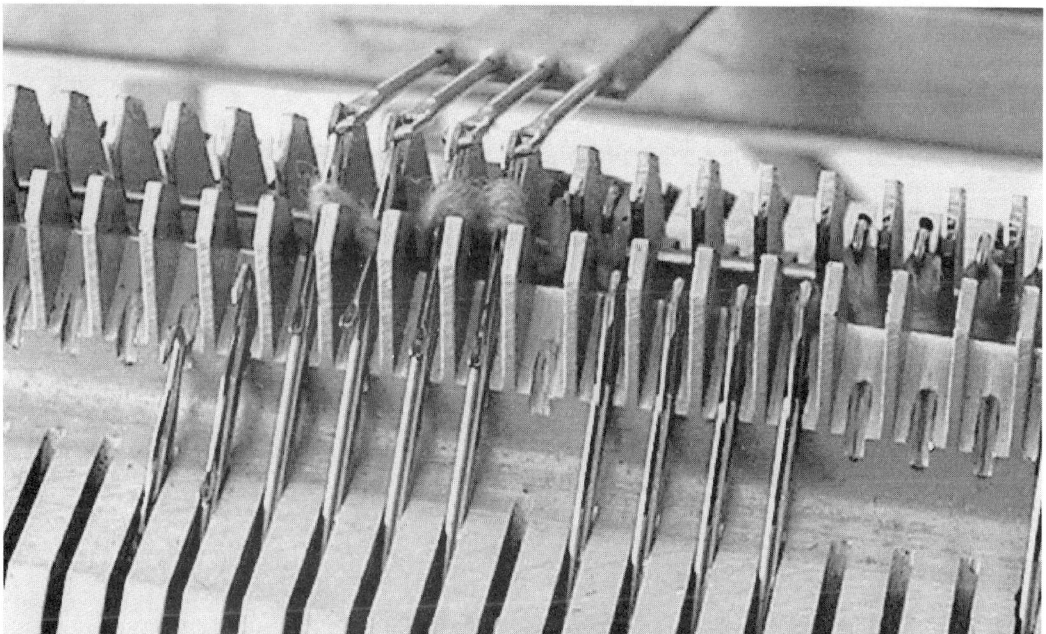

(c)

图 3-4-20　4+4 罗纹有边收针编织操作过程

二、直接放针

直接放针是指在编织过程中，把需要增加的织针直接由停针区推到编织区，使工作织针针数增加的放针方法。由于牵拉因素的影响，同一横列一般一次只能放 1 针(指单个针床)。

图 3-4-21 为直接放 1 针线圈结构图，图 3-4-22 为直接放 1 针的效果图。直接放针时，一般在机头方向上最边缘推上 1 枚织针，如图 3-4-23 所示。

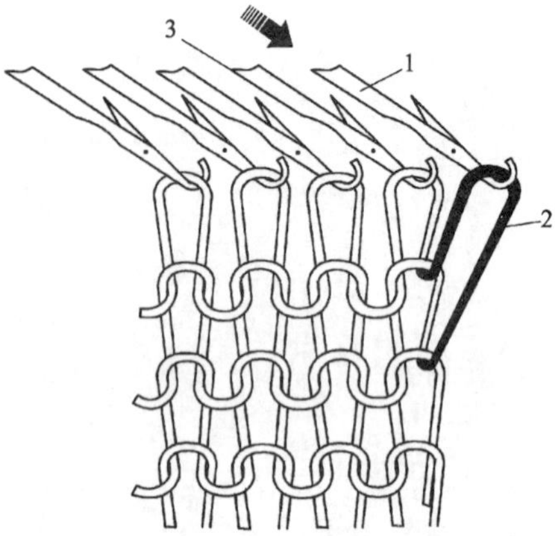

图 3-4-21　直接放 1 针线圈图

(a) 正面

(b) 反面

图 3-4-22　直接放 1 针效果图

图 3-4-23　直接放 1 针编织操作图

三、移圈放针

移圈放针是指使用收针柄(扒子)将编织织针上的线圈转移到边口处的没有参加编织的织针上,使参加工作织针针数增加的一种放针方法。放针时,一般一次只能放一针,否则,在放针处将会出现大线圈(指单面)。另外,为了消除因放针留下的孔眼,常常需要将上一横列上的针编弧挑到因移圈而造成的空针上。

移圈放一针三支边，使用三针收针柄把最边缘的三枚织针里的线圈向外移动一个针距,使用单针收针柄把在前一个横列的针编弧拉入在空针上,如图 3-4-24 所示。

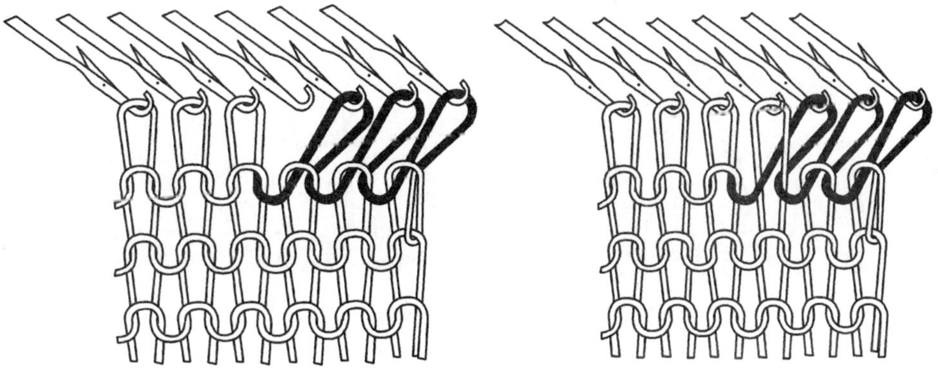

图 3-4-24　移圈放 1 针 3 支边线圈结构图

图 3-4-25、图 3-4-26 分别为移圈放 1 针 3 支边的效果图和编织操作图。

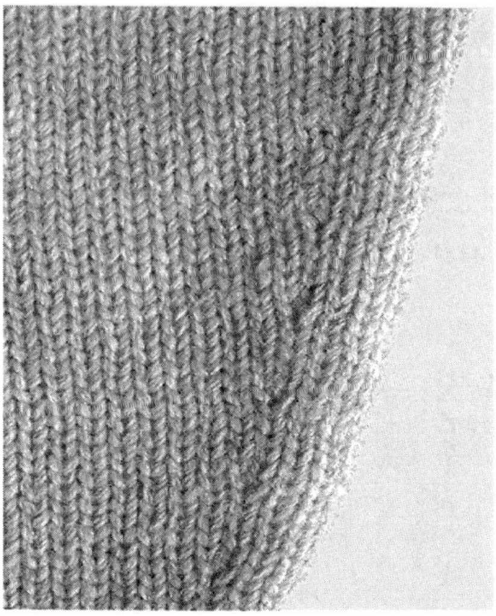

(a) 正面

(b) 反面

图 3-4-25　移圈放 1 针 3 支边效果图

图 3-4-26　移圈放 1 针 3 支边编织操作图

四、套圈收针

套圈收针简称套收针，它是指将相邻织针上的线圈一个圈套在另一个线圈之上的一种收针方法。收针时，先让被套收的线圈处在针钩中，套收的线圈处在针杆上，然后，通过移动织针可使套收的线圈圈套在被套收的线圈之上。由于套收的结果是把线圈纵向排列转化为横向排列，常常使得织物在套收处尺寸偏小；也由于套收的结果改变了线圈的结构，使得织物在套收处的拉伸性能降低。正因如此，常常需要把套收针的线圈扩大，常用的放圈方法有三种：利用手工的方法进行弯纱、利用收针柄(扒子)协助进行弯纱或利用空针先参加编织再脱圈等。

1. 套收针

套收针又称锁边收针，是指将需要收针的织针上的线圈相邻一个圈套在另一个线圈之上，从而减少编织织针数量。图 3-4-27 为套收后的线圈结构图，其中，可将线圈 1、2、3、4、5、6、7 分

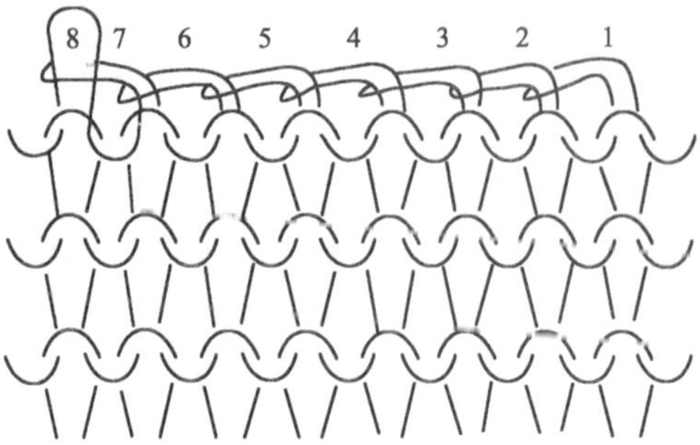

图 3-4-27　套收针的线圈结构图

别圈套在线圈 2、3、4、5、6、7、8 上。

图 3-4-28 所示为单面套收针的效果图，图 3-4-29 为双面套收针的效果图。

图 3-4-28　单面套收针的效果图

(a) 正面　　(b) 反面

图 3-4-29　双面套收针的效果图

2. 套收针的编织过程

套收针的编织方法有多种，一般因针床安放的空间位置、操作的方便程度及操作者的习惯而存在一些差异。为此，以下将按具体操作步骤给出几种编织方法，其中，在方法二的说明中，为了避免重复与节省篇幅，省略了编织过程示意图，但可参照方法一中的编织过程示意图进行理解。

方法一：

(1)如图 3-4-30(a)所示，利用单孔眼收针柄(俗称扒子)将织针 2 向上拉起，使得织针 2 上的线圈2移至针舌下的针杆上。

(2)利用收针柄(或手动下压针踵)将织针2下压,使得针杆上的线圈套于收针柄的针杆上,如图3-4-30(b)所示。

(3)将带有线圈2的收针柄横向移动一个针距,且手动上推针踵使织针1向上移动,使线圈2套于织针1的针钩中,而线圈1移至织针1针舌下的针杆上,如图3-4-30(c)所示。

(4)手推针踵将织针1下压,则线圈1将经过织针1的针舌上方,脱套在线圈2上,从而完成线圈1对线圈2的套收,如图3-4-30(d)所示。

(5)对于织针3与线圈3重复上述过程,即先利用收针柄将织针3上拉,下压,使线圈3套

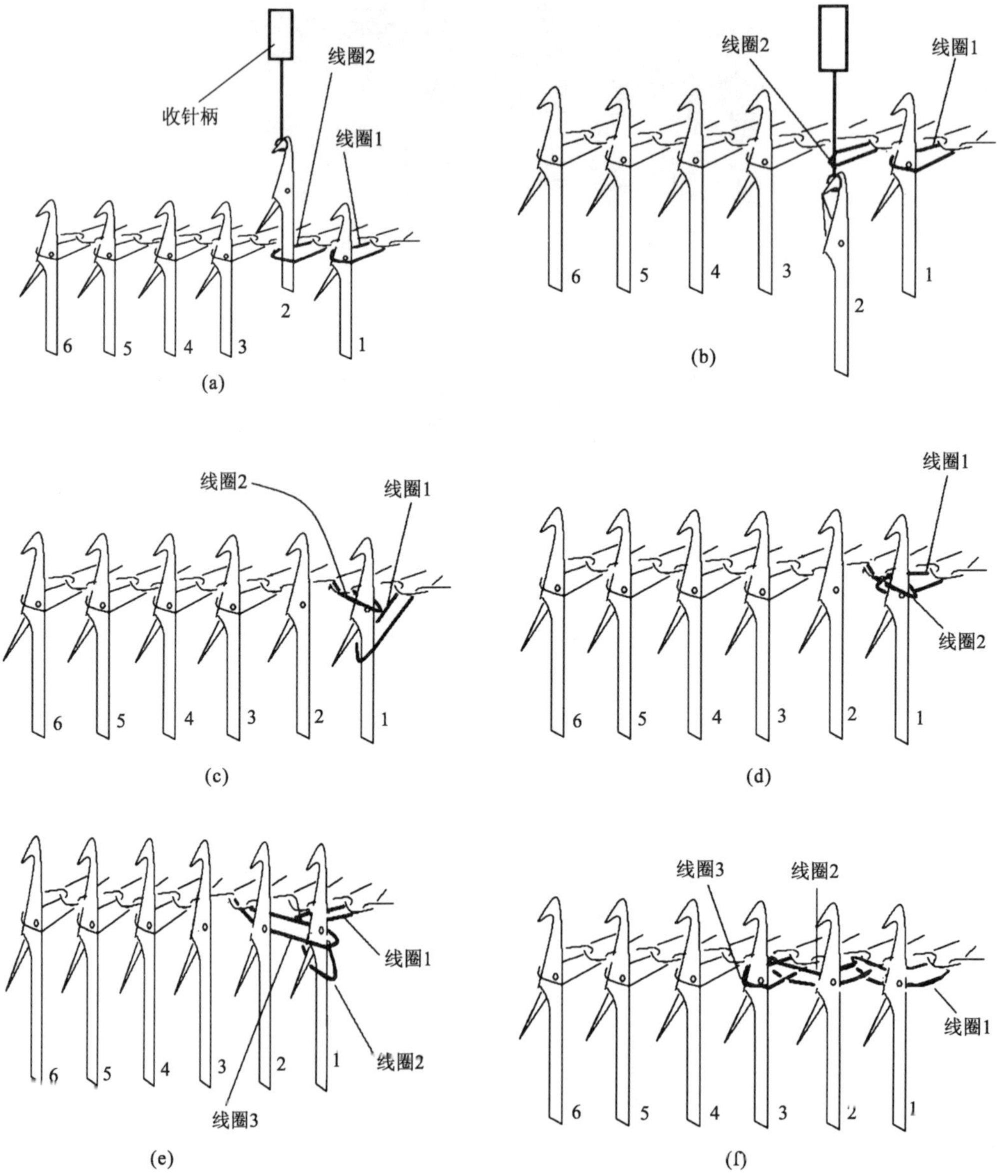

图3-4-30 套收针方法一编织过程示意图

于收针柄的针杆上，再横移两个针距，让线圈 3 移至织针 1 的针钩里，线圈 2 移至织针 1 针舌下的针杆上，如图 3-4-30(e)所示，再利用手推针踵将织针 1 下压，则线圈 2 将经过织针 1 的针舌上方，而脱套在线圈 3 之上。从而完成线圈 2 对线圈 3 的套收。

(6)利用收针柄将织针 1 向上拉起，使得织针 1 上的线圈 3 移至针舌下的针杆上。将织针 1 下压，使得针杆上的线圈 3 套于收针柄的针杆上。再将收针柄反向横移动两个针距，使线圈 3 套于织针 3 的针钩中，如图 3-4-30(f)所示。

(7)把上述过程看成一个小循环，对于织针 3、4、5 与线圈 3、4、5 重复上述过程可完成线圈 3 对线圈 4、线圈 4 对线圈 5 的套收。

(8)将无线圈的织针撤入到停针区，完成整个套收针操作。

方法二：

(1)可按图 3-4-30 所示进行理解，利用多孔眼收针柄(以两孔眼为例)将织针 2、织针 3 向上拉起，使得织针 2 上的线圈 2、织针 3 上的线圈 3 移至各针针舌下的针杆上。

(2)利用收针柄(或利用针踵以手动的方式)将织针 2、织针 3 下压，使得针杆上的线圈 2、3 套于收针柄的针杆上。

(3)将带有线圈 2、3 的收针柄横向移动一个针距，使得持有线圈 2 的收针柄的针杆与织针 1 平行对齐。

(4)将织针 1 上推，而线圈 1 移至织针 1 针舌下的针杆上。同时钩住线圈 2，使其处于织针 1 的针钩中。

(5)将织针 1 下压，则线圈 1 将经过织针 1 的针舌上方，而脱套在线圈 2 之上。从而完成线圈 1 对线圈 2 的套收。

(6)将带有线圈 3 的收针柄再横向移动一个针距，使得持有线圈 3 的收针柄针杆与织针 1 平行对齐。重复(4)、(5)步骤，完成线圈 2 对线圈 3 的套收。

(7)利用收针柄将织针 1 上拉、下压，让织针 1 上的线圈 3 处于收针柄的针杆后，再反向横移两个针距，并将线圈 3 重新套回到织针 3 的针钩里。

(8)把上述过程看成一个小循环，对于织针 3、4、5 与线圈 3、4、5 重复上述过程可完成线圈 3 对线圈 4、线圈 4 对线圈 5 的套收。

(9)将无线圈的织针撤入到停针区，完成整个套收针操作。

方法三：

(1)如图 3-4-31(a)所示，利用织针 0 将织针 1 向上拉起，使得织针 1 上的线圈 1 移至织针 1 针舌下的针杆上。

(2)利用针踵以手动的方式将织针 1 下压，使得针杆上的线圈 1 经过织针 1 的针舌而套于织针 0 的针钩中，如图 3-4-31(b)所示。

(3)将带有线圈 1 的织针 0 横向移动一个针距，再钩住织针 2，并向上拉起，使得织针 2 上的线圈 2 移至织针 2 针舌下的针杆上，如图 3-4-31(c)所示。

(4)利用针踵以手动的方式将织针 2 下压，使得针杆 2 上的线圈 2 套于织针 0 针钩内，线圈 1 退到织针的针杆上。如图 3-4-31(d)所示，向上拉动织针 0，使得针织 0 上的线圈 1 经过针舌

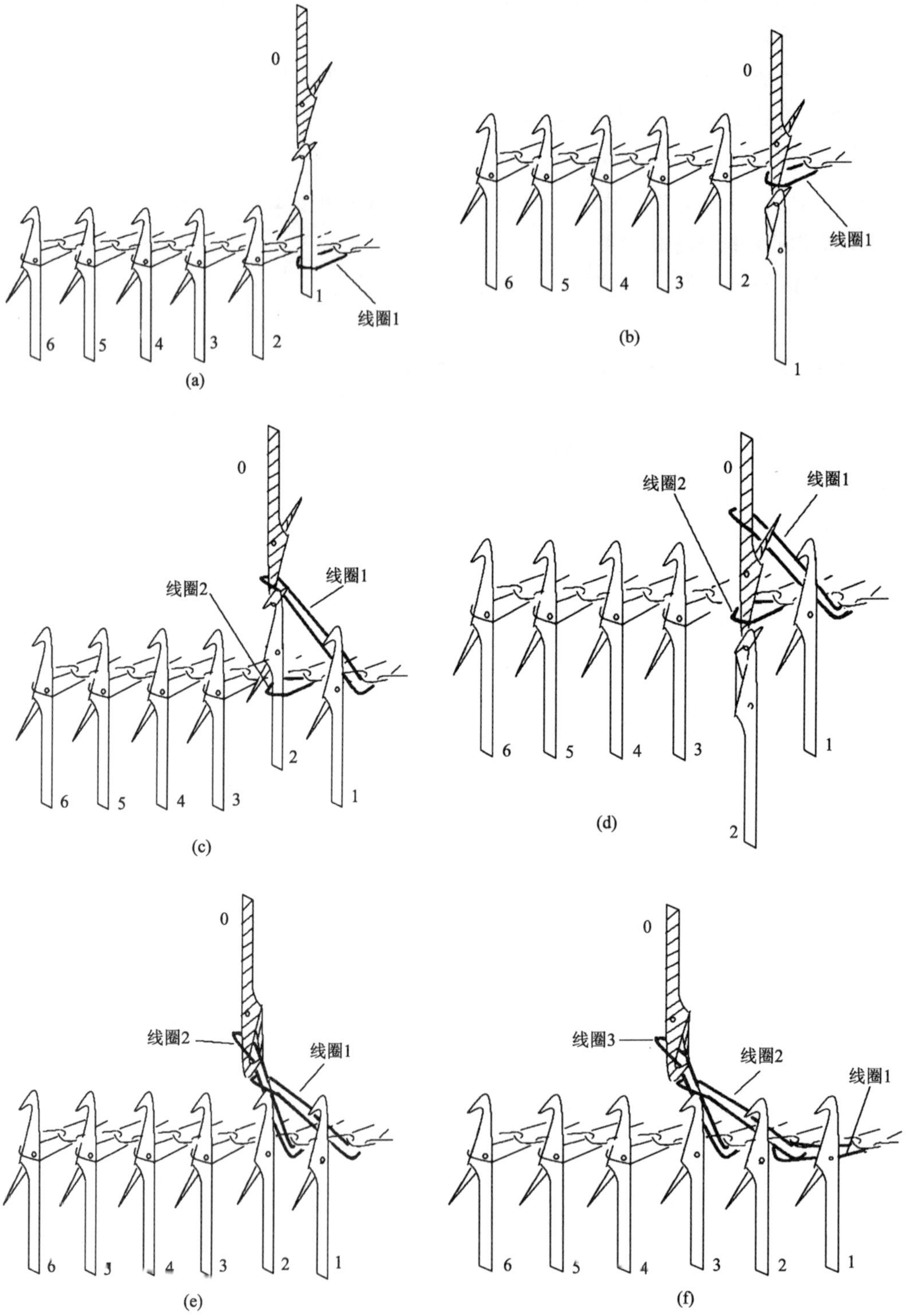

图 3-4-31　套收针方法三编织过程示意图

而套收到线圈 2 上，如图 3–4–31(e)所示。

(5) 把上述过程看成一个小循环，对于织针 2、3 与线圈 2、3 重复上述过程可完成线圈 2 对线圈 3 的套收，如图 3–4–31(f)所示。依此类推，可实现线圈 3 对线圈 4，线圈 4 对线圈 5 的套收。

(6)将织针上的线圈套到不需要收针的织针上，再将无线圈的织针揿入到停针区，完成整个套收针操作。

3. 实现套收针编织的关键

尽管某些编织过程使用了收针柄，但其作用是辅助的，而真正实现套收的关键，在于利用了舌针所具有的编织功能，其编织要点是，把一枚织针作为套收的基本工具，先让欲套收的线圈处于该枚织针的针杆上，而让被套收的线圈处于针钩中，再沿针踵方向移动该织针，使欲套收的线圈可借助织针的针舌而圈套在被套收的线圈上。

4. 套收针的线圈长度对编织过程的影响

从套收整个编织过程看，多数线圈需要从一个织针上转移到另外一个织针上。为满足这种转移，被转移线圈的长度常需要增加，而增加的部分来源于同一横列相邻的其他线圈，但由于织物的牵拉力与某些相邻的织针对其上线圈位置的固定，增加了线圈的转移难度，因此，线圈本身长度越长，进行套收针越容易。同时，线圈长度对编织的效率也会产生影响。为了便于说明，可先将线圈的转移次数看成是套收用时的主要因素(实践证明这种假定是合理的)，再将线圈套收针针数与线圈转移次数的比值作为评价编织效率的指标，这样，比值越大，编织的效率就越高。现以方法一为例：在该方法的一个小循环中，线圈的最大横移量为两个针距，需用三次线圈转移(包括：线圈 2 转移到织针 1、线圈 3 转移到织针 1 与线圈 3 转移到织针 3)，共完成了两针套收，则线圈套收针数与线圈转移次数的比值为 0.667 针/次；若线圈的长度偏短，线圈转移困难，则只能采用另外一种套收方法：即利用收针柄把线圈 2 转移到织针 1 后，不再将线圈 3 转移到织针1 上，而是直接利用收针柄将线圈 2 移回到织针 2 中，在这样的一个小循环中，线圈的最大横移量为一个针距，需用两次转移，可完成 1 针套收，则线圈套收针数与线圈转移次数的比值为 0.5 针/次；若线圈的长度偏长，线圈转移容易，则又可以采用另外一种套收方法：即利用收针柄先将线圈 2 转移到织针 1，线圈 3 转移到织针 1 后，再把线圈 4 转移到织针 1，最后再把织针 1 上的线圈 4 移回到织针 4，在这样的一个小循环中，线圈的最大横移量为三个针距，需用四次转移，可完成三针套收，线圈套收针数与线圈转移次数的比值为 0.75 针/次。因此，线圈长度越长，可以移动的针距数越多，相应的编织效率可越高。当然，线圈长度也不能过大，否则，套收后的边口将会出现边耳现象。

5. 套收线圈对成品性能的影响

套收线圈对成品性能的影响主要体现在两个方面。其一，套收线圈对成品尺寸有影响。在通常情况下，需要把套收的线圈加长，否则，若让套收的线圈保持着与其他线圈相同的线圈长度，则套收后的产品横向尺寸一般会偏小。这是由于羊毛衫合适的成品密度一般纵向大于横向，即圈高的尺寸小于圈距，而套收的直接结果就是把套收的线圈由纵向排列转变成了横向排列，如图 3–4–27 所示。其二，套收的结果使得套收部分的横向延伸性降低，如图 3–4–32 所示。在图

3-4-32(a)中,水平位置 x 处有 3 条同一编织横列的纱线,而在图 3-4-32(b)中,水平位置 y 处仅有 1 条同一编织横列的纱线。从理论上说,若单元的线圈长度相等,则前者拉伸后的横向尺寸应为后者的 1/3,因此,套收的结果会使其横向延伸性降低。

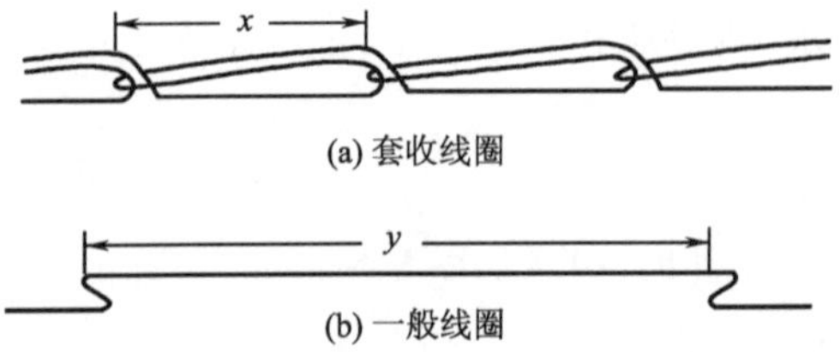

图 3-4-32 套收针与常规线圈横向拉伸比较示意图

6. 增加套收针线圈长度的几种方法

从以上分析可见,套收针的线圈长度不但影响编织过程,而且还会影响产品质量,因此,增加套收针的线圈长度显得十分必要,现给出几种方法。

(1)对于普通横机而言,虽然机头在编织同一横列时,其弯纱深度不能更改,但可以利用手工方法在机床上进行编织,如给需要套收的织针进行垫纱,利用下压织针的针踵来加大弯纱深度。

(2)可把多孔眼收针柄放置在需要进行套收织针的针床后(或下),且保持收针柄上各针与横机上栅状齿相对,当机头对织针进行弯纱成圈时,收针柄上的各针会阻挡针编弧紧贴针床,即增加了线圈的针编弧。

(3)对于双针床横机,可让套收织针相对针床上、没有编织的部分织针参加工作。图 3-4-33 为某一套收部分的编织图,其中,前针床(下)为需要套收的线圈,后针床为 3 针出 1 针的编织方式,在套收之前,可将织针 1、2 上没有封口的悬弧进行脱圈,以此来增加套收针线圈长度。若编织的织物为双面组织,即套收织针相对针床上无空闲的织针,则可以在需要套收编织的前一横对需要套收部分进行移圈,使其在编织后一横列时有空闲的织针。

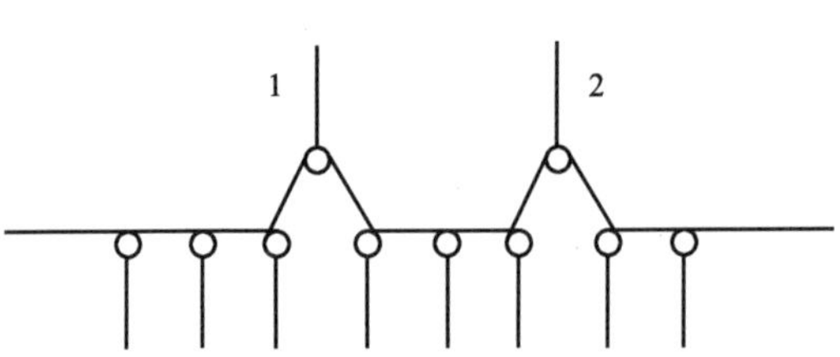

图 3-4-33 增加套收线圈长度的编织图

7. 套收针的编织工艺要点

(1)套收针可实现同一横列的多针收针,尤其适合一些高档原料在领窝的中部、肩部与领圈部位等处的收针。

(2)套收针的编织方法有多种,但实现套收针编织的关键在于:要把一枚织针作为套收的基本工具,先让欲套收的线圈处于该枚织针的针杆上,而让被套收的线圈处于针钩中,再沿针踵方向移动该织针,使欲套收的线圈可借助织针的针舌而圈套在被套收的线圈上。

(3)线圈长度对编织过程有影响:线圈本身长度越长,进行套收针越容易;同时,线圈长度越长,可横向移动的针距越多,相应的编织效率可越高。

(4)套收针的线圈对成品性能有影响:若套收部分的线圈长度保持不变,套收后的产品横向尺寸一般会偏小;同时,套收的结果会使产品的横向延伸性降低。

(5)增加套收针线圈长度的方法有多种,主要包括手工弯纱来加大线圈长度、利用收针柄来加长沉降弧及利用织针来增加沉降弧等。

五、持圈收针(铲腈)

持圈收针(铲腈)是指让机头移动到需要收针处改变移动方向,使收针的织针在下一横列不进行编织,或先将收针织针上的线圈转移到另一针床上的空针上,再将这些空针移到停止区。同样可以实现持圈收针(铲腈)的效果。持圈放针(铲腈)指的是让一定数量织针上先进行持圈收针(铲腈),再逐步让其返回到编织区的一种放针方法。在休止横机上,持圈收放针变得更为容易,休止时,只要将织针移到休止位置(织针可以移到的最高位置),这样机头可以不对这些织针垫放新的纱线,当需要将重新参加编织时,只要把自动引返机构的三角打开,休止的织针将自动地退回到编织区,也可利用收针柄(扒子)将处于针杆上的旧线圈挑回到针钩中,使其参加新横列的编织。

图 3-4-34 为铲腈效果图、图 3-4-35 为在手摇横机(企业手摇横机俗称手机、电脑横机俗称电机)上铲腈的编织操作图。

(a) 正面　　(b) 反面

图 3-4-34　铲腈效果图

(1)使用收针柄(扒子)把前针床的线圈移向后针床,移圈后的织针(空针)退出工作区,如图 3-4-35(a)所示。

(2)编织数转后重复上述操作,如图 3-4-35(b)所示。

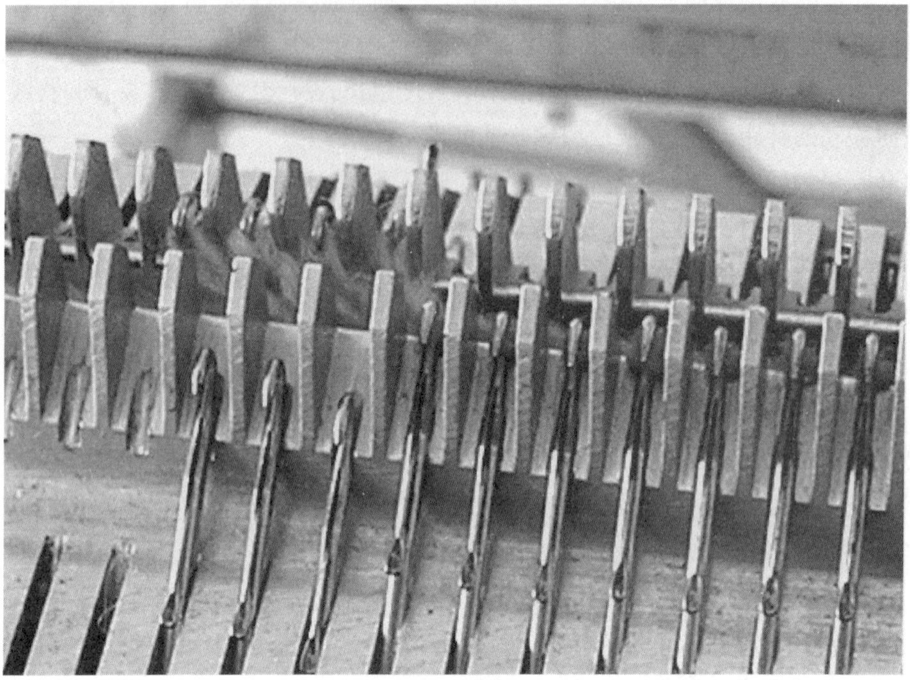

(a)

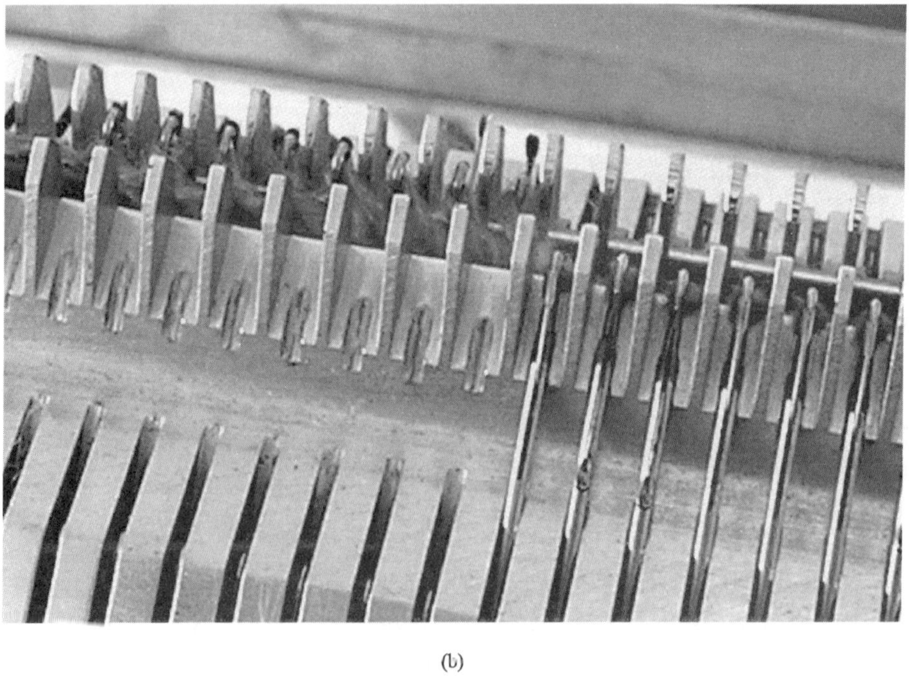

(b)

图 3-4-35　铲膊的编织操作

第五节 收领口实际操作

收领口是羊毛衫生产中最为重要的成形编织。常用的收领口方法主要有三种形式:收假领、落纱收领、套针收领。

一、收假领

收假领是羊毛衫产品中应用最为广泛的成形方法,其是在编织的过程中通过挑孔、抽针(挑孔)在衣片的表面形成领口的轮廓,落片后裁剪形成实际的领口。收假领操作简单、速度快,可缩短生产时间,提高生产效率。常用的收假领的形式有 1+1 挑孔、1+2 挑孔等形式。

1. 1+1 挑孔收假领

图 3-5-1 所示为一款衫身为纬平组织(单边)1+1 挑孔收假领的工艺单(吓数单),其编织操作如图 3-5-2 所示,其织物的效果如图 3-5-3 所示。

(1)把标尺为 11 织针上的线圈套出,移至标尺为 12 的相邻织针上,然后将空针按下,使其退出工作区,如图 3-5-2(a)所示。

(2)隔一针重复以上的收针操作,如图 3-5-2(b)所示。

(3)重复至收针操作完成,如图 3-5-2(c)所示。

5转

3-2-3

2-2-4

中留 20 针抽领

图 3-5-1 1+1 挑孔收假领工艺单

编织方法:

(1)单边织完所需的转数,然后在中间领位留 20 针,接着在

(a)

图 3-5-2

(b)

(c)

图 3-5-2　收假领编织操作

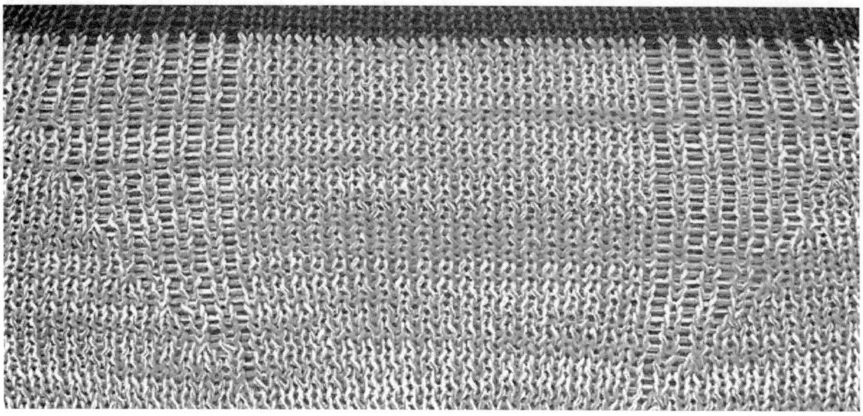

(a) 正面

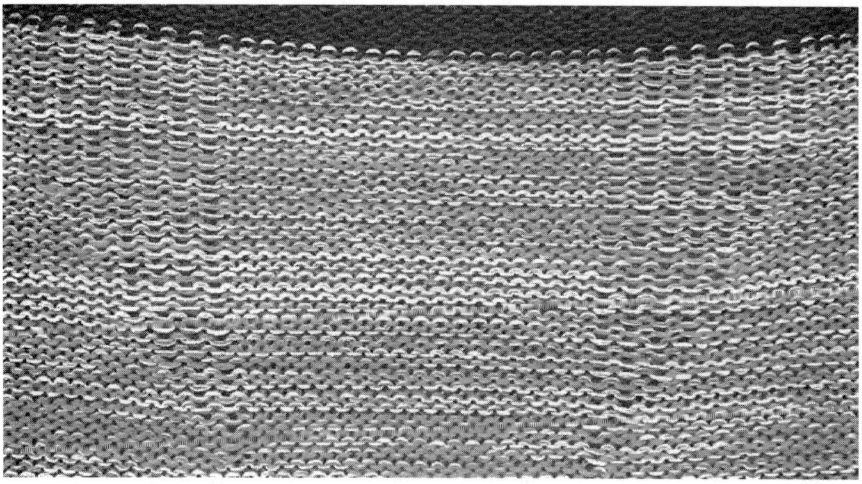

(b) 反面

图 3-5-3　1+1 挑孔收假领效果图

20 针的两边将第一支针上的线圈套出，移至其向外的相邻织针上，然后将空针按下，编织 2 转。

(2)隔一针重复以上的收针操作，再编织 2 转，共重复三次。

(3)最后一组，编织 3 转，然后再隔一针重复以上的收针操作，共重复三次。

(4)最后编织 5 转，落片。

2. 1+2 挑孔收假领

图 3-5-4 所示为一款衫身为纬平组织(单边)1+2 挑孔收假领的工艺单(吓数单)，其编织操作如图 3-5-5 所示，其织物的效果如图 3-5-6 所示。

8 转
3-2-4
2-3-4
中留 22 针抽领

图 3-5-4　1+2 挑孔收假领工艺单

(1)中间领位留 22 针,在 22 针的两边,把标尺为第 12 织针上的线圈套出,移至另一支相邻织针(标尺为 13)上,然后将空针按下,使其退出工作区,如图 3-5-5(a)所示。

(2)隔两针重复以上的收针操作,如图 3-5-5(b)所示。

(3)重复至收针操作完成,如图 3-5-5(c)所示。

编织方法:

(1)单边织完所需的转数,然后在中间领位留 22 针,接着在22 针的两边将第一支针上的线圈套出,移至其向外的相邻织针上,然后将空针按下,编织 2 转。

(2)隔两针重复以上的收针操作,再编织 2 转,共重复三次。

(3)最后一组,编织 3 转,然后隔一针把线圈套出,移至其向外的相邻织针上,然后将空针按下,编织 3 转,共重复四次。

(4)最后编织 8 转,落片。

在收假领的编织操作过程中,也可以采用挑孔的方法编织即在将织针里的线圈套出移至相邻织针上时,空针继续工作编织而成假领。

(a)

(b)

(c)

图 3-5-5　1+2 挑孔收假领编织操作图

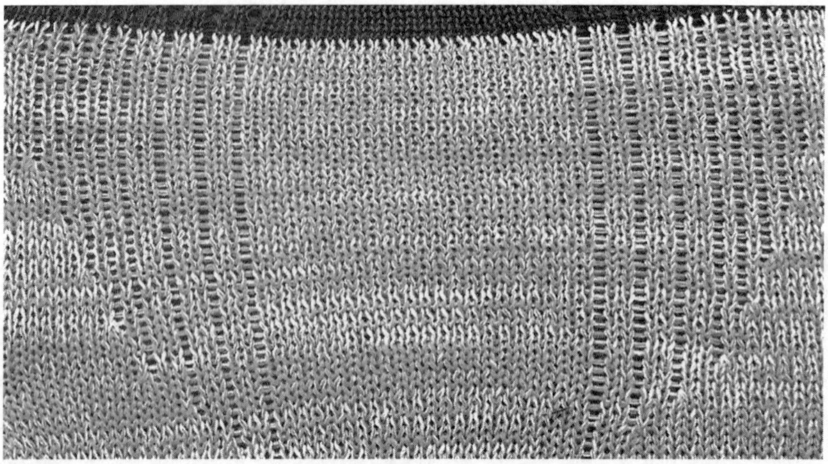

(a) 正面

(b) 反面

图 3-5-6　1+2 挑孔收假领效果图

二、落纱收领

落纱收领是羊毛衫生产中使用的成形方法之一，其是在编织的过程中，使用封针纱线把从织针里脱圈的线圈封住，形成领口的形状。落纱收领操作简单、速度快，但边口易脱散。

图 3-5-7 所示为一款衫身为纬平组织（单边）落纱收领的工艺单（吓数单），其编织操作如图 3-5-8 所示，其织物的效果如图 3-5-9 所示。

5 转
3-2-3
2-2-4
中留 20 针落纱收领

图 3-5-7　落纱收领工艺单

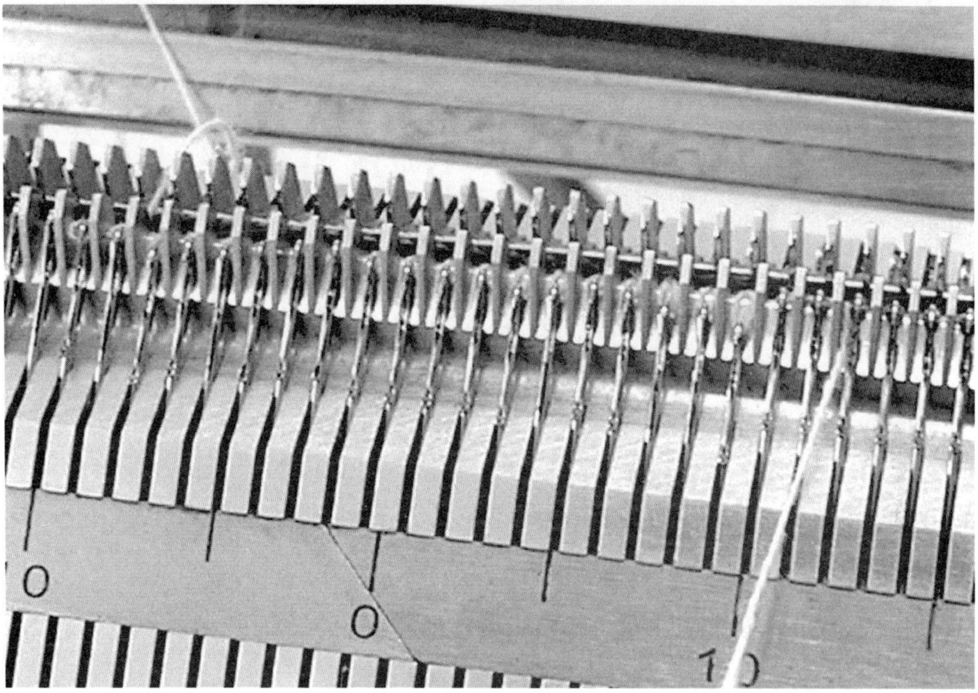

(a)

(b)

图 3-5-8

(c)

图 3-5-8　落纱收领编织操作图

(1)将中间领位处的 20 枚针上推至线圈脱出针舌，然后将一根封针纱线套在 20 针的针钩上，然后逐一按下 20 枚针，如图 3-5-8 所示。

(2)再一次顶起 20 枚针，再全按下一次，如图 3-5-8(b)所示。

(3)将 20 枚针上的线圈全部脱离针钩，如图 3-5-8(c)所示。

(a) 正面(落纱收针)

(b) 反面(落纱收针)

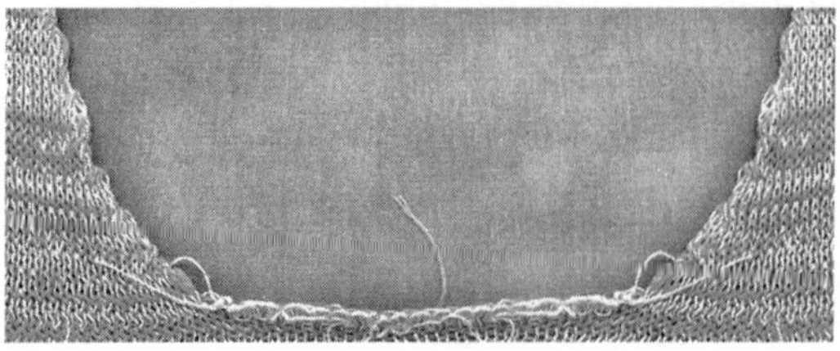

(c) 正面(移圈收针)

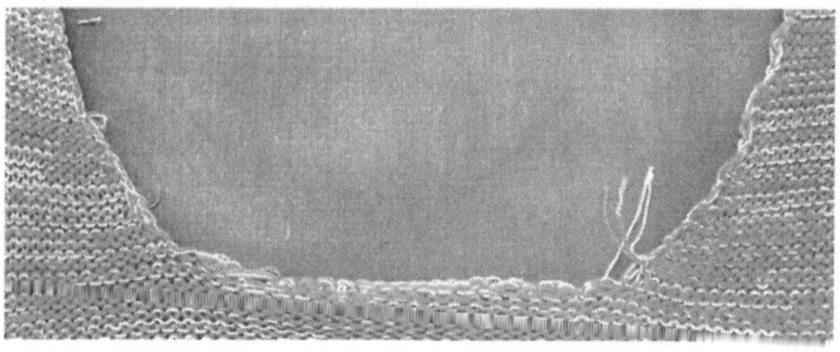

(d) 反面(移圈收针)

图 3-5-9　落纱收领效果图(1)

编织方法：

(1)单边织完所需的转数，然后将中间领位处的20枚针上推至线圈脱出针舌，然后将一根封针纱线套在20枚针的针钩上，然后逐一的按下20枚针，完成一次套圈后，再一次的顶起20枚针，再全按下，将20枚针线圈脱离针钩，然后在左边的右方收2针后编织2转，再收2针，编织2转，共重复三次。

(2)最后一组，编织3转，然后收2针，共重复三次；收2针可以采用两种方式：落纱收针和移圈收针。

(3)最后编织5转，完成左边收领。

(4)右边的左方收领重复同左边的操作。

图3-5-10所示为另一款衫身为纬平组织(单边)落纱收领的工艺单(吓数单)，其编织操作类似图3-5-8所示，其织物的效果如图3-5-11所示。

8转
3-2-4
2-3-4
中留 22 针落纱收领

图3-5-10　落纱收领工艺单

(a) 正面

(b) 反面

图3-5-11　落纱收领效果图(2)

编织方法：

(1)单边织完所需的转数，然后将中间领位处的22枚针顶上至线圈脱出针舌，然后将一根封针纱线套在22枚针的针钩上，然后逐一的按下22枚针，完成一次套圈后，再一次的顶起22枚针，再全按下，将22枚针线圈脱离针钩，然后在左边的右方收3针后编织2转，再收3针，编织2转，共重复三次；

(2)最后一组，编织3转，然后收2针，共重复四次。

(3)最后编织8转，完成左边收领。

(4)右边的左方收领重复同左边的操作。

三、套针收领

套针收领是羊毛衫生产中成形的方法，其是在编织的过程中，通过套收针的方法形成领口的形状。由于套针收领的操作相对来说速度较慢，延长了生产时间，但边口整齐不易脱散。

图3-5-12所示为一款衫身为纬平组织(单边)套针收领的工艺单(吓数单)，其编织操作如图3-5-13所示，其织物的效果如图3-5-14所示。

5转

4-2-4

3-2-5

中留 20 针套收领

图3-5-12 套针收领工艺单

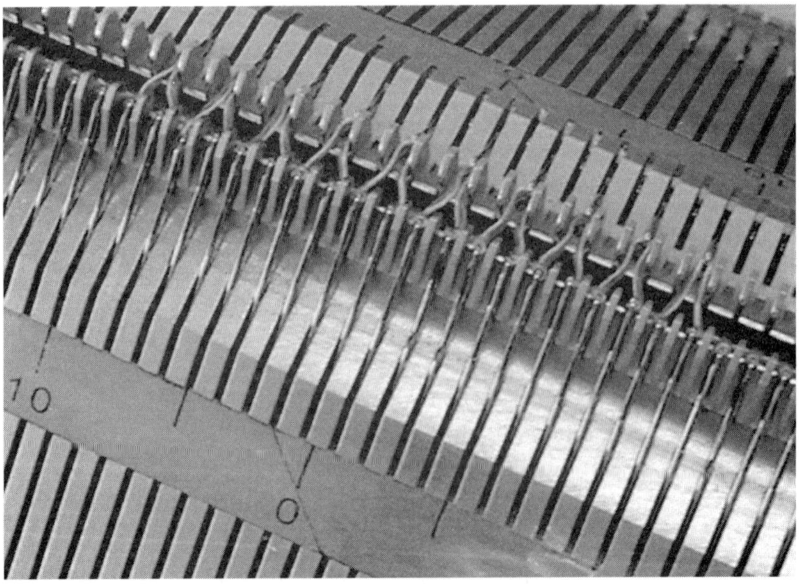

(a)

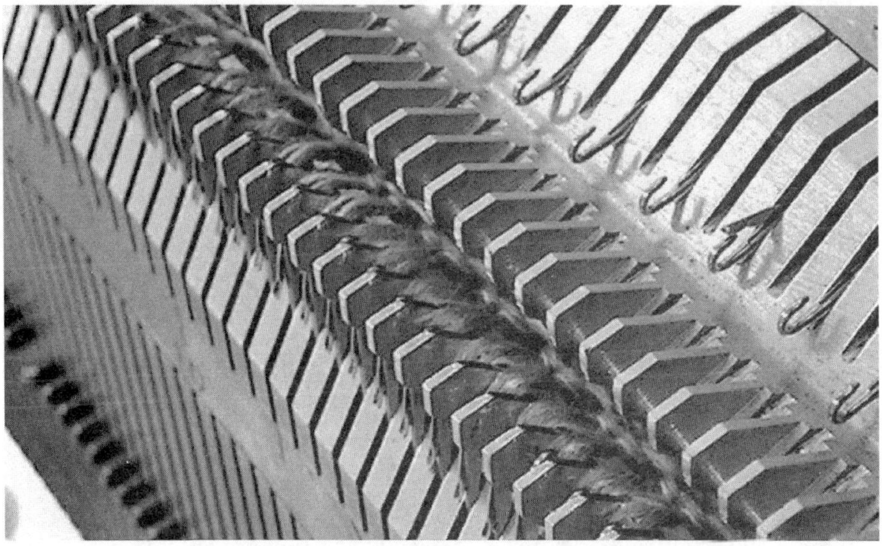

(b)

(c)

图 3-5-13

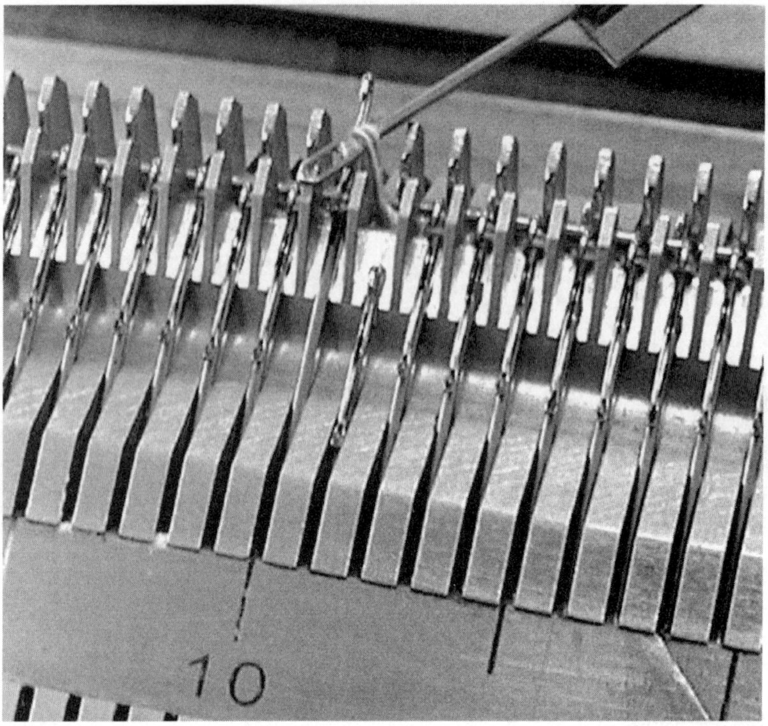

(d)

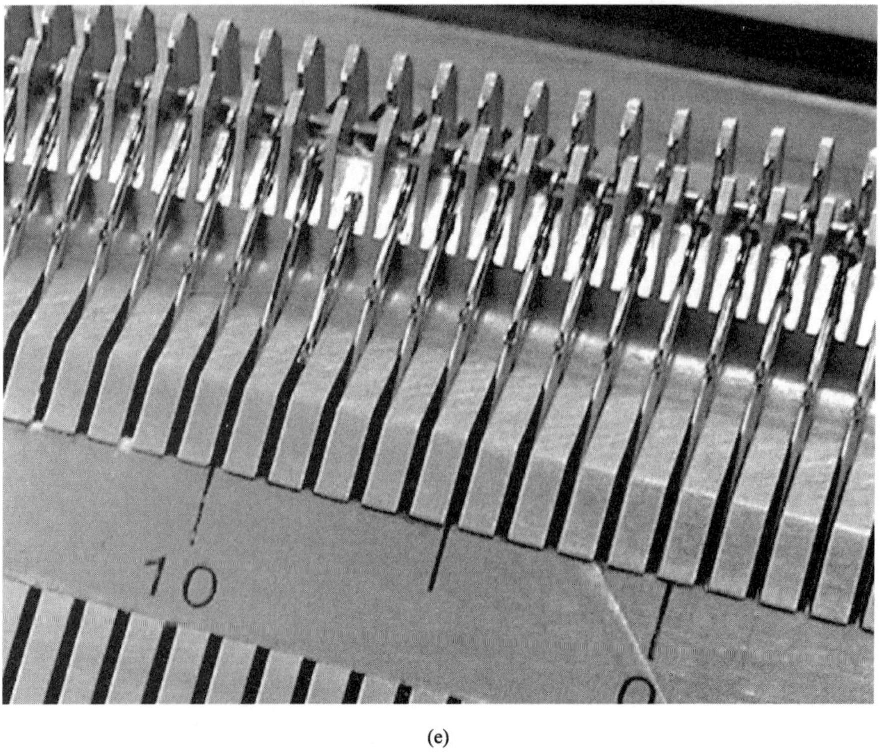

(e)

(f)

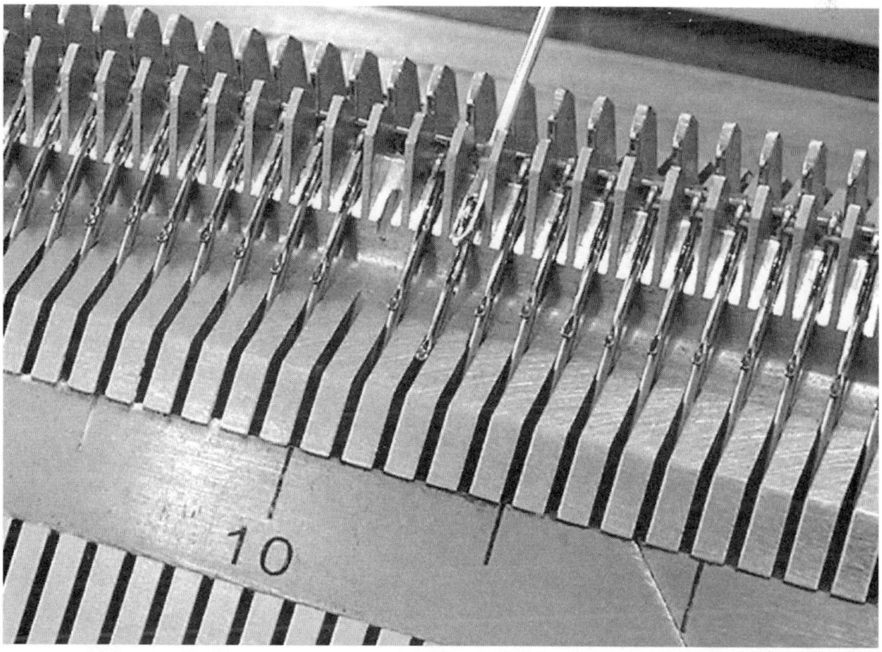

(g)

图 3-5-13

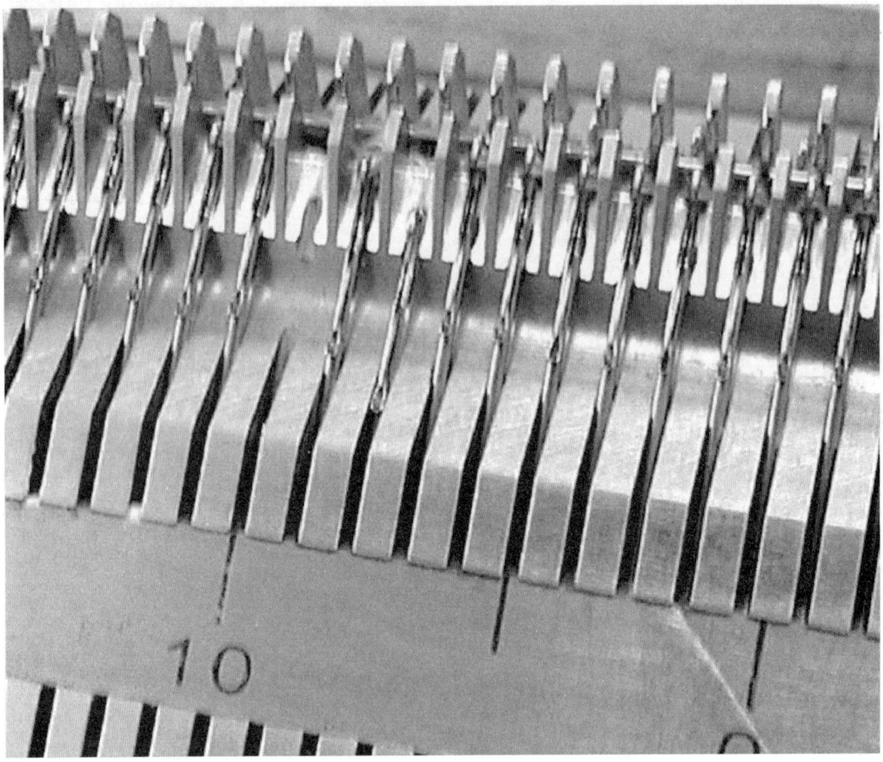

(h)

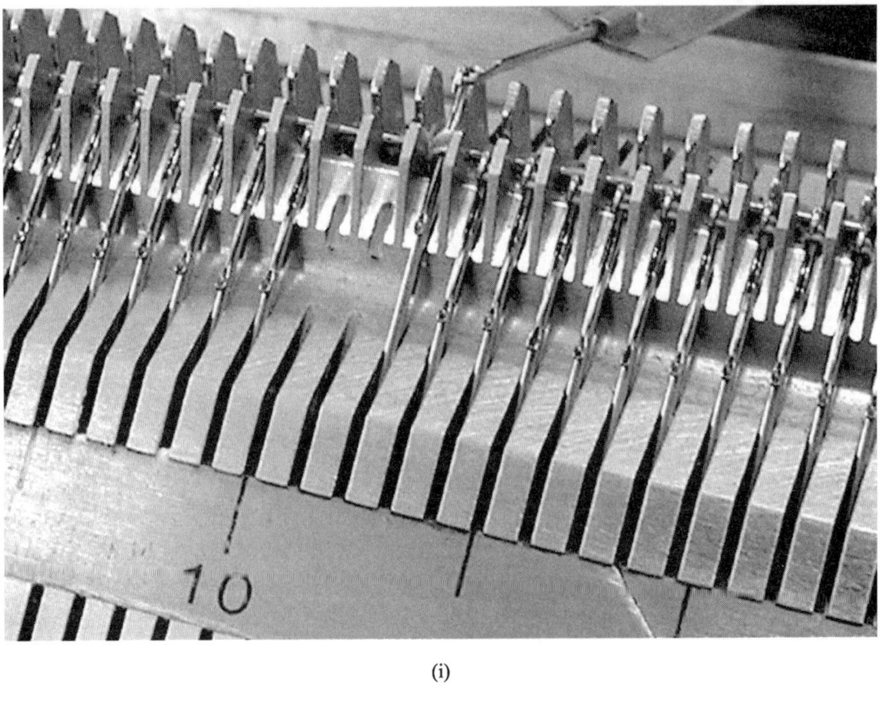

(i)

图 3-5-13　套针收领编织操作图

(1)后针床的织针按 1+1 罗纹的排针方式参加编织,如图 3–5–13(a)所示。

(2)后针床参与辅助编织的织针脱出线圈,使前针床相应织针里的线圈扩大,如图 3–5–13(b)所示。

(3)使用单针或收针柄先将领位的左边第 2 针(标尺为第 9 针)的线圈套出在收针柄上,如图3–5–13(c)所示。

(4)将套着线圈的收针柄把左边第 1 针(标尺为第 10 针)拉起,使此针内线圈滑落至针杆上,此时把收针柄上的线圈套放入针钩内,如图 3–5–13(d)所示。

(5)将此针沿着针槽按下(下压针踵),使此针(左边第 1 针)上线圈脱出(同时第 2 针的线圈已搬到第 1 针的针钩内)而套为原第 2 针(标尺为 9)针的线圈,如图 3–5–13(e)所示。

(6)再将现已套在第 1 针上的线圈用收针柄再套回至第 2 针已空出的织针(标尺为 9)上,将左边的第 1 针(标尺为 10)按下,使其退出工作区,此时工序完成了套出第 1 针上线圈,如图 3–5–13(f)所示。

(7)使用收针柄将左边的第 3 针的线圈套出,再套到第 2 针上,如图 3–5–13(g)所示。

(8)如第 2 针的线圈套到第 1 针上一样,标尺为 8 的织针的线圈套入标尺为 9 的织针上,如图 3–5–13(h)所示。

(9)直至套回已空出的第 3 针上,再将第 2 针按下,使其退出工作区,便完成了套出第 2 针的线圈。重复操作,直至 20 枚针的线圈套完,如图 3–5–13(i)所示。

(a) 正面

图 3–5–14

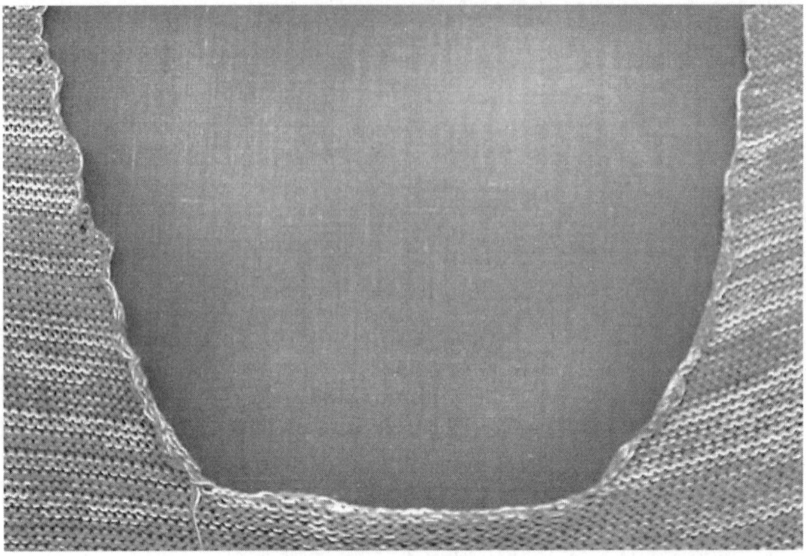

(b) 反面

图 3-5-14　套针收领效果图

编织方法：

(1)单边编织完 29 转半后，把前后针床移动至针对齿的位置(针床相错)。在中间 20 枚领位针相对应的位置，后针床的织针按 1+1 罗纹的排针方式参加编织，开启起针三角 2、起针三角 3，编织半转。

(2)将刚参加编织半转的后针床的织针，沿着针槽向上顶起再向下压至织针脱出线圈(如果压针三角的刻度值大，也可以不用后针床的织针参加辅助编织)，使线圈有足够长度完成套针。

(3)使用单针式的收针柄将中间的 20 枚针的线圈逐一的套出织针。具体方法如下：

①使用单针收针柄先将领位的左边第 2 针的线圈套出在爪子上，然后将套着线圈的收针柄把左边第 1 针拉起，使此针内之线圈滑落至针杆上。此时把收针柄上的线圈套放入针钩内，再将此针沿着针槽按下(下压针踵)，使此针(左边第 1 针)的线圈脱出(同时第 2 针的线圈已搬到第1 针的针钩内) 而套到原先第 2 针的线圈内，再将已套在第 1 针上的线圈用收针柄再套回至已空出的第 2 针上，将左边的第 1 针按下，使其退出工作区。此工序完成了套出第 1 针的线圈。

②使用收针柄将左边的第 3 针的线圈套出，再套到第 2 针上，工序如第 2 针的线圈套到第1 针上一样，直至套回已空出的第 3 针上，再将第 2 针按下，使其退出工作区，便完成了套出第 2 针的线圈。如此的重复直至 20 针的线圈套完。

③套完针后，先以左边开始收领口，先收 2 针(左边的右方)编织 3 转，共重复 4 次，再编织 4 转，收 2 针，共重复 4 次，最后再编织 5 转，完成左边收领口。

④右边的收领重复左边的操作(收右边的左方)。

第六节　羊毛衫成品规格测量方法

一、衫长

1. 肩顶至底边测量（图 3-6-1）

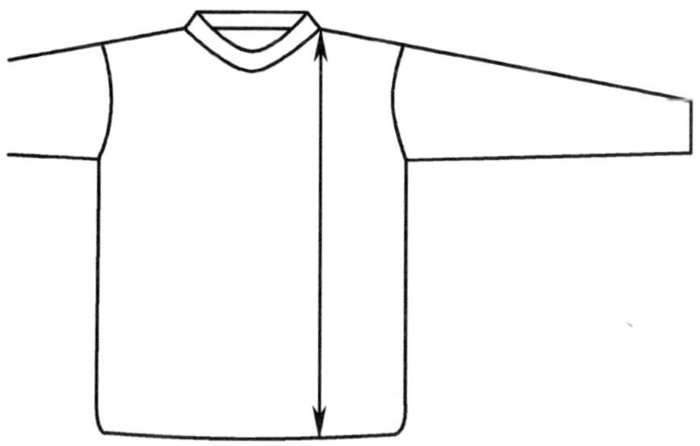

图 3-6-1　肩顶至底边测量

2. 后领中缝线至底边测量（图 3-6-2）

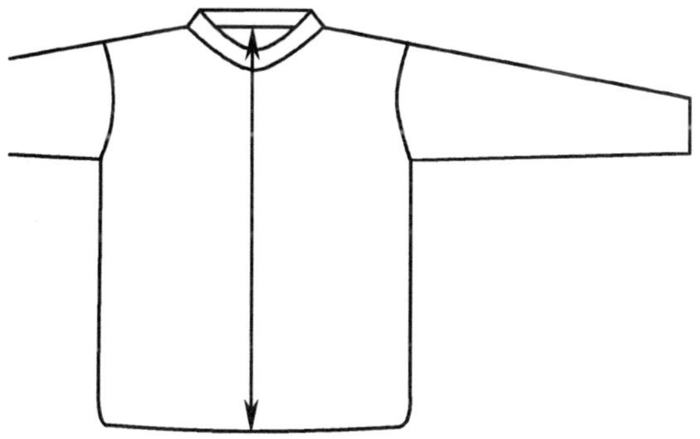

图 3-6-2　后领中缝线至底边测量

3. 后领中连贴（后领顶）至底边测量（图 3-6-3）

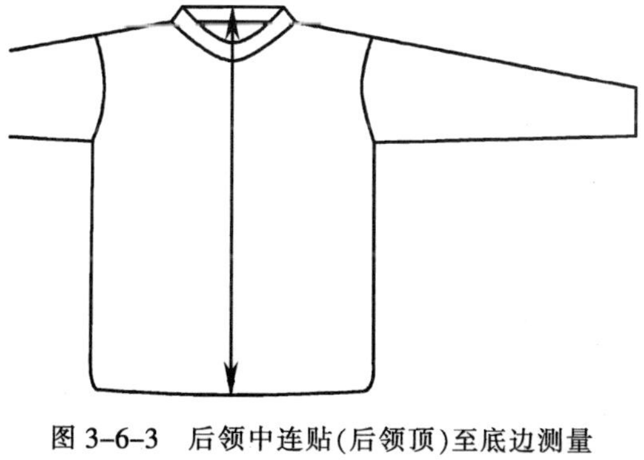

图 3-6-3　后领中连贴（后领顶）至底边测量

二、肩宽

1. 缝至缝(肩边至肩边)测量(图 3-6-4)

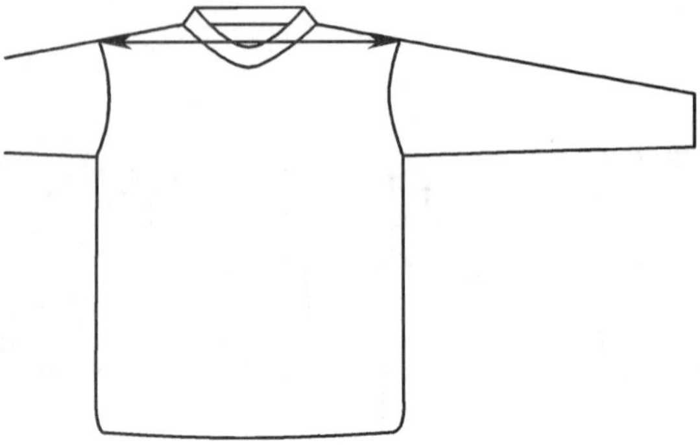

图 3-6-4 缝至缝(肩边至肩边)测量

2. 单边肩测量(图 3-6-5)

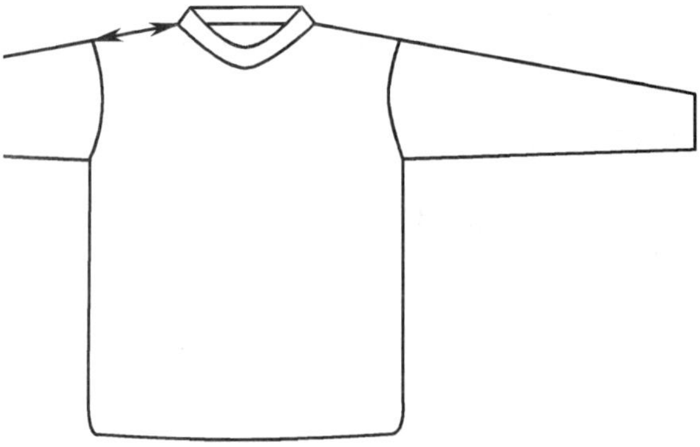

图 3-6-5 单边肩测量

三、领宽

1. 内度测量(图 3-6-6)
2. 前领缝至缝测量(图 3-6-7)

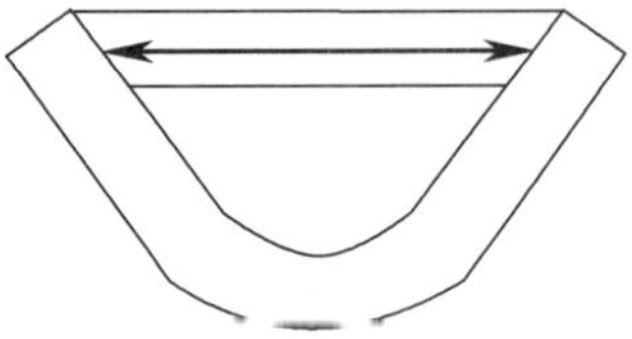

图 3-6-6 内度测量

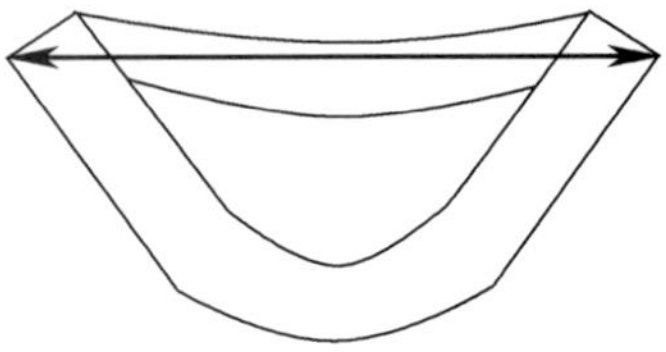

图 3-6-7 前领缝至缝测量

3. 圆周测量(图 3-6-8)
4. 后领缝至缝测量(图 3-6-9)

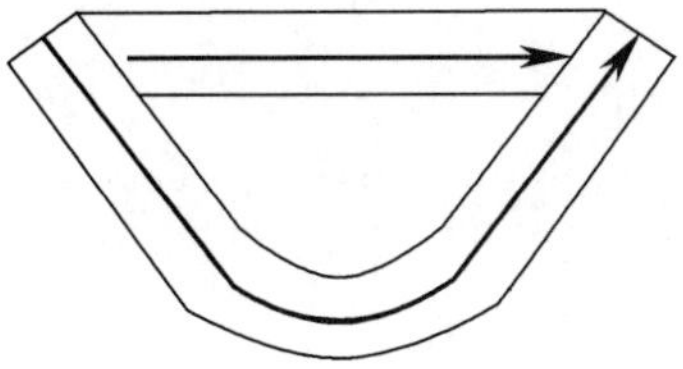

图 3-6-8　圆周测量

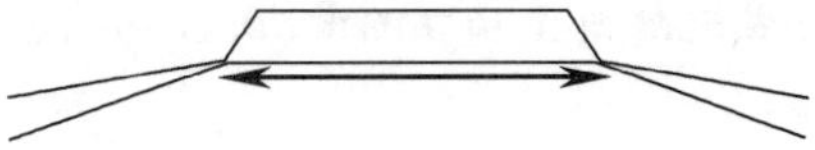

图 3-6-9　后领缝至缝测量

四、领深

1. 肩平线至前领缝线测量（图 3-6-10）
2. 肩平线至前领顶测量（图 3-6-11）

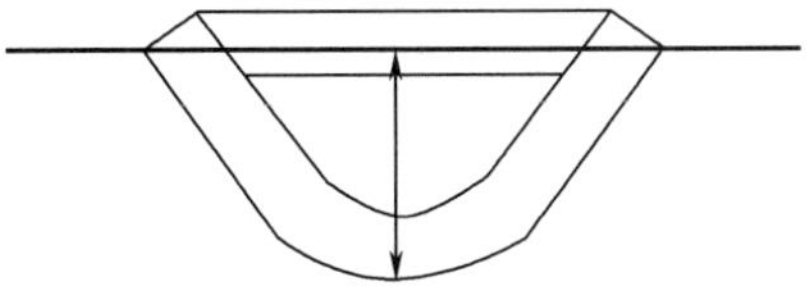

图 3-6-10　肩平线至前领缝线测量

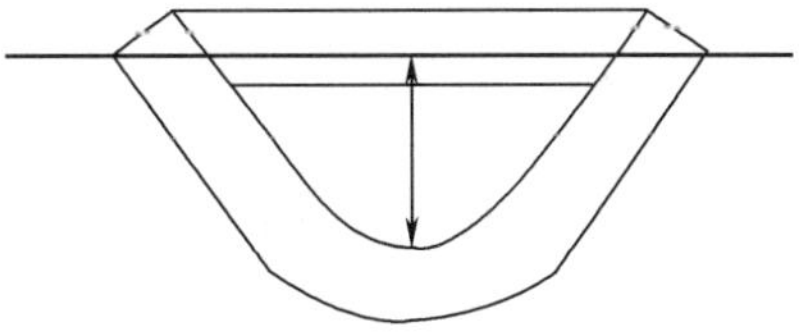

图 3-6-11　肩平线至前领顶测量

3. 领平线至前领缝线测量（图 3-6-12）
4. 领平线至前领顶测量（图 3-6-13）

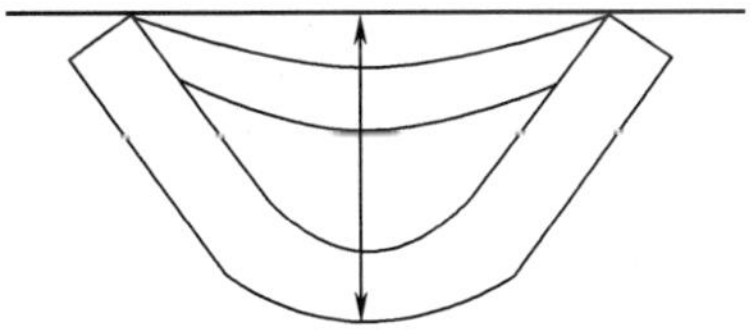

图 3-6-12　领平线至前领缝线测量

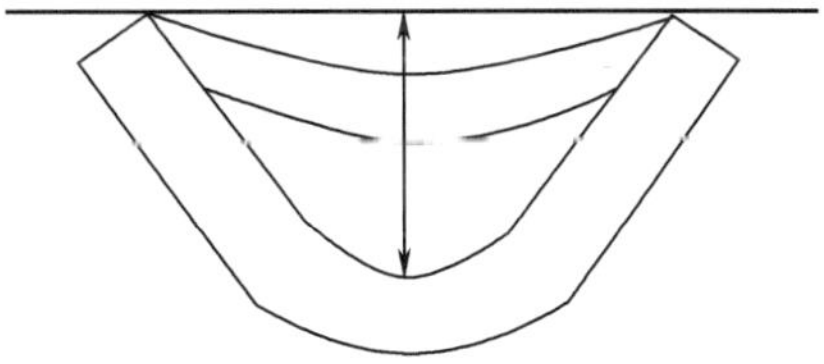

图 3-6-13　领平线至前领顶测量

5. 后领顶至前领顶测量（图 3-6-14）
6. 后领缝线至前领顶测量（图 3-6-15）

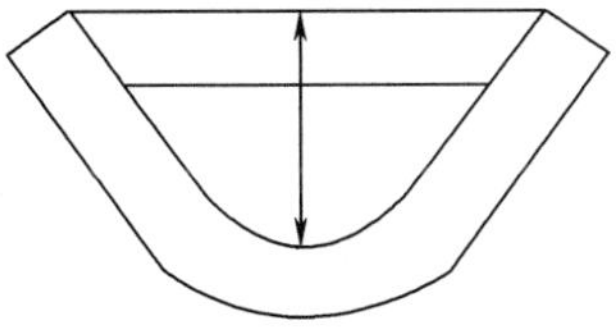

图 3-6-14　后领顶至前领顶测量

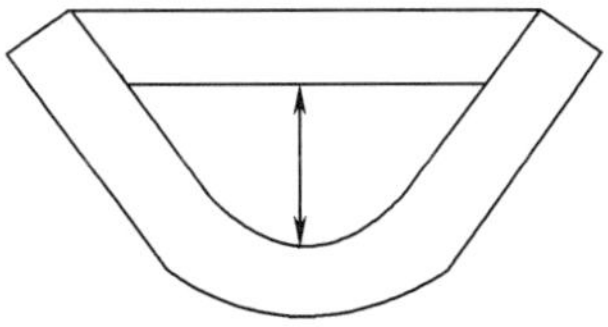

图 3-6-15　后领缝线至前领顶测量

五、袖长

1. 领边缝线至袖口测量(图 3-6-16)

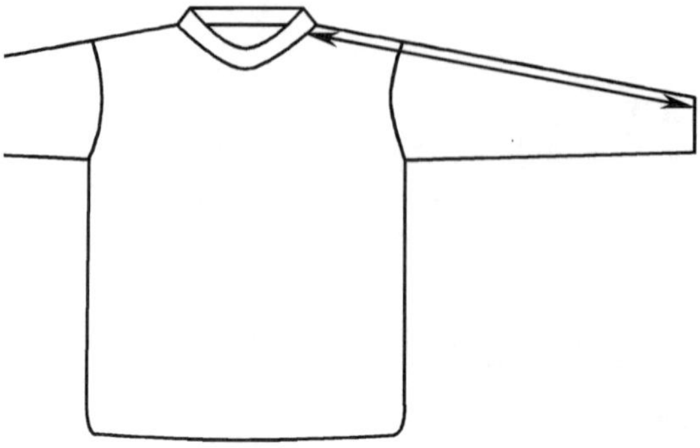

图 3-6-16　领边缝线至袖口测量

2. 领边缝线至袖口沿袖型测量(图 3-6-17)

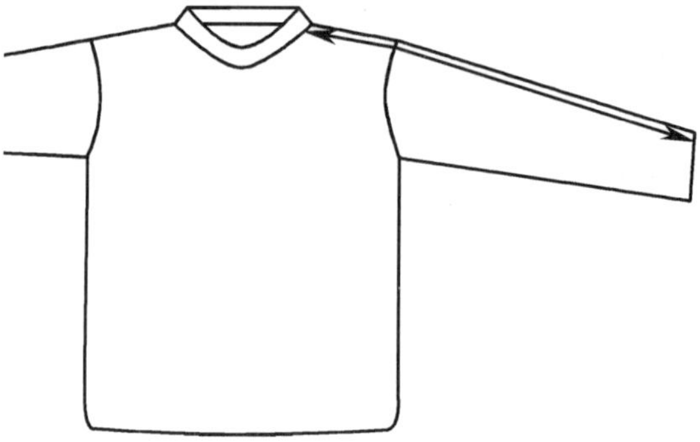

图 3-6-17　领边缝线至袖口沿袖型测量

3. 袖下测量(图 3-6-18)

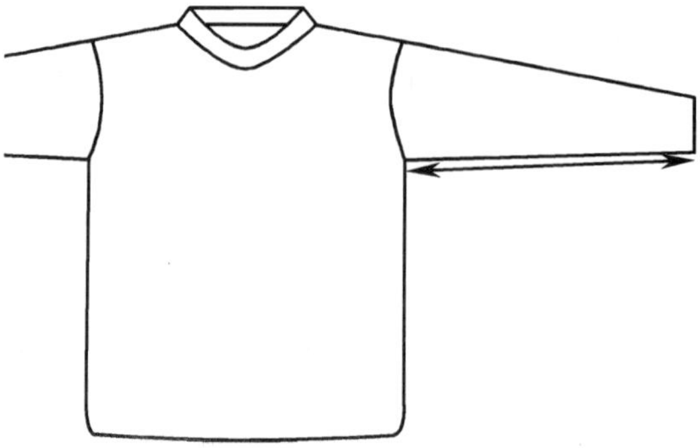

图 3-6-18　袖下测量

4. 肩测量(图 3-6-19)

图 3-6-19　肩测量

5. 后领中缝线至袖口测量(图 3-6-20)

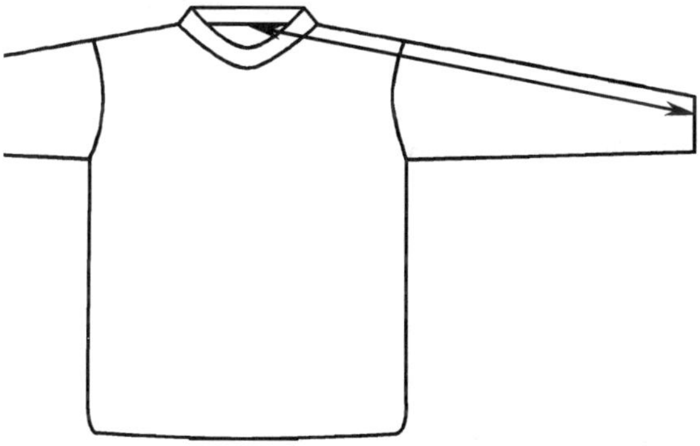

图 3-6-20　后领中缝线至袖口测量

6. 三点(后中沿肩及袖长)测量(图 3-6-21)

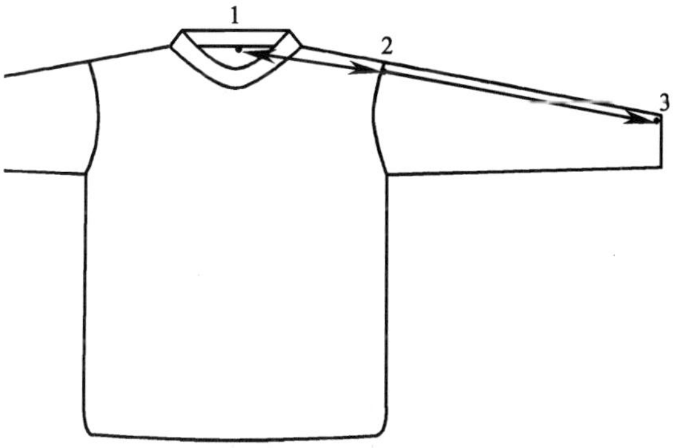

图 3-6-21　三点(后中沿肩及袖长)测量

第四章　毛衫编织工艺单与实际操作

编织工艺单(吓数)是横机上指导操作与产品质量控制的技术性文件,是对羊毛衫产品整个生产过程工艺的总述。编织工艺单对生产过程、产品控制要点、操作要领、质量的关键点、使用工具等均有详细的说明。编织工艺单是产品生产操作的具体化、明细化,其项目包括生产日期、原料、批号、款号、码号、机号、成品重量、衫身打重、领打重、附件打重、衣片与附件的组织结构(织法)、收放针、拉伸密度、缝盘需要使用的记号、排针与开针方式等,其主要的部分是工艺操作图。现以企业较为通用的编织工艺单为例来说明。

第一节　装袖羊毛衫编织工艺单

一、编织工艺单的整体阅读与说明

下面用一款典型装袖类(机号:5 针)羊毛衫编织工艺单为例加以介绍。在阅读工艺单时,一般先看后幅,再看前幅与袖幅,最后看领子,而单个衣片阅读的顺序必须是自下而上。阅读时不但要清楚每转的编织细节,而且也要清楚某些局部与总体的编织状况,如领窝局部收针的转数与针数,衣片的总体转数与剩下针数等。下面先给出后幅、前幅、袖幅与领子各自的编织工艺单,然后再分别给出各自的具体阅读与说明。

1. 后幅

图 4-1-1 后幅编织工艺单中,“开针:96 支=32 坑面 1 支包结上梳”:“支”指在整个编织宽度上,单个针床(通常为前针床)上织针的个数与另一针床(通常为后针床)上两端边口处多出前针床织针个数的和,它既包括参加工作的织针,又包括不参加工作织针(注:若单个针床编织时,支数的计算仅按单针床的编织宽度来计算);“坑”又称“坑条”,指罗纹组织或抽条组织;“面”指前针床;“结”指弯纱深度要紧,即在第一横列起口纱线编织时,其弯纱深度需要偏小掌握,其目的是使起口纱线能够紧贴编织后的织物,以改善织物边口的外观。

“$\frac{2}{2\times2}$”指的是:2+2 罗纹,排针方式为针对齿。开针方式如图 4-1-2 所示,前针床较后针床的两端分别各多出 1 针,即所谓的“面 1 支包”。整个针床上的编织宽度为 96 支,其计算方法如图 4-1-2 中的说明,为更好地了解 2×2 罗纹的开针方式与支数计算方法,现做如下补充说明:

(1)若针床编织宽度的支数÷3=整数时,则将出现面 1 支包的开针方式,如图 4-1-2 所示。

(2)若针床编织宽度的支数÷3 的余数为 1 时,则将出现低(后针床)1 支包的开针方式,例如:针床编织宽度的支数为 97 支时,97÷3=32 余 1 支,开针方式如图 4-1-3 所示,其中,后针床

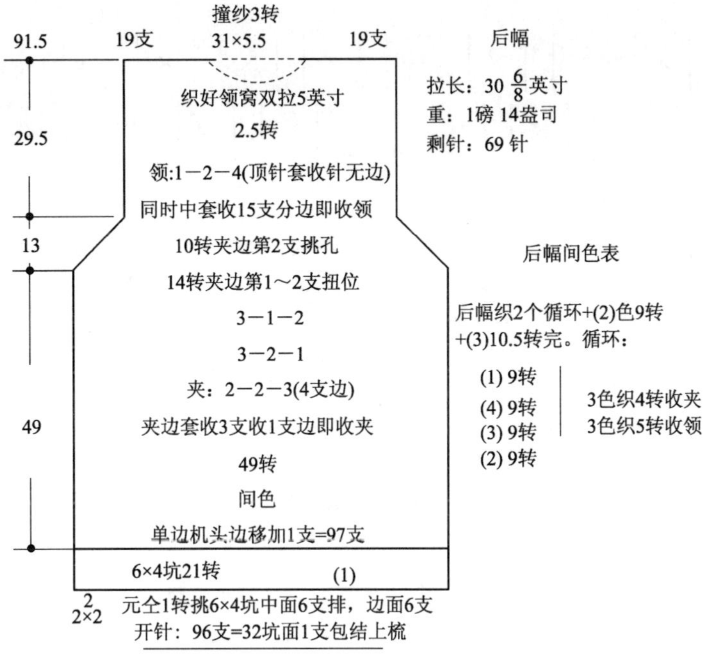

图 4-1-1　后幅编织工艺单

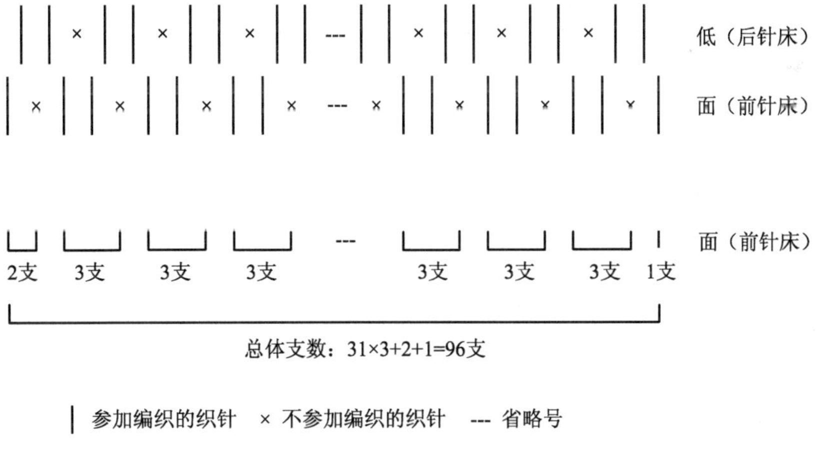

图 4-1-2　2+2 罗纹 96 支开针示意图

较前针床的两端各多出 1 针，总体支数计算时，需要在前针床支数基础上，再加上两端后针床较前针床多出的 2 支。

(3)若针床编织宽度的支数÷3 的余数为 2 时，则将出现斜角的开针方式，例如：针床编织宽度的支数为 98 支时，98÷3=32 余 2 支，开针方式如图 4-1-4 所示，其中，后针床较前针床的一端多出 1 针，另一端少出 1 支，总体支数计算时，需要在前针床支数基础上，再加上右端后针床较前针床多出的 1 支。

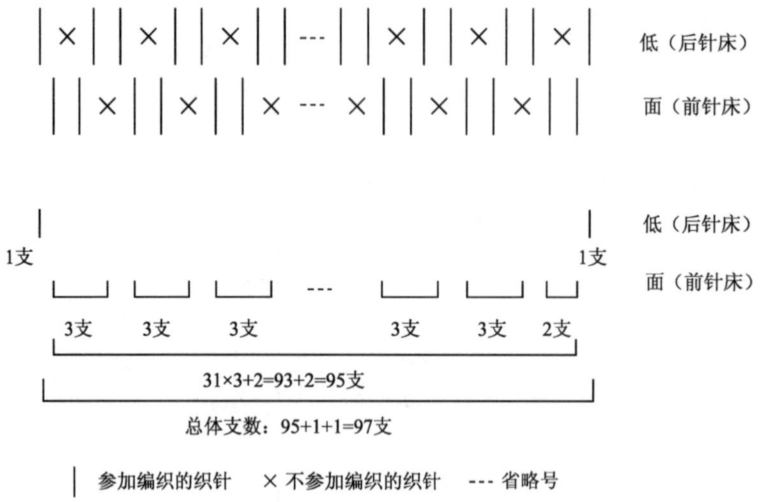

图 4-1-3　2+2 罗纹 97 支开针示意图

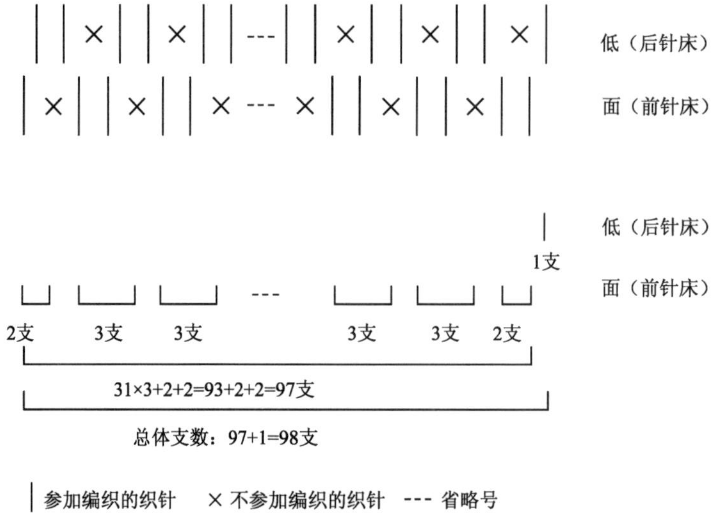

图 4-1-4　2+2 罗纹 98 支开针示意图

“元仝 1 转挑 6×4 坑中面 6 支排出边面 6 支”：“元仝”又称“元同”或“圆筒”，指空气层组织；“1 转”指 1 转；“6×4 坑中面 6 支排出边面 6 支”如图 4-1-5 所示，图中，6+4 罗纹的排针方式也是针对齿，即开针时，先在前针床编织宽度的中间位置排出 6 针，然后在两端按照前针床 6 针参与编织 3 针不参与编织、后针床 4 针参与编织 5 针不参与编织的方式进行具体开针，其结果是：在边口的两端、前针床较后针床各多出 6 针，即所谓的“边面 6 支”。

“6×4 坑 21 转”指的是：6+4 罗纹平摇 21 转。

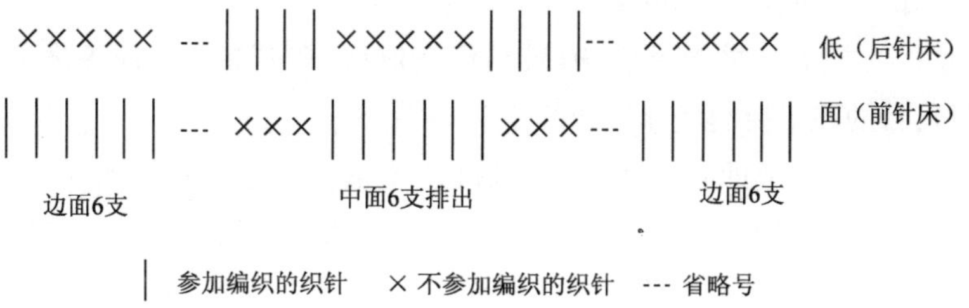

图 4–1–5 “6×4 坑中面 6 支排,边面 6 支”示意图

“(1)”指的是:使用编号为 1 颜色的纱线来编织。

“单边机头边移加 1 支=97 支”:“单边”指纬平针组织;“机头边”指针床的左边;“移加 1 支”指一种特定加针方式,编织时,可利用单针收针柄把边口处那枚织针上的线圈,向外转移一个针距,移圈结束后,为消除因移圈而形成的孔眼,可将其沉降弧挑到中间的那枚无线圈织针的针构中;“=97 支”指在起口 96 支编织的基础上,增加 1 支,因此在编织大身纬平针时,编织宽度的支数为 97 支;“间色”指不同颜色的横条组织;“49 转”指平摇 49 转。

“夹边套收 3 支收 1 支无边即收夹”:“夹边” 指胸围以上编织衣片两侧的边口处;“套收 3 支”指一种特定的收针方式,它可以使同一横列上需要收针的 3 个线圈相互串套在一起;“收 1 支无边”指一种特定移圈收针,需要使用单针收针柄,把单个线圈向衣片中部方向转移一个针距;“即”指立即,也就是在套收与移圈收针的同一横列上,进行边口的收针。

“夹:2–2–3”指胸围以上衣片两端边口的收针:2 转收 3 针进行 3 次;“4 支边”指一种特定移圈收针,当需要收 2 针时,可采用 6 针收针柄,将夹边(注:夹边的含义如上解释,但由于如此称呼较为简洁,故以后章节将采用此称呼)处的 6 个线圈提起,再向衣片的中间方向移动 2 个针距,把线圈套回到编织区中的织针上,最后把夹边的 2 枚不需要工作的织针退回到停针区,其编织的结果是:有 2 枚织针各具有 2 个重叠线圈,处于收针处的内侧,而边口处的 4 枚织针各只有 1 个线圈,即所谓“4 支边”(注:收针柄选用的补充说明:收针柄的针数=留边支数+收针支数,例如:留边支数为 4 支,收针支数为 1 支,则需要选用 5 针收针柄)。

“3–2–1”指 3 转收 2 针进行 1 次,“3–1–2”指 3 转收 1 针进行 2 次,需要注意的是:这里给出分段收针(注:段数的定义:若收针或加针的针数与转数相同,且连续编织,可称为一段,段数的序号是自下而上,例如此处的收针:2–2–3 为第一段,3–2–1 为第二段,3–1–2 为第三段)仅表示夹边的一个边,真实收针需要在夹边的两边对称进行收针,夹边收针的转数=2×(3–1)+3×1+3×2=13 转(注:由于采用了先收针,第一段收针的次数应该减去 1 次),夹边收针的支数=3×2+1×2+2×3×2+2×1×2+1×2×2=28 支(等式最左侧的 3 表示套收 3 支,最左侧的 1 表示 1 支无边收,×2 表示夹边的两边均要收针)。

“14 转夹边第 1~2 支扭位”:“14 转”指平摇 14 转;“扭位”指做缝盘时一种记号位置的编织方法,目的是在进行缝盘时,能够让袖山顶端的两侧与大身对位,编织时,需要采用两针收针柄,把衣片边口处两个织针上的线圈提起,再让收针柄翻转 180°后,把线圈套回到原来的两枚织针上，使得边口处的两个线圈可以形成交叉配置。

“10转夹边第2支挑孔”指当平摇10转编织完成后，在两端边口处各挑出1个孔眼，它也是缝盘时的记号，目的在于控制肩部缝合的位置。

“同时中套针15支分边即收领”，“同时”指在“10转夹边第2支挑孔”的同一横列上；“中”指在衣片的中间位置，“即”指立即，也就是在“10转夹边第2支挑孔”的同一横列。

“领：收针1–2–4”指领收针：1转收2针进行4次。

“(顶针套针收无边)”：“顶针”指让后针床上的某些不工作的织针，进入编织区，当编织横列完成后，再将这些织针退回到停针区，而这些织针上所挂的纱线，将会加长前针床上所编纬平针的沉降弧，从而可以控制套收针的线圈长度，即可以改变套收针的延伸性。“2.5转”指的是：平摇2.5转，这样领宽支数=15+2×4×2=31支(×2表示领的两边均要收针)，领深转数=1×(4–1)+2.5=5.5转(4–1表示先收针1次)。

“织好领窝双拉5英寸”指领窝在编织好后，将其叠成双层，拉动后的尺寸为5英寸，其目的在于控制套收针时顶针编织的效果，这样就可以计算：

后幅的总体转数=胸围以下转数+夹边收针转数+夹边收针以上转数

=49+13+夹边收针以上转数=49+13+14+10+5.5=91.5(转)

单个肩部所剩下的支数=(开针支数+机头边移加1支–夹边收针支数–领窝收针支数)÷2

=(96+1–28–31)÷2=19(支)

“撞纱3转”指当后衣片编织完成后，换机头纱(废纱)编织3转。

“后幅拉长$30\frac{6}{8}$寸，1磅14盎司”(1磅=16盎司=0.4536千克)，指当后幅衣片编织完后，一手抓住下摆边、一手抓住撞纱边，用力拉动的衣片尺寸为30英寸6英分，可称得的重量为1磅14盎司，其目的主要是控制大身编织的整个转数不要出错。

“剩针：69针”指在编织完成时，整个编织区宽度的支数=19×2+31=69支。在阅读后幅间色表时，也需要自下而上来，其中，编号(1)、(2)、(3)与(4)分别是不同颜色纱线的编号，这里的转数需要与大身转数相对应。

总转数(按后幅间色表计算)=2×循环(2色9转→3色9转→4色9转→1色9转)+

2色9转+3色10.5转

“2个循环另3色10.5转”指进行了两个编织循环+2色9转+3色10.5转，即2×(9+9+9+9)+9+10.5=91.5转，等于大身的总转数。

收领时的转数(按大身计算)=胸围以下转数+夹边收针转数+夹边收针后的平摇至收领的转数

=49+13+10+14=86(转)

收领时的转数(按后幅间色表计算)=2×循环(2色9转→3色9转→4色9转→

1色9转)+2色9转+3色5转

=2×(9+9+9=9)+9+5=86(转)

“3色5转”指进行了两个编织循环+2色9转+3色5转，因此，两者收领时的转数完全相等。

收夹转数(按大身计算)=胸围以下转数

=49 转收夹转数(按后幅间色表计算)

=1 个循环(2 色 9 转→3 色 9 转→4 色 9 转→1 色 9 转)+

2 色 9 转+3 色 4 转=9+9+9+9+9+4

=49(转)

(注:"3 色 4 转"指进行了两个编织循环+2 色 9 转+3 色 4 转),两者收夹时的转数完全相等。

2. 前幅

图 4-1-6 是前幅编织工艺单。由于前幅与后幅编织工艺单有不少的地方是相同的,为避免重复,以下仅对不同之处进行说明与补充,相同之处可参见后幅。由于 99 支÷3=33 余数为 0,因此开针方式同前幅,如图 4-1-2 所示,不同的之处在于:前幅较后幅多出 3 支,即增加一个 2+2 的排列循环。

"6×4 坑中低 4 支排,边面 3 支"如图 4-1-7 所示,前针床较后针床在边口处各多出 3 支,即所谓的"边面 3 支"。

"底面"指前后针床。

"顶勿针"指把编织区中没有参与工作的织针,全部推到工作位置。

"结"指需要使用较小的弯纱深度。

"平 0.5 转"指编织一个横列的四平组织。

"元仝 2 转中面留 5 支每隔 5 支挑 1 支"与"挑完孔边面 4 支"指当编织 2 转空气层组织后,

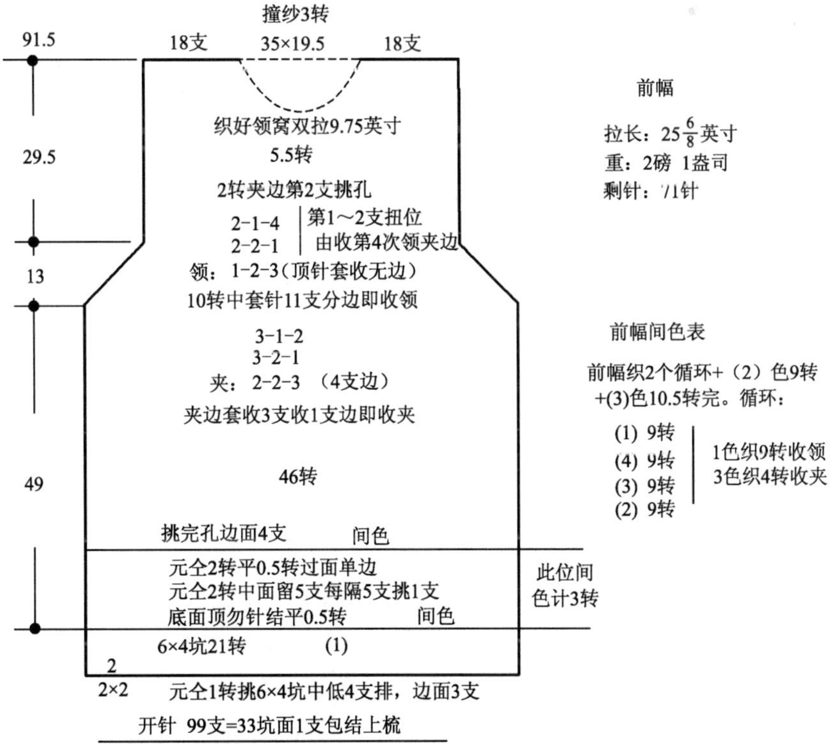

图 4-1-6　前幅编织工艺单

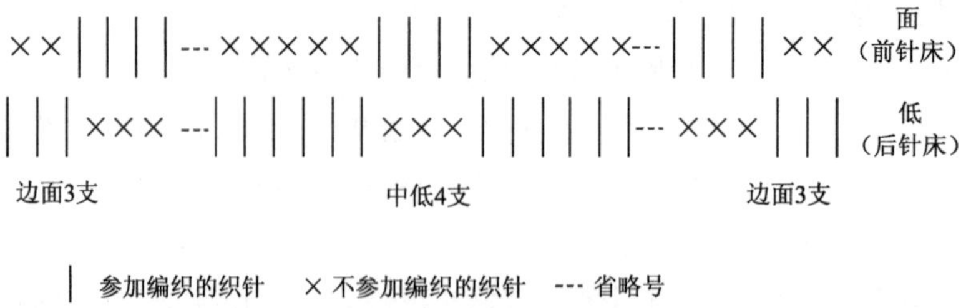

图 4–1–7 “6×4 坑中低 4 支排,边面 3 支”示意图

在前针床的中间位置先留出 5 支，然后在前针床上按留 5 支挑孔 1 支方式对称地进行挑孔,当挑到边口处,正好可以留出 4 支不需要再进行挑孔的线圈。

“元仝 2 转平 0.5 转过面单边”指在前述挑孔编织完成后,先进行 2 转空气层组织的编织,再进行一个横列四平组织的编织,最后将后针床上的线圈全部转移到前针床,这样便可以进行大身纬平针组织的编织。

“此位间色计 3 转”:由于 1 转空气层组织的编织高度相当于纬平针组织或四平组织的一个横列编织高度,因此两个 2 转空气层相当于 2 转,两个一个横列的四平组织相当于 1 转,这样此处的转数相当于 3 转。

领部位的收针:需要先在中间位置套收 11 支,再在同一横列上进行领边收针,领边的总收针次数=3+1+4=8,因此,扭位的位置距离领窝中部套收横列的转数=1×(3–1)+2×1=4 转(3–1 表示先收针),即是“由收第 4 次领夹边第 1~2 支扭位”的位置。

领宽支数=11+2×3×2+2×1×2+1×4×2=35(支)

领深转数=1×(3–1)+2×1+2×4+2+5.5=19.5(转)(3–1 表示先收针)

前幅的总体转数=胸围以下转数+夹边收针转数+夹边收针以上转数

=3+46+13+夹边收针以上转数

=3+46+13+10+领深转数

=3+46+13+10+19.5 =91.5(转)

单个肩部所剩下的织针支数=(开针针数–夹边收针支数–领宽支数)÷2

=(99–28–35)÷2

=18(支)

最后再考虑纱线间色表的编织情况:

收领时的转数(按大身计算)=胸围以下转数+夹边收针转数+

夹边收针后的平摇至收领的转数

=3+46+13+10=72(转)

收领时的转数(按前幅间色表计算)=2 个循环(2 色 9 转→3 色 9 转→4 色 9 转→1 色 9 转)

=2×(9+9+9+9)=72(转)

“1 色织 9 转”指进行了两个编织循环,因此,两者收领时的转数完全相等。

3. 袖幅

图 4-1-8 是袖幅编织工艺单。由于袖幅编织工艺单与后幅编织工艺单存在部分相同或类似，现仅对不同之处进行补充与说明。

"开针 56 支"：由于 56÷3=18 余 2 支，其开针如图 4-1-4 所示，不同之处在于，它较后者少 14 个 2+2 罗纹循环（注：后者为 98÷3=32 余 2 支，32-18=14 个）。

"中面 6 支，边面 4 支"如图所示 4-1-9，它指先在前针床编织宽度的中间位置排出 6 针，然后在两端按照前针床 6 针参与编织 3 针不参与编织、后针床 4 针参与编织 5 针不参与编织的方式进行具体排针，其结果是：在边口的两端、前针床较后针床各多出 4 针。

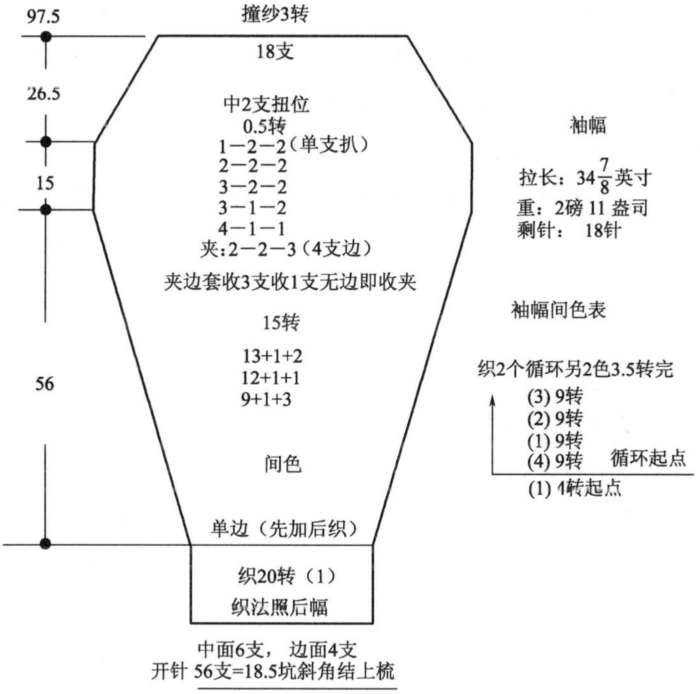

图 4-1-8　袖幅编织工艺单

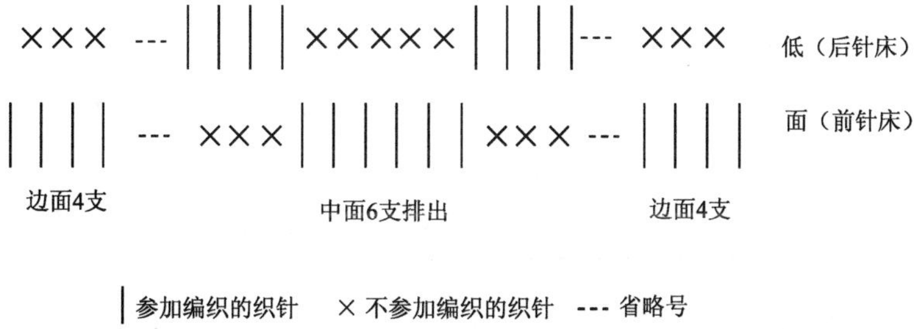

图 4-1-9　"6×4 坑中面 6 支，边面 4 支"示意图

"先加后织"指在袖口罗纹编织完后，当进行袖身纬平针编织时，在针床编织区的两端分别先增加 1 针。

"9+1+3"指 9 转加 1 针进行 3 次，其他加针的含义相类似。

袖幅加针支数：1×3×2+1×1×2+1×2×2=12（支），袖幅加针转数：9×(3–1)+12×1+13×2=56（转）（3–1 表示先加针），袖幅减针支数：3×2+1×2+2×3×2+1×1×2+1×2×2+2×2×2+2×2×2+2×2×2=50（支），袖幅减针转数：2×(3–1)+4×1+3×2+3×2+2×2+1×2+0.5=26.5（转）。

袖身总转数=加针转数+平摇转数+收针转数

=9×(3–1)+12×1+13×2+15+2×(3–1)+4×1+3×2+3×2+2×2+1×2+0.5

=97.5（转）

"单支扒"指单针收针柄；"1–2–2（单支扒）"指一种特定移圈收针方式，当需要收 2 针编织时，可利用单针收针柄，先将夹边的第一个线圈转移一个针距到临近的织针（沿袖身中部方向）上，此时，该枚针数上已具有两个线圈，再利用单针收针把这两个线圈同时转移一个针距到另一临近织针（沿袖身中部方向）上，编织的结果是这枚织针上将存在三个线圈，最后让夹边收完针的织针退回到停针区，其目的在于：当袖幅缝合完成后，使得这三个线圈被隐藏在缝合部位的内侧，以改善袖幅的缝合外观效果。

"中 2 支扭位"：其目的也是做一种缝盘时记号，具体操作同后幅夹边 1~2 支扭位。

袖幅的总转数=袖幅加针转数+袖肥平摇转数+袖幅减针转数=56+15+26.5=97.5（转）

袖幅编织结束时剩下的支数=开针支数+袖幅加针支数–袖幅减针支数=56+12–50=18（支）

最后再考虑纱线间色表的编织情况：

袖身的总转数（按袖幅间色表）=1 色 4 转+2 个循环（4 色 9 转→1 色 9 转→2 色 9 转→3 色 9 转）+4 色 9 转+1 色 9 转+2 色 3.5 转

"织 2 个循环另 2 色 3.5 转完"=4+2×(9+9+9+9)+9+9+3.5=97.5（转），它与按袖身计算的总转数相等。

4. 领子

图 4-1-10 是领子编织工艺单。

"领：开针 101 支"：由于 101÷3=33 余 2 支，其开针同图 4-1-5 所示，不同之处在于：它较后者多出 1 个 2+2 罗纹循环（注：后者为 98÷3=32 余 2 支，33–32=1 个）。

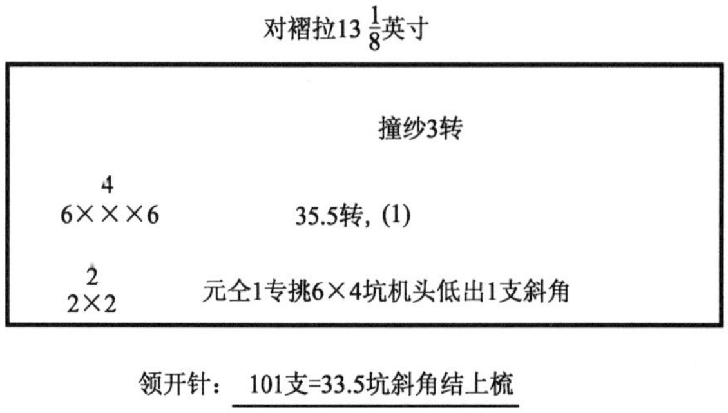

图 4-1-10 领子编织工艺单

"6×4 坑机头低出 1 支斜角"如图 4-1-11 所示，前针床较后针床在边口处、一端多出 1 支，一端少出 1 支。

"35.5 转，(1)"指使用 1 号颜色的纱线平摇 35.5 转。

"对褶拉 $13\frac{1}{8}$英寸"指的是：当领子编织结束后，将其折叠为双层，

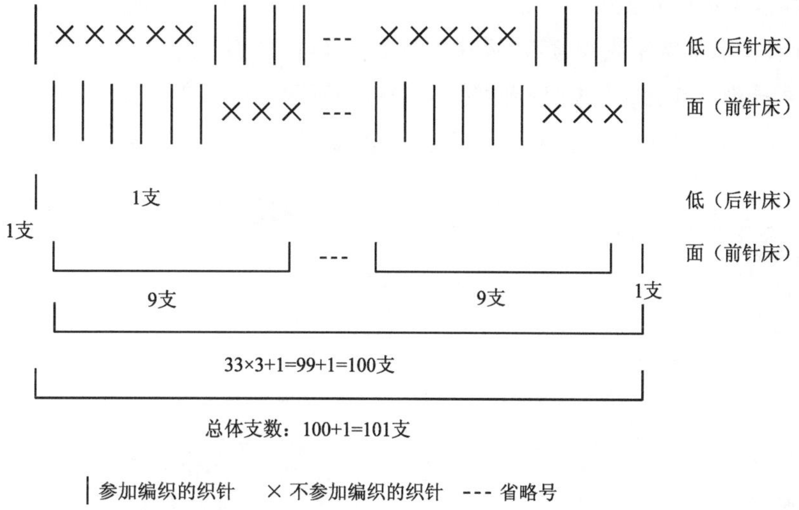

图 4–1–11 “6×4 坑机头低出 1 支斜角”示意图

拉伸的尺寸为 13 英寸1 英分。

二、编织操作要点

1. 调字码

调字码的方法参见图 3 2 31、图 3 2 32。

2. 结上梳

起口结上梳的状态如图 4–1–12 所示。

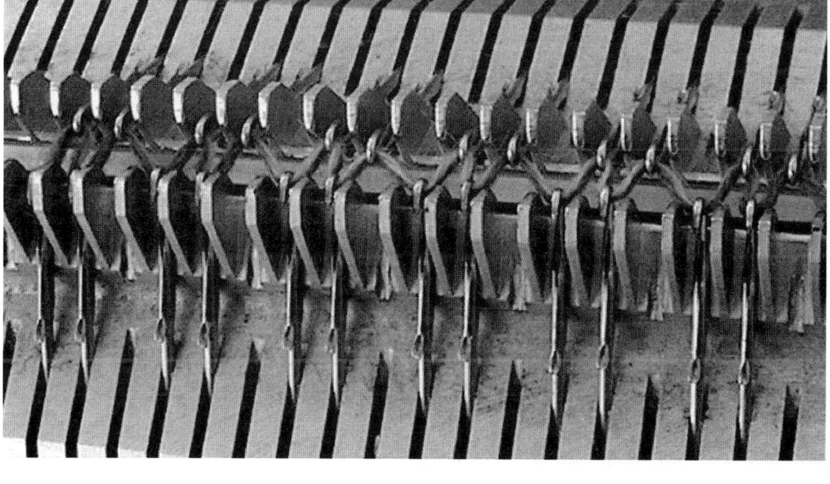

图 4–1–12 起口结上梳

3. 夹位 2–2–3 收针 4 支边

使用 6 针收针柄把两个线圈重叠,操作方法如图 4–1–13 所示。

(1)把线圈转移至 6 针收针柄上,如图 4–1–13(a)所示。

(2) 收针柄移动两个针距后把线圈移回织针里,如图 4–1–13(b)所示。

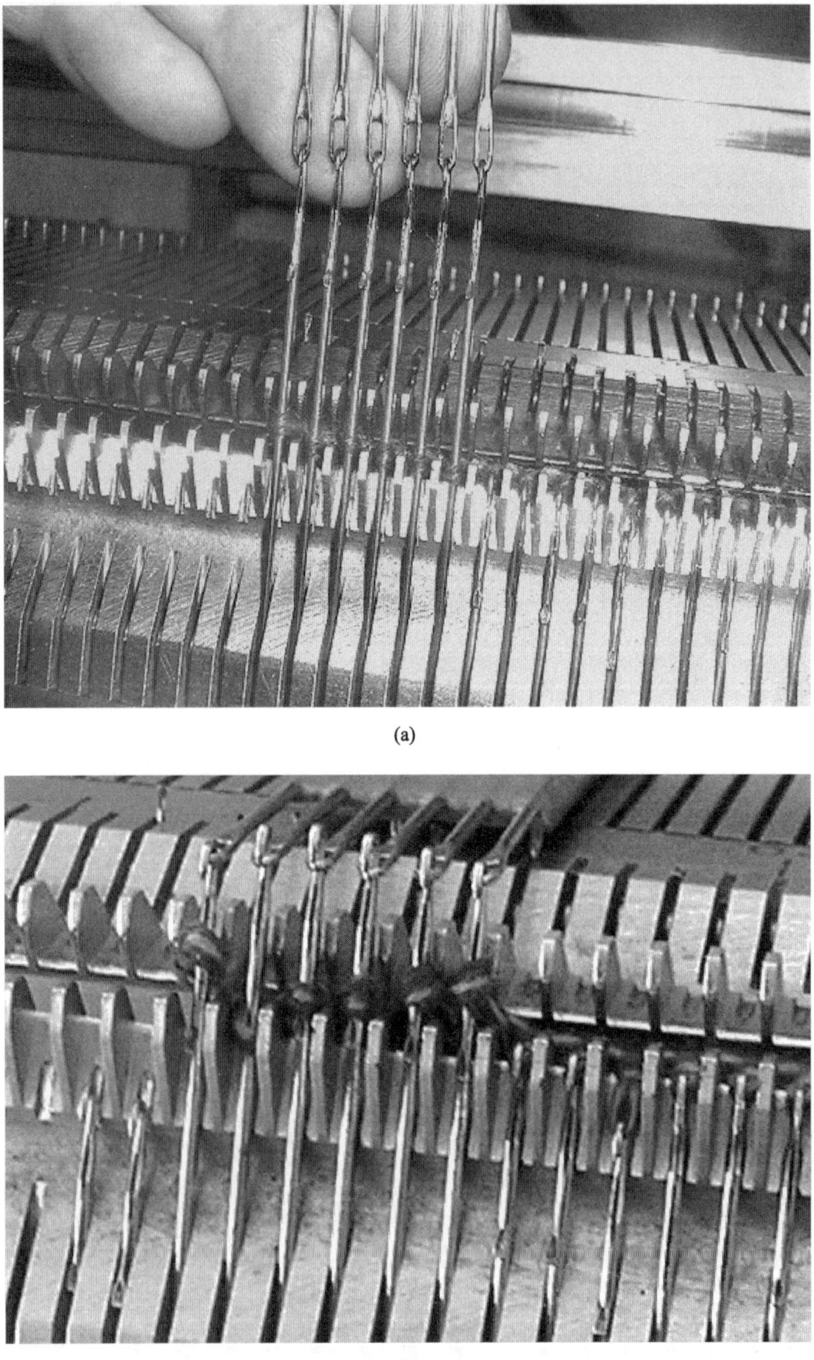

(a)

(b)

图 4–1–13 “夹位 2–2–2 收针 4 支边”操作方法图

4. 扭位

扭位操作方法如图 4-1-14 所示。

(1) 把线圈转移至收针柄,如图 4-1-14(a)所示。

(2) 收针柄旋转 180°后,再把线圈移回织针内,如图 4-1-14(b)所示。

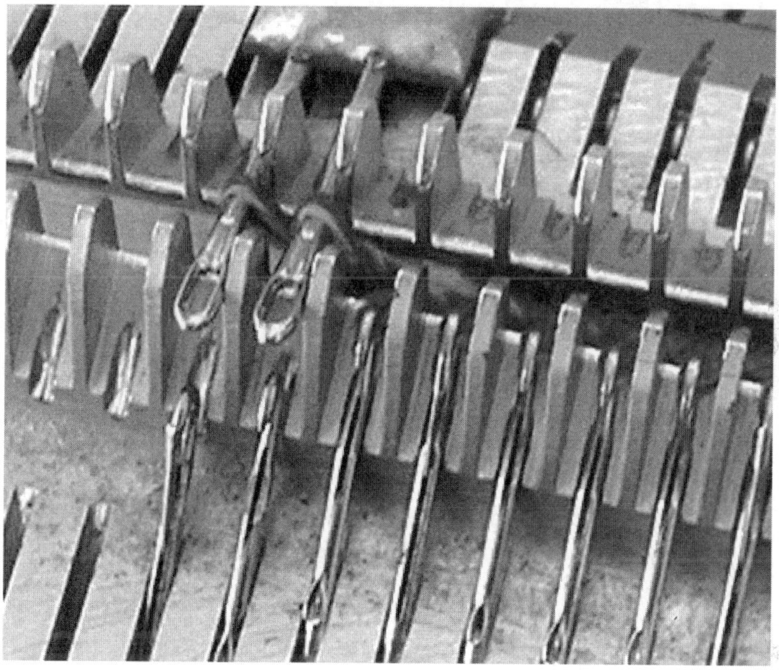

(a)

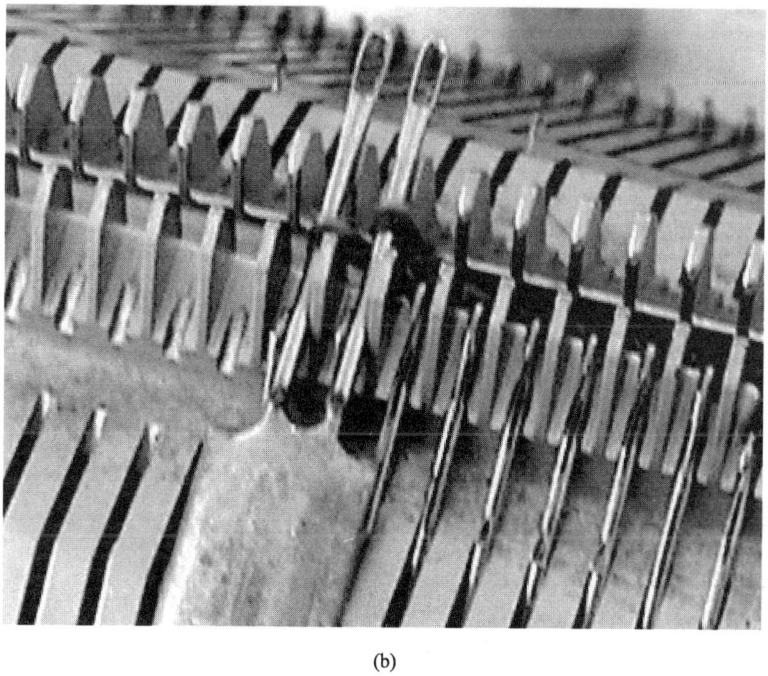

(b)

图 4-1-14　扭位操作方法图

第二节 插肩袖羊毛衫

一、编织工艺单的整体阅读与说明

下面用一款典型插肩袖(尖膊)类(机号:12针)羊毛衫编织工艺单为例加以介绍。在阅读时,先看后幅,再看前幅与袖幅,最后看领子,而单个衣片的阅读顺序是:自下而上。为了更加清晰,先给出后幅、前幅、袖幅与领子各自的编织工艺单,然后再分别给出各自的具体阅读与说明。

1. 后幅

图4-2-1后幅编织工艺单中,“后:424支”:“后”是指后幅,“支”的概念可参见第一节的解释。

“1×1元全1转过4×6坑条排”:“1×1”是指:1+1罗纹,“元全1转”是指1转空气层组织,“过”是指翻针,即将前针床上的线圈转移到后针床或将后针床上的线圈转移到前针床,“4×6坑条”是指4+6罗纹。

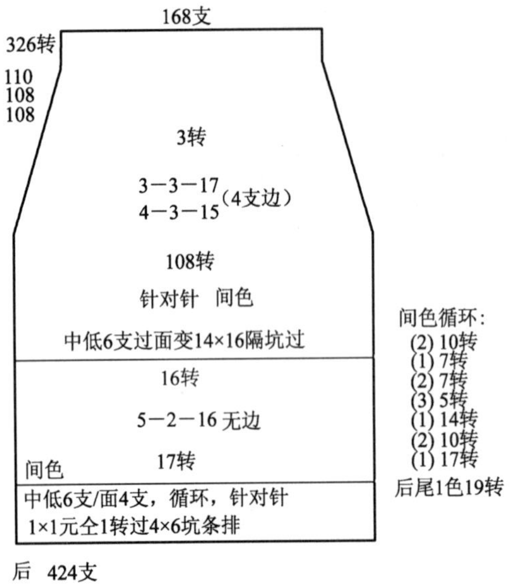

图4-2-1 后幅编织工艺单

“中低6支/面4支,循环,针对针”是用来进一步解释4+6罗纹的排针方式,其中,“中低6支/面4支”是指先在后针床整个编织宽度的中间位置排出6枚织针参与工作,再按照后针床6枚织针工作、4枚织针不工作,前针床4枚织针工作、6枚织针不工作的方式来排针,4+6具体的排针方式如图4-2-2所示,图中也同时给出了4+6罗纹424支的计算方法,后针床较前针床在单个的边口处多出了5支的排针状态。1+1罗纹起口的排针方式如图4-2-3所示,图中也给出了1+1罗纹424支的计算方法,后针床较

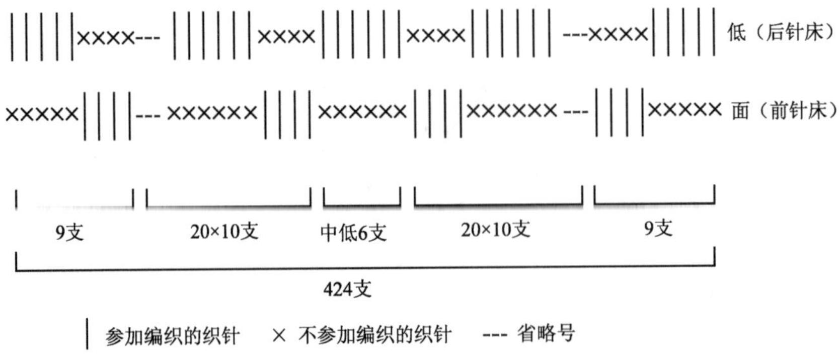

图4-2-2 424支4×6坑中低6支针对针排示意图

前针床在一端边口处多出 1 支，而在另一端边口处少出 1 支。同时还应注意到，虽然在编织工艺单中没有明确给出 1+1 罗纹排针方式，但可以推断出它的排针方式为针对针，其原因是：若使用针对针 1+1 罗纹隔针的编织方式，则当 1 转空气层编织完成后、翻针到 4+6 罗纹时，可不用移动针床，且线圈排列的均匀，使下摆的边口处更加美观。

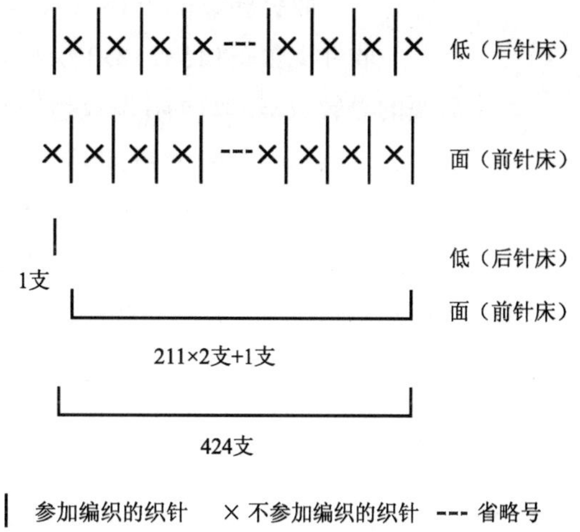

图 4-2-3　424 支 1×1 罗纹针对针排示意图

“间色”是指不同颜色的横条组织；“17 转”是指平摇 17 转；“5-2-16”是指 5 转收 2 针进行16 次；“无边”是指一种特定移圈收针，当需要收 2 针时，可用两针收针柄，把衣片边口处的两枚织针上的线圈，横移两个针距转移到临近的两枚织针上；“16 转”是指平摇 16 转，这样，4+6 罗纹组织编织的转数=17 转平摇+收针转数+16 转平摇=17+5×(16-1)+16=108 转(16-1 表示需要进行先收针)，收针支数=2×16×2=64 支(×2 表示两个边口都需要收针)。

“中低 6 支过面变 14×6，隔坑过”：“中低 6 支”是指后针床中间位置的 6 枚织针；“过面”是指翻针到前针床；“变 14×6”是指由 4+6 罗纹转变为 14+6 罗纹；“隔坑过”是指翻针方式，即从后针床角度上看，使参加编织的多组 6 枚织针，按 1 组翻针到前针床、1 组保留在后针床的方式来操作，14×6 罗纹的排针如图 4-2-4 所示。注意到：此时编织区的宽度支数=424-收针支数(4+6 罗纹组织)=424-64=360 支，而前针床较后针床参加编织的织针在两个边口处各多出 7 支。

“108 转”是指平摇 108 转。“4 支边”是指一种特定的移圈收针，当收 3 针时，需要使用 7 针收针柄，可将边口处 7 枚织针上的线圈横向移动 3 个针距后，再套回到织针上，这样有两个线圈重叠的个数为 3 枚织针，边口处没有重叠线圈的个数为 4 枚织针，即所谓的“4 支边”。

“4-3-15”是指 4 转收 3 针进行 15 次；“3-3-17”是指 3 转收 3 针进行 17 转；“3 转”是指平摇 3 转。

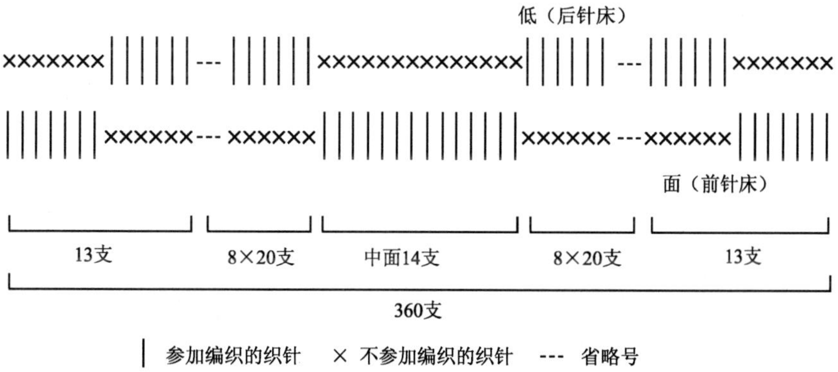

图 4-2-4　360 支 14×6 坑中面 14 支、针对针排示意图

收针转数=4×(15–1)+3×17+3=110(转)(15–1 表示先收针)

收针支数=3×15×2+3×17×2=192(支)(×2 表示边口的两端均要收针)

整个后幅的总转数=转数(4+6 罗纹组织)+108 转(14+6 罗纹平摇)+转数(14+6 罗纹收针)

=108+108+110=336(转)

后幅剩下总支数=起口支数–支数(4+6 罗纹收针)–支数(14+6 罗纹收针)

=424–64–192=168(支)

编织工艺单中“168 支”表示后幅剩下总支数,“326 转”表示后幅的总转数为 326 转,“间色循环”是指不同颜色的横条组织在使用纱线上的编织循环,“(1)17 转”是指使用 1 色纱线编织 17 转,其他的情况相类似。

间色循环的阅读需要自下而上,即循环顺序为:1 色 17 转→2 色 10 转→1 色 14 转→3 色 5 转→2 色 7 转→1 色 7 转→2 色 10 转,则一个循环的转数=17+10+14+5+7+7+10=70 转,后幅的循环个数=后幅总转数÷70=326÷70=4 个余 46 横列。“后尾 1 色 19 专”指的是:后幅在编织最后 19 转时需要使用 1 号颜色的纱线, 这样整个后幅编织时纱线颜色的转数:4 个间色循环+1 色 17 转+2 色 10 转+1 色 19 转=326 转,与后幅大身的转数完全相等。

2. 前幅

图 4–2–5 前幅编织工艺单中,“前”是指前幅,从“424 支”到“4 支边”的阅读与说明同后幅;“4–3–3”是指 4 转收 3 针进行 3 次;“3–3–29”是指 3 转收 3 针进行 29 次,这样此处的收针转数=4×(3–1)+3×29+3=98 转(3–1 表示先收针,+3 表示平摇 3 转),收针支数=3×3×2+3×29×2=192 支(×2 表示两个边口均要收针)。

“收第 22 次夹花另 1 转中留 60 支即收假领”:“夹” 是指胸围以上边口处的位置;“夹花”是指移圈收针而留下的花型, 所谓的花型是指线圈重叠部分, 由于线圈重叠部分较其他部分具有更多的线圈, 因此它将突出在织物的表面,也称“收针花”;“收 22 次”是指整个边口收针的第 22 次,即 4 转收 3 针的 3 次,加上 3 转收 3 针的 19 次;“收第 22 次夹花另 1 转” 是指边口处收第22 次针再加 1 转, 这样从胸围到此处的转数=4×(3–1)+3×19+1=66 转(3–1 表示先收针);“中留 60 支”是指编织衣片的中间位置;“即”是指立即,也就是胸围到此处 66 转编织后的同一横列;“收假领”是指挑孔收领,挑孔收领的主要目的: 做缝盘时的一种记号,缝盘时可依据孔眼的位置来进行领窝的对位缝合。

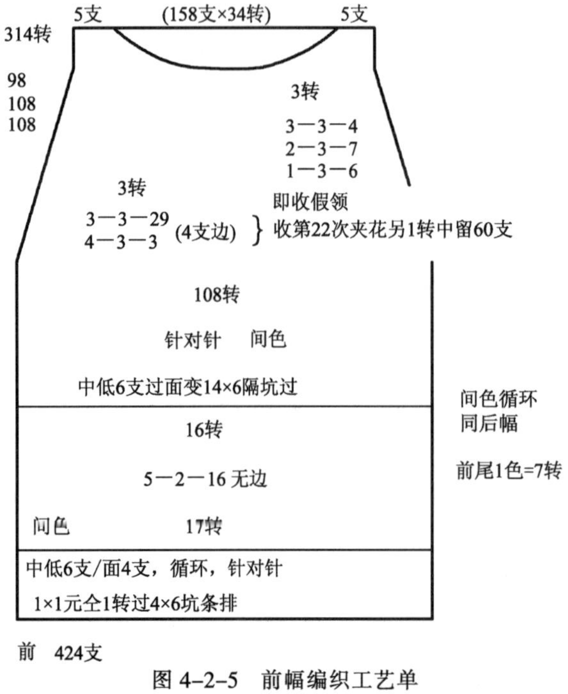

图 4–2–5 前幅编织工艺单

“1–3–6” 是指 1 转隔 2 针挑 1 个孔眼

进行 6 次;“2–3–7”是指 2 转隔 2 针挑 1 个孔眼进行 7 次;“3–3–4”是指 3 转隔 2 针挑1 个孔眼进行 4 次。领宽的支数=60+2+3×(6–1)+3×7×2+3×4×2=158 (支)(60 表示中留 60 支,+2 与 6–1 表示在中留 60 支的同一横列先进行挑孔,×2 表示收领处的两个边)

领深转数=1×(6–1)+2×7+3×4+3=34(转)(6–1 表示先收针,+3 表示平摇 3 转)

整个前幅的总转数=转数(4+6 罗纹组织)+108 转(14+6 罗纹平摇)+转数(14+6 罗纹收针)

=108+108+98=314(转)

前幅单个肩剩下总支数=[起口支数–支数(4+6 罗纹收针)–支数(14+6 罗纹收针)–领宽的支数]÷2

=[424–64–192–158] ÷2=5(支)

编织工艺单中“5 支”表示前幅单个肩剩下总支数,“158 支×34 转”表示前幅的领窝宽度为 158 支,领深为 34 转,“314 转”表示前幅的总转数为 314 转,前幅的间色循环同后幅。

前幅循环的个数=后幅总转数÷70=314÷70=4 个余 34 横列

“前尾 1 色 7 转”指的是:前幅在编织最后 7 转时需要使用 1 号颜色的纱线,这样整个前幅编织时纱线颜色使用的转数:4 个间色循环+1 色 17 转+2 色 10 转+1 色 7 转=314 转, 与前幅大身的转数完全相等。

3. 袖幅

图 4–2–6 是袖幅编织工艺单,其他部分的阅读与说明同后幅,而 182 支 4×6 坑中低 6 支、

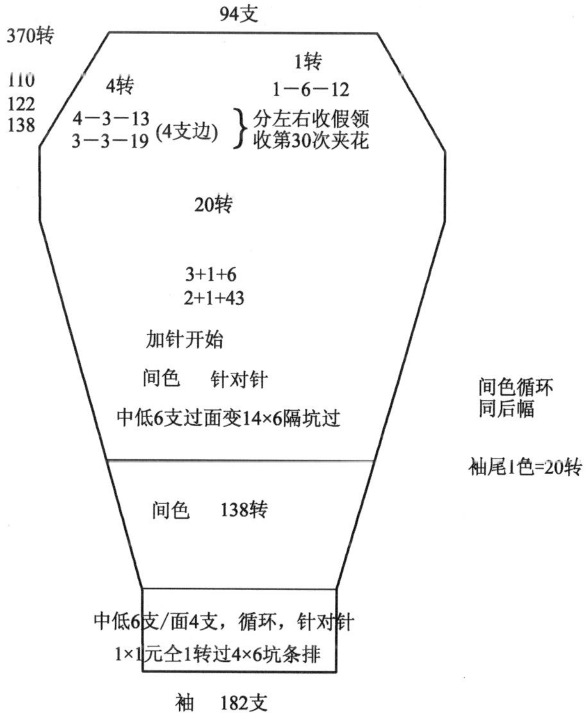

图 4–2–6 袖幅编织工艺单

针对针排，182 支 1×1 起口，与 182 支 14×6 坑中面 14 支、针对针排分别如图 4-2-7~图 4-2-9 所示。

“2+1+43”是指 2 转加 1 支进行 43 次；“3+1+6”是指 3 转加 1 支进行 16 次。

袖加针的转数=2×(43−1)+3×6=102(转)(43−1 表示先加针)

袖加针的支数=1×43×2+1×6×2=98(支)(×2 表示两边均要加针)

“3−3−19”是指 3 转收 3 支进行 19 次；“4−3−13”是指 4 转收 3 支进行 13 次，此处收针的次数=19+13=32(次)。

“收第 30 次夹花，分边左右收假领”：其中“夹花”与“假领”的含义同前幅，而整个句子是指在整个边口收针 32 次中的前 30 次，按照两边对称的方式进行收针，而后 2 次则需要分边来收针，即其中的一边按照 4−3−2 的方式来收针，另一边需要使用挑孔的方法来收针。

“1−6−12”是指 1 转留 5 支挑孔 1 支进行 12 次。另外，挑孔收针又被称为“假收”，其原因在于：它仅仅是做缝盘用的记号，而挑孔收针编织区上的织针在以后各转的编织中仍然需要参与编织。

收针转数=3×(19−1)+4×13+4=110(转)(19−1 表示先收针)

袖幅真收针的支数=3×19×2+3×11×2+3×2

=186(支)(前两个×2 表示在两个边口均要收针，第三个×2 表示两次)

袖幅剩下总支数=起口支数+加针支数−真收针支数

=182+98−186=94(支)

整个袖幅的总转数=138(4+6 罗纹组织)+加针转数(14+6 罗纹平摇)+

平摇转数(14+6 罗纹)+收针转数(14+6 罗纹收针)

=138+102+20+110

=370(转)

编织工艺单中“94 支”表示袖幅剩下总支数，“370 转”表示袖幅的总转数为 370 转，袖幅的间色循环同后幅，袖幅循环的个数=后幅总转数÷70=370÷70=5 个余 20 横列，“袖尾 1 色 20 转”是指袖幅在编织最后 20 转时需要使用 1 号颜色的纱线，这样整个袖幅编织时纱线颜色使用的转数：4 个间色循环+1 色 20 转=370 转，与袖幅大身的转数完全相等。

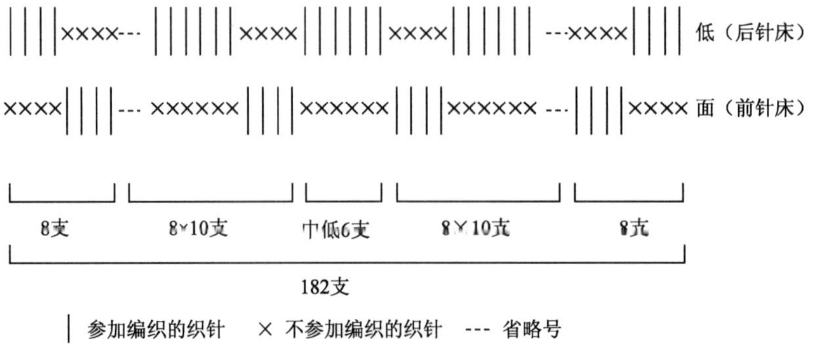

图 4-2-7 182 支 4×6 坑中低 6 支、针对针排示意图

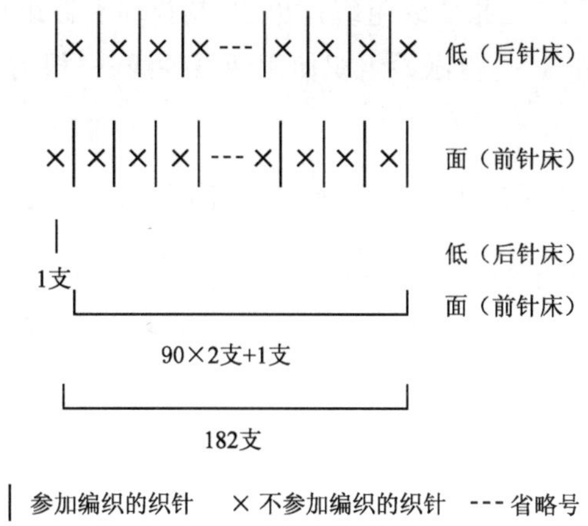

图 4-2-8　182 支 1×1 针对针排示意图

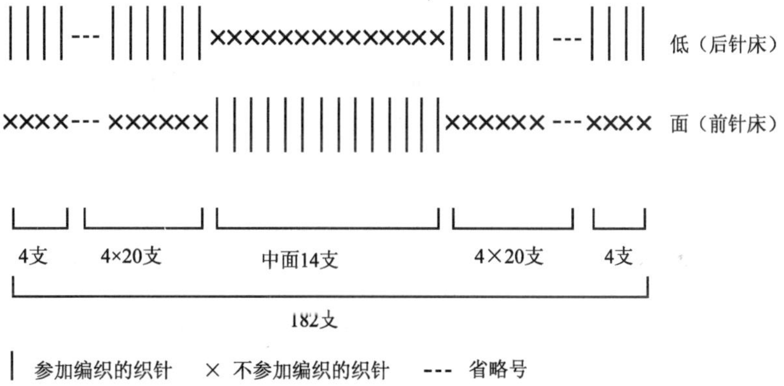

图 4-2-9　182 支 14×6 坑中面 14 支、针对针排示意图

4. 领子

图 4-2-10 领子编织工艺单中，“456 支勿纱上”：“勿”同“密”，是指让编织区内所有织针均参加工作(注：这里指的是前针床上的织针)；“纱上”是指使用机头纱(废纱)上梳；“净毛 1 转”是指使用毛纱编织 1 转；“①色”是指使用 1 号颜色的纱线。

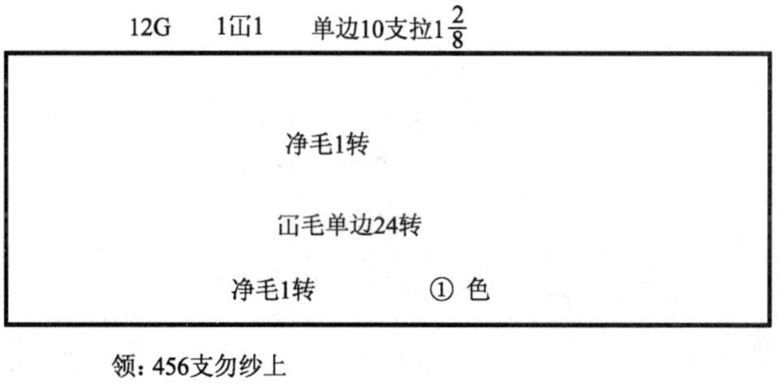

图 4-2-10　领子编织工艺单

“讧毛单边 24 转”:“讧毛”是指添纱组织;“单边”是指纬平针组织;“24 转”是指平摇 24 转;“12G”是指 12 针横机;“1 讧 1”是指添纱组织使用两根纱线,一根为基本毛纱纱线,另一根为添纱纱线。

“单边 10 支拉 $1\frac{2}{8}$”是指所编织的纬平针(添纱组织)、10 个线圈横向拉伸的长度为 1 英寸 2 英分,其目的是控制领子编织时的弯纱深度。另外,由于大身采用的是假收领,因此需要采用两边包缝的领子,其中,领子起口与结束处使用的毛纱 1 转就是包缝的两处位置。

二、编织操作要点

参见第四章第一节。

第三节　羊毛衫缝合工艺

本节以缝合针为弧形、穿刺方式为从内向外卧式的缝盘机为例说明羊毛衫的缝合工艺。下面以圆领(收假领)羊毛衫为例说明羊毛衫的缝合工序。

一、锁眼

锁眼用于袖山、袖山头、肩等部位。为了防止袖子、肩部拆纱以后脱散,将线圈在缝盘机上用链式线迹锁起来。锁眼前,要一刺针对一针套眼(也称对目),其具体操作如图 4-3-1 所示。线迹为单线链式线迹。

(a)

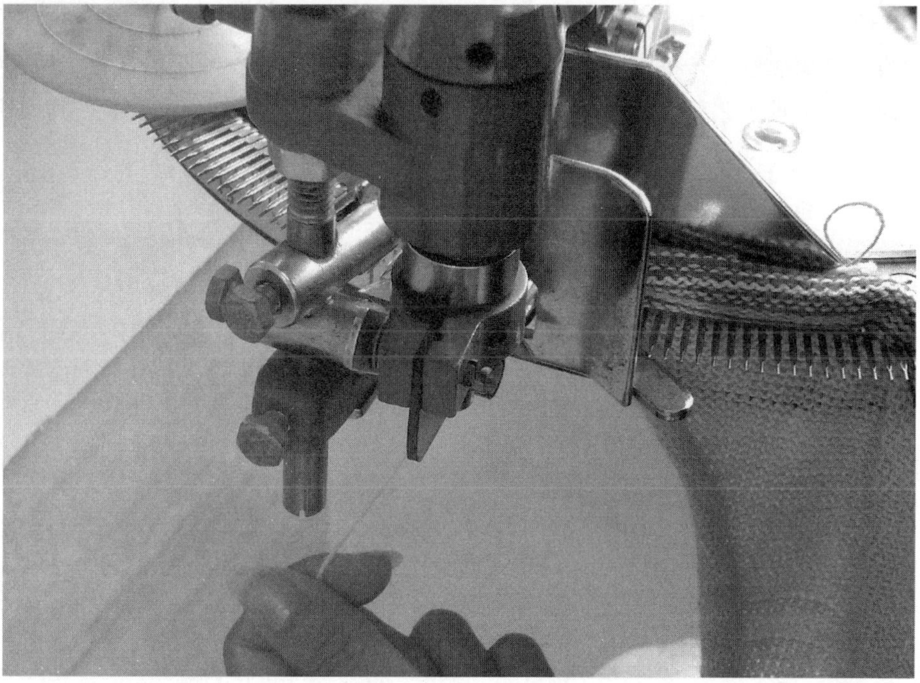

(b)

(c)

图 4-3-1　锁眼操作图

(1)一刺针对一针套眼,如图 4-3-1(a)所示。

(2)开缝时拉紧缝线,如图 4-3-1(b)所示。

(3)锁眼后如图 4-3-1(c)所示。

二、合缝

合缝也叫合肩、缝膊，是将前后衣片的肩位缝合在一起。合缝时，要求前5针与后5针对位，肩位缝线要紧。根据工艺要求可以加膊带，膊带与肩位一起上盘缝合后再包缝。其操作方法如图4-3-2所示。

(a) 肩位上盘

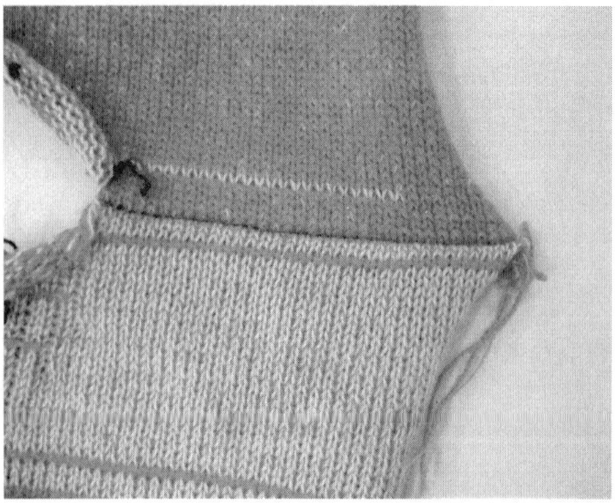

(b) 肩位合缝正面

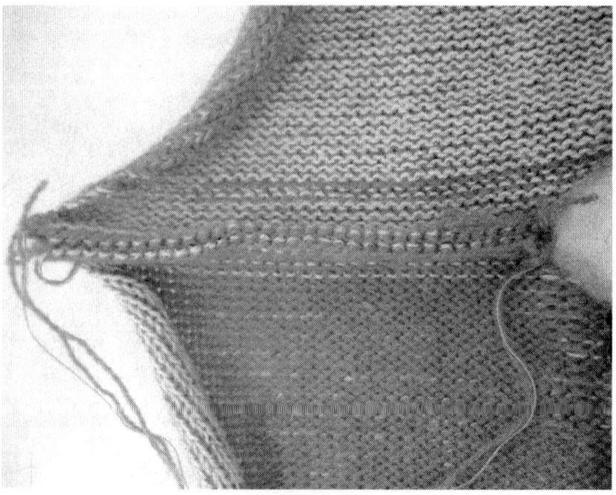

(c) 肩位合缝反面

图4-3-2　合缝

三、绱领

绱领是缝合中最典型的对目(对眼)缝合。先把领贴一刺针对一针上盘,套下眼如图 4-3-3(a)所示。套好后,把织片的相应位置套到缝盘上,如图 4-3-3(b)所示。由于该工艺单(吓数单)是一款收假领的工艺要求,因此要把多余部位修剪,如图 4-3-3(c)所示(图中织片拆散了一边肩位)。约留有 1.5cm 左右的缝耗,如图 4-3-3(d)所示。然后将领贴反折回来,再对下眼。线圈要逐个刮到刺盘上,然后缝合。第一针与最后一针不缝,以便于挑撞,如图 4-3-3(e)所示。

(a) 领贴对眼上盘

(b) 织片上盘

图 4-3-3

(c) 修剪假领部位

(d) 缝耗

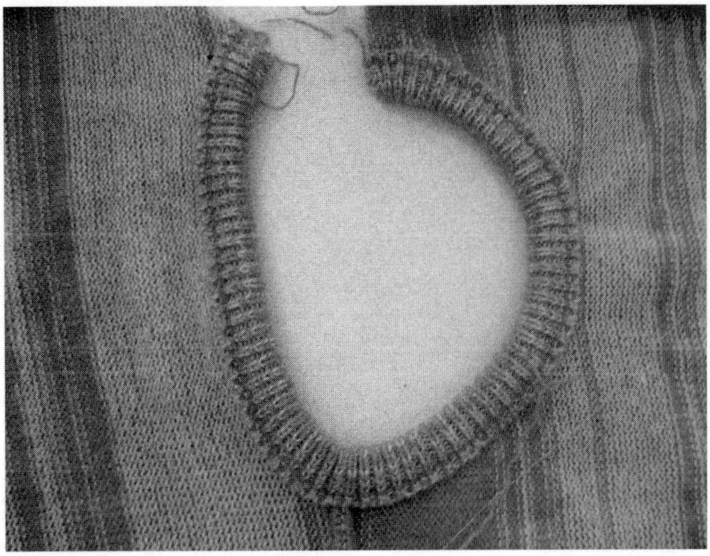

(e) 领贴反折回来对下眼

图 4-3-3　绱领(图片中拆散了一边肩位)

四、绱袖

绱袖是缝合中较重要的一步,要依据工艺单的要求,把袖子准确地缝到衣片上。首先把衫身衣片与袖片刮边上盘(该工艺单要求刮 2 支边),如图 4-3-4(a)所示。肩位缝骨走后 1~2 针,如图4-3-4(b)。肩点段适当容位,夹下段适当拉紧缝合。

(a) 衫身衣片与袖片刮边上盘

图 4-3-4

(b) 肩位缝骨走后1～2针

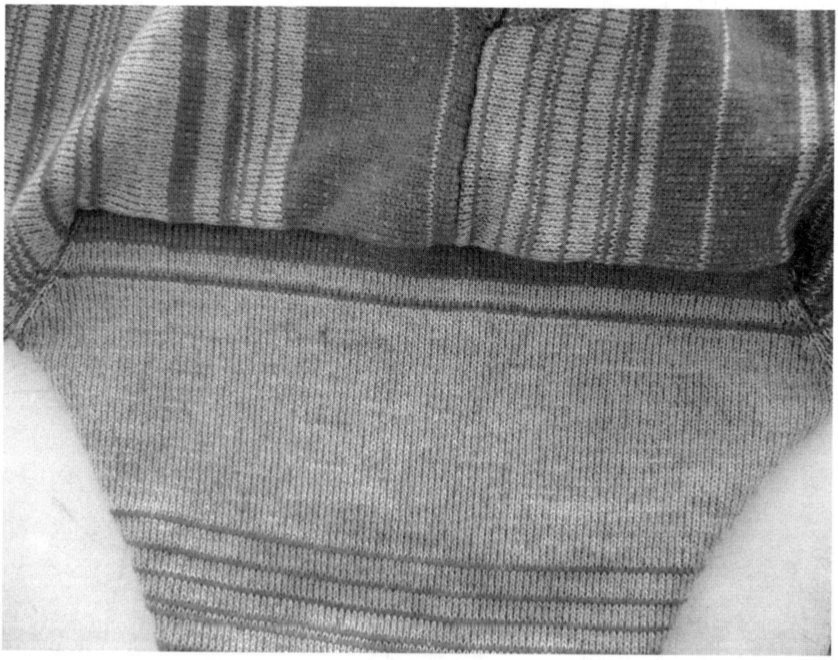

(c) 缝合

图 4-3-4 绱袖

五、埋夹

埋夹是把袖片变成袖筒，埋夹部位（夹位）相对隐蔽，缝合要求比别的部位要低一点，因此常常不需对目缝合。在缝合时不能搭错位，1+1 罗纹缝合时，一边刮一支边，另一边刮 1.5 支边。夹下可以回针缝合 2 次，如图 4-3-5 所示。

(a) 刮边

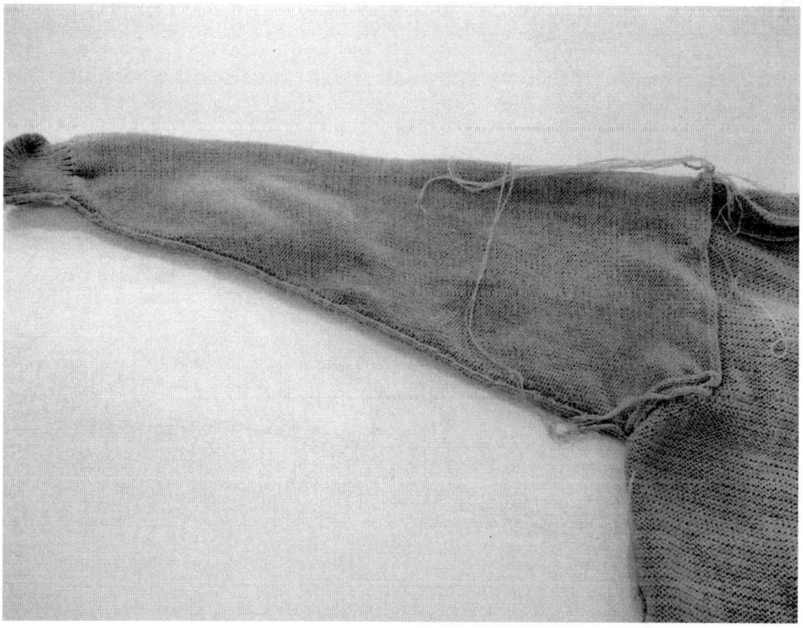

(b) 缝合

图 4-3-5　埋夹

六、挑撞

挑撞是将羊毛衫有些部位，因机器缝合不到，而外形需求美观，用手工进行缝合的相关操作。手缝中挑是指不同衫片纵行线圈和斜向线圈的连接，撞是指不同衫片横列的连接。

羊毛衫挑撞的工序包括：

(1)拆纱：拆去编织时起口废纱。

(2)收线头：整理编织和缝线的线头。

(3)拉眼：拆领纱后，将线圈拉直。

(4)挑撞：对缝盘不能缝合的部位进行手工缝合。

(5)加针：对缝合连接的边缘和薄弱部位进行手工加固(夹低、下摆、袖口、肩的边缘、领边等)。

参考文献

[1]孟家光. 羊毛衫生产大全[M]. 西安:陕西科学技术出版社,1994.

[2]张伍连,李华. 横机空针成圈编织的几何条件与应用[J]. 毛纺科技,2009,37(7).

[3]杨尧栋,宋广礼.针织物组织与产品设计[M]. 北京:中国纺织出版社,1998.

[4]杨秋霞. 机织毛衣基本技术[M]. 北京:金盾出版社,2000.

[5]杨荣贤.横机羊毛衫生产工艺设计[M]. 北京:中国纺织出版社,1997.

[6]徐亚非,柴秋霞,赵月宁. 毛衣编织花样900例[M]. 上海:东华大学出版社,2005.

[7]周邦雄. 针织工艺与产品设计及标准应用手册[M]. 长春:吉林音像出版社,2003.

[8]张伍连. 横机套收针编织工艺探讨[J]. 针织工业,2007(7).

[9]张伍连. 羊毛衫纬平针边口防脱散的编织方法[J]. 针织工业,2008(3).

[10]李华. 横机纬平针锯齿与波浪边的编织[J]. 纺织导报,2009(8).

[11]李华. 横机2+2罗纹起口编织工艺探讨[J]. 针织工业2009(9).

[12]徐吕崧,龙海如.针织工艺与设备[M]. 北京:中国纺织出版社,1998.

[13]古谢娃,波斯佩洛夫.针织花纹的形成与设计[M].王爱凤,张祖勤,译.北京:纺织工业出版社,1987.

[14]红旗马手摇横机安装说明书.

[15]卢月琴.上海新编棒针钩针花样[M]. 上海:上海科技出版社,1998.

附　录

企业常用专业术语解释

1. 夹边

前、后幅或袖幅平摇编织到编织结束的边口处。

2. 面包

指前后针床上参加工作的织针在两端边口处的一种排针状态，其中，前针床的织针工作宽度将覆盖后针床的织针工作宽度。

3. 低包

指前后针床上参加工作的织针在两端边口处的一种排针状态，其中，后针床的织针工作宽度将覆盖前针床的织针工作宽度。

4. 斜角

指前后针床上参加工作的织针在两端边口处的一种排针状态，其中，前针床的织针工作宽度在一端将覆盖后针床的织针工作宽度，后针床的织针工作宽度在另一端将覆盖后针床的织针工作宽度。

5. 支

用于描述织针所在针床上宽度，当仅有单个针床上的织针工作时，按所在针床宽度上所具有的织针个数来计算，既包括工作的织针，也包括不工作的织针。当两个针床上均有织针工作时，若为面包，则按前针床宽度上所具有的织针个数来计算，既包括工作的织针，也包括不工作的织针，而后针床上的织针均不进行计算；若为底包，按前针床宽度上所具有的织针个数、加上后针床上没有被前针床工作宽度所覆盖的两个边口处多出的织针个数来计算，既包括工作的织针，也包括不工作的织针，而后针床上被前针床覆盖的织针均不进行计算。若为斜角，按前针床宽度上所有的织针个数、加上后针床上没有被前针床工作宽度所覆盖的一个边口处多出的织针个数来计算，既包括工作的织针，也包括不工作的织针，而后针床上被前针床覆盖的织针均不进行计算。

6. 扭位

做缝盘时的一种记号，编织时，需要使用两针收针柄，把相应的两个线圈提起，再将收针柄翻转 180°后，套回到原来的两枚织针上，形成的编织效果是使线圈形成交叉配置。

7. 夹花

夹边收针时，线圈重叠部分较其他单个线圈突出在织物的表面而形成的花型。

8. 拉长

用于控制弯纱深度的一种方法，包括横向拉伸长度与纵向拉伸长度，例如，“衫身单边 10 支拉 3 $\frac{5}{8}$ 英寸”是指前、后或袖幅大身纬平针 10 个线圈沿横向拉伸尺寸为 3 英寸 5 英分。

9. 双拉

用于控制线圈长度的一种方法，通常用于控制领口处的套收针编织效果，需要把编织后的领圈沿大身中轴对称地折叠成两层(若使用单层可能破坏领圈)，再进行拉伸的尺寸。

10. 走后

用于描述装袖类毛衫肩部缝合线所处的位置，还有居中和走前两种位置。走后指缝合线偏向后身，居中指缝合线正好处在肩的中间位置，走前指缝合线偏向前身。

11. 刮边

缝合大身时将边口缃缝盘的一种操作。

12. 2×1=2×2

2+1 罗纹组织，排针方式为针对齿。若从单针床上看，2 枚织针参与工作，1 枚织针退出工作，即所谓的 2×1；若从双针床上看，前针床上有 2 枚织针参与工作，后针床上也有两枚织针参与工作，即所谓的 2×2。

针织专业名词企业用语和书面用语对照表

序　号	企业用语	书面用语
1	单边	纬平针组织
2	坑条(坑)	罗纹或抽条组织
3	元仝	空气层组织
4	间色	彩色横条组织
5	面	前针床
6	低	后针床
7	结	弯纱深度小
8	疏	弯纱深度大
9	专	转
10	有边	暗收针
11	1 支边	收针辫子为 1
12	2 支边	收针辫子为 2
13	3 支边	收针辫子为 3
14	4 支边	收针辫子为 4
15	无边	明收针
16	勿	工作区全部织针
17	平	罗纹方式编织

续表

序　号	企业用语	书面用语
18	即	立即(同一横列)
19	度	测量尺寸
20	粒	纵向看一个线圈或一个其他结构(如集圈等)
21	剩针	编织结束余下织针支数
22	过	翻针
23	搭孔	挑孔
24	单支扒	单针收针柄
25	撞纱	编织废纱
26	尾	编织结束处
27	抽领(假领)	挑孔收领
28	冚毛	添纱组织
29	纱上	使用废纱上梳
30	净毛	毛纱
31	拉长	见术语所释之8
32	安士	盎司(1盎司=1/16磅)
33	边面	边口处的前针床
34	中面	编织区中间位置的前针床
35	埋夹	缝合袖子
36	逢骨	缝合线所在的位置
37	挑撞	修补工序
38	珠地	集圈组织
39	拉架	弹性长丝
40	扭绳	绞花组织
41	柳条	全畦编
42	扒子	收针柄
43	打花	集圈组织
44	摇波	波纹组织
45	支扒	针收针柄
46	搭孔	挑孔

书目：针织类

书　名	作　者	定价(元)
英汉汉英针织词汇	本书编委会	80.00
针织工业词典	孙　锋	68.00
针织工程手册(经编分册)	本书编委会	45.00
针织工程手册(纬编分册)	本书编委会	45.00
针织工程手册(人造毛皮分册)	本书编委会	45.00
针织工程手册(染整分册)	本书编委会	30.00
羊毛衫生产简明手册(第2版)	孟家光	43.00
电脑横机实用手册	宋广礼	35.00
【普通高等教育"十一五"国家级规划教材(本科)】		
针织学	龙海如	40.00
针织物组织与产品设计(第2版)	宋广礼　蒋高明	42.00
【普通高等教育"十一五"国家级规划教材(高职高专)】		
针织服装设计与生产	贺庆玉	35.00
【纺织高等教育"十一五"部委级规划教材】		
针织学(双语)	宋广礼 等译	40.00
针织厂设计((第二版)	李　津 等	45.00
针织工艺概论(第二版)	赵展谊	32.00
针织产品设计	张佩华　沈　为	35.00
【纺织高职高专"十一五"部委级规划教材】		
羊毛衫生产工艺(第二版)	丁钟复	28.00
针织服装设计与生产实训教程	彭立云　董　薇	35.00
针织工艺学(第2版)	贺庆玉　刘晓东	42.00
【纺织高等教育"十五"部委级规划教材】		
针织服装设计与生产工艺	李　津	38.00
羊毛衫设计与生产工艺	孟家光	45.00
【纺织高等教育教材】		
针织服装缝制工艺与设备	刘艳君	35.00
成形针织产品设计与生产	宋广礼	30.00
横机羊毛衫生产工艺与CAD	姚晓林	32.00
针织英语(第二版)	刘正芹　汪黎明 等	38.00
针织工艺与设备	许吕崧 等	30.00
【纺织职业技术教育教材】		
针织工艺学(经编分册)	沈　雷 等	22.00

工具书

书名	作者	定价(元)
针织工艺学(纬编分册)	贺庆玉	28.00
针织服装设计	薛福平	24.00
针织概论(第二版)	贺庆玉	20.00
【其他】		
电脑横机的使用与产品设计	郭凤芝　彭　卉	32.00
针织生产计算	朱文俊　许期颐	28.00
针织横机的安装调试与维修	孟海涛　刘立华	29.00
纬编针织产品质量控制	徐　红　丛新婷	29.00
高性能防护纺织品	霍瑞亭	29.00
工业用缝纫机的安装调试与维修	袁新林　徐艳华	26.00
横机羊毛衫生产工艺设计(第二版)	杨荣贤	28.00
针织服装跟单	李顺利 等	29.00
针织面料跟单	李志民 等	29.80
针织生产技术 380 问	沈大齐　桂训虞	32.00
经编工艺设计与质量控制	许期颐 等	28.00
针织大圆机的使用与维护	李志民	20.00
针织大圆机新产品开发	李志民 等	28.00
羊毛衫加工原理与实践(上、下)	邓秀琴	30.00/20.00
针织服装设计基础	桂继烈	25.00
针织新产品设计	万振江	15.00
纺织纤维鉴别手册(第 3 版)	李青山	26.00

工具书

注:若本书目中的价格与成书价格不同,则以成书价格为准。中国纺织出版社图书营销中心销售电话:(010)87155894 或登陆我们的网站查询最新书目:
中国纺织出版社网址:www. c-textilep. com